谨以此书献给

中国地质大学（武汉）张昌达教授

感谢他为磁共振测深所做的开拓与奉献！

磁共振测深原理与工程应用

李振宇 唐辉明 潘玉玲 等 编著

科学出版社

北京

内 容 简 介

　　磁共振测深是基于核磁共振理论为原理找水的地球物理新方法。本书第1~4章论述磁共振测深的基础理论和原理,介绍该方法的正演计算、数据处理和反演解释的新方法。第 5~11 章介绍磁共振测深仪器原理、组成、工作方法及仪器维护,阐述该方法对各类地下水资源探测、考古和文物保护中的应用成果、地质灾害(滑坡、堤坝)探测/检测,还介绍该方法在冻土及陆域水合物研究中的应用、在生态环境(地下水被烃类物污染)检测中的作用。

　　本书可供从事水文地质、工程地质、水利水电工程、环境工程、地球物理勘查等工作的科技人员、教师、本科生及研究生参考阅读。

图书在版编目(CIP)数据

磁共振测深原理与工程应用/李振宇等编著.—北京:科学出版社,2021.6
ISBN 978-7-03-068390-8

I.① 磁… Ⅱ.① 李… Ⅲ.① 磁共振-测深-研究　Ⅳ.① P641.71

中国版本图书馆 CIP 数据核字(2021)第 047001 号

责任编辑:何　念/责任校对:高　嵘
责任印制:彭　超/封面设计:苏　波

科 学 出 版 社 出版
北京东黄城根北街 16 号
邮政编码:100717
http://www.sciencep.com
武汉精一佳印刷有限公司印刷
科学出版社发行　各地新华书店经销
*
开本:787×1092　1/16
2021 年 6 月第 一 版　印张:16
2021 年 6 月第一次印刷　字数:376 000
定价:188.00 元
(如有印装质量问题,我社负责调换)

序

磁共振测深方法（又称地面核磁共振找水方法）是直接利用水的氢核磁共振效应找水的新方法，也是目前唯一直接探测地下水的地球物理新方法。相对传统的物探找水方法，该方法具有直接找水，信息量丰富，不打钻就能够确定地下水的深度、厚度、单位体积含水量，快速，经济等优势。

中国地质大学（武汉）地球物理与空间信息学院（原物探系）核磁共振科研组在引进国外方法技术的基础上，通过近三十年来对磁共振测深方法理论应用基础研究、应用技术研究及大量工程实践，取得了很好的进展和跃升。基于这些年的研究成果，他们编著而成《磁共振测深原理与工程应用》一书，该书在推动地球物理科学技术发展，解决找水资源，以及研究与水有关的问题等方面都有着重要价值。

核磁共振科研组几代研究人员还在磁共振测深方法的教学、科研、生产等方面做了大量工作，他们的足迹已遍布我国 20 个省（自治区、直辖市）。在寻找孔隙水、岩溶水、裂隙水、热水和卤水等方面都做了广泛的应用试验研究，取得了丰富的成果。在与其他物探方法配合下用磁共振测深方法所定的出水井位见水率达 90%以上，不仅解决了缺水地区居民饮水困难，还有力地支援了工业、农业和国防建设，为我国国民经济发展做出了贡献。可喜的是，核磁共振科研组还在方法应用的理论和技术研究的基础上，探索了磁共振测深方法在监测滑坡灾害活动，考古研究、文物保护（2002 年），以及堤坝渗漏检测（2004 年）方面的应用试验研究，并取得卓越的进展。其中，三峡库区的一些滑坡监测研究试验是在国家自然科学基金项目、973 计划、863 计划和自然资源部重点科研项目等的资金支持下从 2001 年开展的，目前工作还在继续，且已取得了明显的地质效果。

科研组还在我国西北冻土区的天然气水合物探测工作中进行了试验，将磁共振测深方法同其他物探方法配合使用，也取得了成效，开创了磁共振测深方法应用的新领域。

2008 年以来，科研组还与煤炭系统有关单位和法国 IRIS 公司一起，应用磁共振测深方法对巷道内水害问题进行了超前探测的理论研究和方法试验，期望为巷道安全生产提供新的技术手段。

这一切都是方法技术在发展和应用的过程中取得的阶段性成果，希望中国地质大学（武汉）核磁共振科研组在总结工作的基础上，排除万难，把磁共振测深方法理论和方法技术研究坚持下去，发展方法在水资源探测、生态环境监测和地质灾害探测/监测以及地下工程水害超前探测等方面的应用，形成中国的新品牌。

赵文津

中国工程院院士

2019 年 6 月 6 日

前　言

核磁共振（NMR）技术是当今世界上的尖端技术之一。磁共振测深（MRS）方法，又称为地面核磁共振（SNMR）方法。该方法直接探测地下水是 NMR 技术应用的新领域，开创了地球物理方法直接找水的先河。磁共振测深方法是目前唯一的一种直接找水的电磁感应法，它利用含水体的核磁共振特性的弛豫特性差异，在地磁场中观测水原子核中质子的自由核感应[称为自由感应衰减（FID）]信号，利用不同的装置来观测、研究FID 信号的特点，判断含水体的赋存状态。

与其他物探找水方法相比，磁共振测深方法具有直接找水、反演解释量化、信息量丰富等优势，且不打钻就可以确定含水体的深度、厚度、单位体积含水量。因此，磁振测深方法用于探测地下水资源和解决与水有关的地质问题，例如，应用于水文地质、工程地质调查、探测地下水资源和生态环境检测以及人文考古等领域，是一种应用范围十分广泛、又有发展前途的找水的物探新方法。

本书是基于中国地质大学（武汉）地球物理与空间信息学院（原物探系）核磁共振科研组四代师生近三十年来在磁共振测深方法预研、方法理论基础研究和应用技术研究及大量工程实践成果的总结。

本书的出版一方面为总结以往工作；另一方面为更深入地研究磁共振测深方法的基本理论，进一步完善其方法体系，不断提高资料的解释水平，开辟该方法的应用新领域，使用磁共振测深方法研制新仪器，并为仪器使用者提供理论和方法技术支持，更好地发挥磁共振测深方法作用，也为培养出一大批品德高尚、基础厚实、专业精深和知行合一的科技人才。本着传承和创新的精神，在总结经验、跟踪方法理论前沿的基础上，本书写作力求内容丰富、资料翔实；既有理论深度又有应用实例，图文并茂，便于学习和使用。

核磁共振技术已广泛应用于各个领域。其中，医学领域最早受益且发展最快。医学核磁共振成像已成为诊断疾病的重要手段，其应用原理与磁共振测深方法找水的原理是相同的，只是方法技术不同而已。在地学领域中，核磁共振技术已成功应用于许多子领域。例如：利用核磁共振技术已研制成准确度高、性能稳定的质子旋进磁力仪，包括地面和航空质子磁力仪，广泛地应用于地质与矿产资源的勘查，直到如今，这种类型的磁力仪仍是高精度测量地磁场的主要仪器；核磁共振测井（NML）与之相关的随钻和室内核磁共振岩心分析测试仪，能够可靠地评价砂岩与复杂储层的渗透率和孔隙结构、可采储量、剩余油分布和流体的饱和度以及黏度等。

利用核磁共振测深方法找水是核磁共振技术应用的重要领域，本书将论述磁共振测深方法找水基础理论、方法技术和应用效果。

本书由李振宇、唐辉明统稿。前言、第 0 章绪论由李振宇执笔；第 1 章由李振宇、洪涛、黄威执笔；第 2 章由李凡、汤克轩、程遒执笔，第 3 章由李凡、周欣、陈亮执笔；第 4 章由李凡、潘剑伟、黄威执笔；第 5 章由李振宇、潘玉玲，周欣执笔；第 6 章由汤克轩、张文波、潘玉玲执笔；第 7 章由鲁恺、黄威执笔；第 8 章由唐辉明、鲁恺、潘剑伟执笔；第 9 章由李凡、鲁恺、程邈执笔；第 10 章由张文波、潘剑伟执笔；第 11 章由潘玉玲和李振宇执笔；附录由李世鹏执笔。章梁、陆诗夏和李世鹏等参与本书的部分文字录入、图件绘制和校对工作。

在开展磁共振测深方法工作研究和本书编写过程中，要感谢与感恩的人和单位有许多。本书的编写得到了中国地质大学（武汉）地球物理与空间信息学院、勘查地球物理系的领导和同事们的关怀和大力支持，在此表示最诚挚的感谢！感谢中国地质大学（武汉）汤凤林教授近三十年对核磁共振科研事业的理解和支持！感谢张兵、许顺芳、张学强、邓世坤、王书明等同事的相互支持和通力合作！感谢先后有六十余名参加核磁共振科研和生产实践的博士、硕士研究生的辛勤工作，他们在空气稀薄海拔 5 000 m 以上无人区，顶酷暑斗严寒采集到宝贵的磁共振测深数据！感谢尹极硕士、彭望硕士提供的研究资料！感谢参加国家高技术研究发展计划（863 计划）子课题"考古遥感与地球物理综合探测技术"（项目编号：2002AA132012）、国家重点基础研究发展计划（973 计划）项目子课题"重大工程灾变滑坡演化过程控制理论"（项目编号：2011CB710606）和国家"127 专项"项目"陆域天然气水合物勘察技术研究与集成""冻土区天然气水合物核磁共振方法试验研究"（项目编号：GZHL20110324；GZH201400305）的同事们的通力合作！感谢武汉普瑞通科技有限公司的资助！

由于水平有限，不当之处在所难免，敬请各位读者批评指正。

李振宇

2019 年 6 月 18 日

目 录

第0章 绪 论

　　地球物理学是一门以数学为基础将地质学与物理学结合于一体的交叉学科。地球物理勘探的知识体系与天体、地球、生态有密切的关系，从宏观探测地球到微观研究物质结构，都有其施展功能的空间。磁共振测深（magnetic resonance sounding，MRS）方法基于物质原子核特性，在地磁场中观测、研究交变磁场激发下地下含水体产生的核磁共振响应，即水中质子（氢核）产生的自由感应衰减（free induction decay，FID）信号[即核磁共振（nuclear magnetic resonance，NMR）信号]，FID 信号的强弱和特点与含水体含水量多少有密切关系，以此研究含水体的赋存特征。磁共振测深方法是物探方法中的一种方法，是属于交流电磁法（电磁法）范畴的直接找水的新方法。它与其他交流电磁法相同之处在于都有发射系统和接收系统，磁共振测深方法发射交变电流脉冲形成的激发磁场激发目标体，接收机观测地磁场中目标体的核磁共振响应，观测、研究与地磁场、激发磁场和弛豫磁场作用有关的探测目标体的信号特征，以 NMR 信号的初始振幅、初始相位及其换算的弛豫特性参数判断地下目标体的赋存特征，即含水目标体的深度、厚度、单位体积含水量、渗透系数和导水系数等。这样看来，磁共振测深方法与其他物探找水方法相比，在探测地下水能力方面具有明显的优势。地质学的研究方法是"将今论古"，磁共振测深方法与其他主动源类方法的研究方法是"由表及里"，即通过在地面激发地下研究目标体，接收分析和研究其产生的地球物理场时间与空间变化规律达到探查地下目标体结构和物理特征的方法。

　　磁共振是一种量子物理现象[1]，磁共振测深方法形成与发展建立于量子物理学基础之上。培根说过"读史使人明智"，下面简单回顾一下核磁共振的历史。

0.1　核磁共振现象的发现

核磁共振现象的发现和核磁共振技术的利用仅有几十年的历史。

1946 年，E. M. Purcell 研究小组和 F. Bloch 研究小组几乎同时而独立地发现在物质中的核磁共振现象，这是核磁共振技术发展中的里程碑。

麻省理工学院（Massachusetts Institute of Technology）的 E. M. Purcell、H. C. Torrey 和 R. V. Pound 研究小组用富含质子的石蜡做样品，观测到了射频能量的共振吸收，求得质子的核磁矩为 2.75 μ_N（μ_N 为核磁子）。而用分子束法求得的是 2.789 6 μ_N，结果相当吻合。使用的稳定磁场强度为 7 100 Gs，共振频率为 29.8 MHz。1946 年，*Physics Review*（《物理学评论》）报道了 Purcell[2]的实验结果，题目为 "Resonant absorb of magnetic moment in solid body"（《固体中核磁矩的共振吸收》）。

美国斯坦福大学（Stanford University）的 F. Bloch、W. W. Hansen 和 M. Packard 研究小组用富含质子的水做样品，置于强的稳定磁场 B_0 中产生一个小的顺磁磁化，在垂直于此磁场的方向上施加一交变磁场，而在另一垂直方向上的检测线圈接收感应信号。改变磁场 B_0 的大小，得到相应的共振频率 f_0，B_0/f_0 值是相同的，与 Rabi 等[3]在 1939 年用粒子束得到的质子朗德因子 g_p 相符。在 1946 年同一卷 *Physics Review*（《物理学评论》）上报道了 Bloch 等[4]的实验结果，题目为 "Nuclear magnetic induction"（《核感应》）。

0.2　核磁共振技术的应用和发展

自 1946 年 E. M. Purcell 和 F. Bloch 同时发现在物质中的核磁共振现象到现在，仅有几十年的历史。随着科学技术的发展，核磁共振现象已由理论研究、试验进入了应用与开发阶段，它已被广泛应用于物理学、化学、生物学、医学等领域，在地球科学领域也得到了广泛的应用，如质子旋进磁力仪、核磁共振波谱仪、核磁共振岩心分析测试仪及核磁共振测井（nuclear magnetic resonance logging，NML）等。

利用核磁共振技术，最先受益的是医学领域，其在该领域发展最快，成绩最明显的是医学磁共振成像（magnetic resonance imaging，MRI）。1971 年，美国纽约州立大学（State University of New York）的 R. Damadian 在 *Science*（《科学》）杂志上发表了 "Tumor detection by nuclear magnetic resonance"（《癌组织中的 T_2 时间延长》）[5]及 "Human tumors detected by nuclear magnetic resonance"（《NMR 信号可以检测疾病》）[6]等论文，为核磁共振技术在生物医学中的研究奠定了理论基础；医学磁共振成像已成为诊断疾病的重要手段。

0.2.1　核磁共振技术在地球科学中的应用和发展

核磁共振的理论和技术不断发展，其应用领域也在不断扩大，现仅就核磁共振技术在地球科学领域的应用和发展简述如下。

早在 1954 年，M. Packard（斯坦福大学 F. Bloch 研究小组成员）和 R. H. Varian 成功地观测到了地磁场中水中质子的自由感应衰减（称为 FID）信号，即 NMR 信号，此后，Varian 公司很快就研制出了准确度高、性能稳定的质子旋进磁力仪（第一项应用），包括地面和航空质子磁力仪，它被广泛地用于地质与矿产资源的勘查，直到如今，这种类型的磁力仪仍是高精度测量地磁场的主要仪器。

核磁共振技术在地球科学中的第二项应用是核磁共振测井，与之相关的随钻和室内核磁共振岩心分析测试仪。这种测井方法经过近四十多年的发展，能可靠地评价砂岩和复杂储层的渗透率与孔隙结构、可采储量、剩余油分布和流体的饱和度及黏度等，也是石油测井技术的一个新热点。

核磁共振技术在地球科学中的第三项应用就是利用核磁共振技术找水。核磁共振技术在地球物理学方面的最新应用是成功开发了地面核磁共振（surface nuclear magnetic resonance，SNMR）找水方法，也称为磁共振测深方法。由磁共振测深方法测得的 NMR 信号振幅和弛豫时间，经过反演解释可以得到地下不同深度各含水层的赋存特征，提供含水体的单位体积含水量（有效孔隙度）和渗透系数等参数。磁共振测深找水方法是地球物理方法中唯一直接探测水资源的方法。这种方法在理论、方法技术、仪器研制和反演方法及应用领域等方面都有较宽广的研究和开发空间。

0.2.2 核磁共振找水方法的出现和仪器研制

利用核磁共振技术进行找水的方法、仪器研制的首创国是苏联。从 1978 年起，苏联科学院西伯利亚分院化学动力学和燃烧研究所（Institute of Chemical Kinetics and Combustion，ICKC）以 A. G. Semenov 为首的一批科学家，开始利用核磁共振原理进行找水的全面研究；1981 年研制成了原型仪器，在其后十年间对仪器进行改进，开发出了世界上第一台在地磁场中测定 NMR 信号的仪器，称为核磁共振层析找水仪 Hydroscope，该仪器作为新方法探测地下水的重要手段，试验研究遍及苏联的大部分国土。他们根据在这些地区已知的 400 多个水文钻孔附近进行的对比试验，总结和研制出了一套正反演数学模型、计算机处理解释程序和水文地质解释方法，取得了世界领先水平的研究成果。与此同时，他们还在国外缺水地区也先后进行了找水实践和研究，证实了磁共振测深方法是目前世界上唯一的直接找水的地球物理新方法。

0.2.3 新型的核磁共振找水仪问世

1996 年后，法国 IRIS 公司陆续研制出新型的核磁共振找水仪——核磁感应系统（nuclear magnetic induction system，NUMIS）及 NUMIS 升级版 NUMIS[Plus]、NUMIS[Poly]（可探测深度为 150 m）。与此同时，美国的大地磁共振（geomagnetic resonance，GMR）仪器也问世。2007 年，我国吉林大学的核磁共振研究团队成功的研制出了 JLMRS-I 型仪器[7]，其成果填补了我国自主研制生产核磁共振找水仪的空白，这部分内容将在本书的第 5 章中详细介绍。

0.3 磁共振测深方法在中国的应用和发展

1965 年，张昌达等进行磁共振测深找水方法试验，受当时条件限制，没有收到 NMR 信号，但积累了经验。1992 年，中国地质大学物探系组建了核磁共振科研组，科研组中既有从事仪器研究的青年教师，也有从事物探方法研究的中老年专家，他们对核磁共振仪器的组成、原理和方法理论进行预研，对国内外研究进行调研和初步试验，科研组内定期交流研究情况，为进一步研究工作奠定了基础。

1992～1993 年，中国地质大学核磁共振科研组对该方法进行了国内外调研，1993 年与莫斯科国立大学建立了校际科研合作联系。

1995～1996 年，航空物探和遥感中心（简称航遥中心）、中国地质大学完成了"核磁共振探测地下水信息方法效果的预研究"项目。1995 年底，由地质矿产部科技司与勘查技术院出资支持，中国地质大学、航遥中心组团专访新西伯利亚化学动力学和燃烧研究所、莫斯科水文地质层析成像公司，确认了核磁共振技术在探测地下水的应用效果。

1997 年底，中国地质大学以"211 工程建设"经费引进了法国 IRIS 公司研制的 NUMIS，这是我国引进的第一套 NUMIS。由四代师生组成的核磁共振科研组研究人员，利用磁共振测深方法在教学、科研、生产等方面做了大量工作，他们的足迹遍布我国 20 个省（自治区、直辖市）；在缺水地区找到了各种类型的地下水（孔隙水、岩溶水、裂隙水、热水和卤水）。以磁共振测深方法为主导与其他物探方法配合，定出水井位见水率达 90%以上，研究成果填补了我国用 NMR 技术直接找水的空白，使我国跃居使用核磁共振技术找水的世界前列[8-11]。

核磁共振科研组在方法理论、技术研究的基础上，扩大了磁共振测深方法的应用领域。在地质灾害探测/监测方面也发挥了其独特的作用。在国家自然科学基金、国家重点基础研究发展计划（973 计划）、国家高技术研究发展计划（863 计划）和原地矿部重点科研等项目资金支持下，科研组在 2001 年首次将磁共振测深方法应用于滑坡监测，至今对三峡库区的一些滑坡监测工作还在继续，并已取得了明显的地质效果；2002 年科研组将磁共振测深方法引入考古研究、文物保护工作；2004 年开始的堤坝渗漏检测方面的磁共振测深方法的应用也都取得好的地质效果。

近年来，在我国西北冻土区的天然气水合物探测工作中，磁共振测深方法同其他物探方法配合使用，也取得一定成效。

2008 年以来，我国与煤炭系统有关单位和法国 IRIS 公司一起，应用磁共振测深方法对巷道内水害问题进行了超前探测的理论研究和方法试验，期望为巷道安全生产提供新的技术手段。

中国地质大学（武汉）核磁共振科研组在不断总结磁共振测深方法应用经验的基础上，在核磁共振测深方法的基础理论研究和方法技术创新方面也做了探索和研究。同时，本着"走出去，请进来"的精神，参与国内外科技交流，把握学科发展前沿，在与科研、生产单位的合作过程中，促进了教学改革和创新，培养出一批优秀的地质人才。

0.4 磁共振测深找水方法的特点

1.磁共振测深方法利用最先进的找水仪

磁共振测深方法的找水仪是输出功率高、接收灵敏度高，并由 PC 控制的当今世界上最先进的直接探测地下水的地球物理仪器。

2.直接找水

在传统的物探找水的诸方法中，电法勘探在地下水勘查中几乎承担了 80% 的工作量，成为配合水文地质工作的主要手段。因此，现以直接找水的磁共振测深（MRS）方法与间接找水的电阻率垂向电测深（vertical electrical sounding，VES）方法进行对比（表 0.1），以便突出 MRS 方法的特点。

表 0.1 MRS 方法与 VES 方法对比表[8]

比较内容	MRS 方法	VES 方法
原理（方法的物性前提）	原子核弛豫性质差异	导电性差异
场的激发方式	线圈中通入交变电流脉冲：$I(t) = I_0\cos(\omega_0 t)$（式中：$I_0$ 脉冲电流幅值；ω_0 为角频率；t 为脉冲电流持续时间）	通过电极接地供入电流
加大深度的可变参数	改变激发脉冲矩 $q = I_0 t$	改变供电极距（$AB/2$）
测量方式与测量参数	脉冲间歇期间用线圈接收 FID 信号：初始振幅 E_0，初始相位 φ_0，视横向弛豫时间 T_2^*	在供电期间测量电位差、电流，测得视电阻率 ρ_s
反演后可提供的参数	各含水层的深度、厚度单位体积含水量，并提供含水层平均孔隙度的信息	地下岩层的电阻率，即电性结构
找水时的主要干扰	电磁噪声、局部磁性不均匀	地形、局部电性不均匀体
需要的工作人员	2 人（操作员、物探工程师）	至少 5~6 人，劳动强度大

从表 0.1 可见，MRS 方法与 VES 方法在原理、野外激发及测量方式、反演后可提供的参数、主要干扰等方面均有明显差别。MRS 方法探测地下水方法原理决定了该方法能够直接找水，特别是找淡水。在 MRS 方法的探测深度范围内，地层中有自由水存在，就有 NMR 信号响应；反之，没有响应。因为 MRS 方法受地质因素影响小，所以可以利用上述优点来区分间接找水的电阻率法和电磁测深法视电阻率的异常性质。例如，一些岩溶发育区，特别是西南岩溶石山缺水地区，当溶洞、裂隙被泥质充填或含

水时，视电阻率均显示为低阻异常，是泥是水难以区分。MRS 方法不受泥质充填物干扰，是水就有 NMR 信号。此外，当淡水电阻率与其赋存空间介质的电阻率无明显差异时，电阻率法找水是无能为力的，而 MRS 方法却能够直接探测出淡水的存在。

由表 0.1 可见，MRS 方法探测地下水时的测量参数有 NMR 信号初始振幅 E_0、初始相位 φ_0、视横向弛豫时间 T_2^*，这些参数的变化直接反映出地下含水层的赋存状态和特征。

MRS 方法的每个测深点都有一条 E_0 随激发脉冲矩 q 变化而形成的测深曲线——E_0-q 曲线（原始资料）。对该曲线进行解释后就可得到该测深点探测范围内的水文地质参数。每个测深点还有一条 φ_0 随 q 变化而形成的 φ_0-q 曲线，NMR 信号的初始相位 φ_0 反映地下岩石的导电性。

每个 q 均可以得到一条 E_0 随时间 t 按指数规律变化的衰减曲线——E_0-t 曲线。由此曲线可以求出该 q 探测深度内含水层的 T_2^*。T_2^* 大小可给出含水层的平均孔隙度信息。

国内外的研究、统计规律表明，自由水和束缚水的 T_2^* 是不同的，自由水的 T_2^* 变化范围为 30 ms $\leq T_2^* \leq$ 1 000 ms，而束缚水的 $T_2^* <$ 30 ms。NMR 找水仪的交变电流脉冲的间歇时间是 30 ms，因此 NMR 找水仪接收不到束缚水的 NMR 信号。

3. 反演解释具有量化的特点，信息量丰富

对 MRS 方法采集到的 NMR 信号反演解释后，可以得到某些水文地质参数和含水层的几何参数。在该方法的探测深度范围内，可以给出定量解释结果，不打钻就可以确定出各含水层的深度、厚度、单位体积含水量，并可提供含水层平均孔隙度的信息。

4. 经济、快速

完成一个核磁共振测深点的费用仅为一个水文地质勘探钻孔费用的十分之一。使用 MRS 方法可以快速地提供出水井位及划定找水远景区。

5. 缺点

NUMIS 的探测深度为 100 m，NUMIS^{Plus} 的探测深度为 150 m，它们尚不能用来探测埋藏深度大于 150 m 的地下水。此外，由于核磁共振找水仪的接收灵敏度高（可以接收纳伏级的信号），易受电磁噪声干扰，在电磁噪声干扰强的区段和局部磁性不均匀强磁性区域开展工作会遇到困难。

0.5　磁共振测深发展展望

磁共振测深方法在我国水文地质、工程地质和生态环境等领域的探测/监测中均取得了明显的地质效果，但该方法在数据处理、反演解释方法、测量仪器改进和进一步扩大应用领域等方面的研究还有改进、完善和发展之处，期望磁共振测深方法取得新进展，力求形成具有特色的地球物理新方法。

0.5.1　探求磁共振测深数据处理的新方法

磁共振测深数据处理的根本目的是提高磁共振测深方法采集到的 NMR 信号的信噪比。在磁共振测深测量中经常遇到低信噪比的情况，这是由于 NMR 信号微弱易受到电磁噪声的干扰，这也是阻碍磁共振测深方法广泛应用的原因之一，使得磁共振测深方法在许多需要水源的地方应用遇到困难。尽管人们利用 "8" 字形线圈进行信号采集时能够压制部分电磁噪声，但是这种方式牺牲了探测深度。最新研究表明，在磁共振测深数据处理方法上有望取得较大的突破。通常在利用勘探深度更大的方形或圆形线圈工作时，利用多测道采集系统和新的数据处理方法，来提高磁共振测深方法采集到的 NMR 信号的信噪比，数据处理方法的不断发展将有助于扩大磁共振测深方法的应用范围和适用性。

0.5.2　研究磁共振测深反演的新方法

磁共振测深方法采集到的 NMR 信号中包含了丰富的信息，研究已表明，利用包含丰富信息的 NMR 信号进行反演比只利用初始振幅数据进行反演的效果更好。例如，开发、利用 NMR 信号中的虚分量信息，虚分量比实分量包含更多的深部目标体导电性信息。现阶段对 NMR 信号中的相位信息研究也不够深入，充分了解 NMR 信号中相位信息的不同来源，将使得反演算法能够考虑由地下目标体导电性结构产生的虚分量，从而改进参数的估计算法。

0.5.3　对磁共振测深仪器改进与研制

目前，最先进的多测道磁共振测深仪器 NUMIS^{Poly} 和 GMR 在生产与研究过程中发现还有一些缺陷，主要体现在 6 个方面。

1.有效死区时间较长

较长的有效死区时间使得磁共振测深方法难以从一些探测目标体采集到应有的 NMR 信号。对仪器开发主要通过减少仪器死区时间和激发脉冲持续时间，后者需要更强的发射电流以保持相同的脉冲矩。较短的有效死区时间将会改善参数估计，使得记录到快速衰减的信号成为可能。目前，研究表明，建立独立的发射和接收单元，将会进一步缩短仪器的死区时间。

2.受磁场不均匀性影响

磁共振测深方法对背景磁场的不均匀非常敏感，导致参数估计的 T_2^* 和岩石物理中的

水力导水系数 T_c 之间的关系不明确。目前，研究表明，引入自旋回波脉冲序列或者 Carr-Purcell-Meiboom-Gill（CPMG）脉冲序列能够减少背景磁场不均匀的影响，并获得横向弛豫时间 T_2 等参数的直接预估值[12]。另一种方法是在磁共振测深方法中利用自旋回波技术直接测量不受磁场不均匀性影响的纵向弛豫时间 T_1，在具有较强的磁场不均匀性的区域，应该同时进行测量 T_2 或 T_1 和 FID 信号。

3. 测量效率相对较低

通常，磁共振测深方法测量一个测深点需要 1～2 h，测量效率远低于其他地球物理测量方法。提高测量效率的一种方法是利用阵列线圈装置，选择合适的发射和接收装置组合使得整个系统具有较高的分辨率，只需一次测量即可获得地下二维地质信息。另一种方法是使用分布在整个研究区域的无线连接的独立磁共振测深接收系统的接收机阵列，此方法可以提高数据采集和处理的效率，从而缩短测量时间[13]。

4. 亟待开发多尺度观测仪器

目前，磁共振测深方法多使用单点测深，且 NMR 信号幅值较小，难以达到高精度观测地下含水体结构的目的。研究表明，多道多匝小线圈和与之配套的探测模式能够提高磁共振测深探测的分辨率。同时，2D/3D 的磁共振测深理论已经相对成熟，开发相对应的磁共振测深仪器就显得尤为迫切。2D/3D 的磁共振测深仪器可为精确圈定找水区域以及精确评价地下含水体结构的大小、形状、含水量等信息提高技术支持。在后续的开发中加入 "4D" ——时移观测，可为地质灾害监测、水文水资源调查等提供新的思路和方法[13]。

5. 仪器体积大，沉重

在山地等地形复杂地区搬运仪器设备很困难，仪器的轻便化是未来拓宽磁共振测深方法应用领域的关键措施。

6. 随机反演软件不完善

目前，使用的仪器随机反演软件多为一维反演，尚不能完全反映目标体的全部信息，研制 2D、3D 反演软件势在必行。

0.5.4 扩大磁共振测深应用领域

1. 研究磁共振测深方法为主导的综合物探找水模式

开展以磁共振测深方法为主导方法的综合地球物理方法探测地下水资源的研究与实

践，力求在找水方法上扬长避短，优势互补，逐渐形成探测各种类型地下水的最佳工作模式。

磁共振测深方法还有需要改进和完善之处，例如，目前该方法探测深度通常在 150 m 左右，唯有俄罗斯改进的核磁共振找水仪器的探测深度可达 200 m 左右。此外，由于核磁共振接收机接收灵敏度高，能接收纳伏级信号，易受电磁噪声干扰；在强磁性地区无法开展工作时，有工作区域受限的情况。

基于上述原因，磁共振测深方法与电阻率类方法组合，能够提高方法的纵向和横向分辨率。例如，与瞬变电磁法（transient electromagnetic methods，TEM）探测组合，已经找到了埋深大于 150 m 的地下水，即当磁共振测深方法 150 m 深处有水显示时，TEM 大于此深度后连续有低阻异常显示时，则可以推测深部存在含水体，实践中已证实这种组合模式（见第 6 章应用实例 1）的找水效果。又如，由于高密度电阻率法具有电测深和电剖面法的功能，磁共振测深方法与高密度电阻率法组合，将提高磁共振测深方法横向分辨率和准确确定出水井位，同时，高密度电阻率法可以为磁共振测深方法反演时提供电阻率参数。此外，利用磁共振测深方法直接找水的特点，来识别高密度电阻率法的低阻异常的性质，即地下有含水体存在，就有核磁共振响应，可以定量地确定各含水体的赋存特征。

磁共振测深方法与其他物探找水方法组合，可以佐证磁共振测深方法异常解释的正确性。与此同时，还要继续研究物探资料联合反演的新方法，发挥磁共振测深方法的潜能[14-15]。

2.发挥磁共振测深方法在生态环境灾害的检测/监测中的效能

前已述及磁共振测深方法在地质灾害、地下水被污染等的检测/监测中的作用，在此不再赘述。

（1）深入研究磁共振测深方法在超前探测应用理论与方法技术。随着我国国民经济的发展，对巷道开发中的水害提前预测方法提出高要求，要求提供巷道前方是否存在水体、水体位置、单位体积含水量等。磁共振测深方法为超前探测提供了新的技术手段，但是磁共振测深方法在巷道内工作研究和实践资料甚少，与地面核磁共振方法不同，巷道磁共振测深方法是在全空间工作，且工作场地狭小，巷道内金属支护很多，开展工作难度很大，因此在巷道内应用磁共振测深方法必须以全空间核磁共振理论研究为基础、方法技术试验为途径，研制巷道磁共振测深方法专用的核磁共振仪器为手段，才能推进巷道超前探测水害工作的进展。中国地质大学（武汉）核磁共振研究小组在巷道磁共振测深方法超前探工作中，与科研、生产单位及仪器研制厂商通力合作，将继续深入研究磁共振测深方法的应用基础理论，并在巷道内进行方法技术试验。一方面继续验证已有的研究成果，另一方面为研制巷道核磁共振仪器提供参考资料。继续研究磁共振测深方法巷道水害探查方法，例如，研究巷道内发射线圈和接收线圈铺设方式；研究各种装置形式的 NMR 信号响应特征；试验对金属支护屏蔽等技术问题。同时，研究 2D、3D 反演解释方法软件等，提高资料解释的真实性和可靠性。为超前探测巷道水害，保证巷道安全生产提供理论和技术支持。

（2）利用磁共振测深方法进行浅表层灾害探测（以研究包气带为例）。在地球的浅表层有许多与人类相关的地质与地球物理过程发生，是生态环境值得探究的新领域。为此，利用磁共振测深方法等综合方法研究包气带。水文地质专家[16]指出，地表以下一定深度上存在地下水面，地下水面以上称为包气带，地下水面以下称为饱水带。包气带自上而下分为三部分：土样水带、中间带和毛细水带。研究包气带的水文地质特征重要性在于：包气带水对成壤作用和植物生长具有重要意义；包气带也是饱水带与大气圈、地表水圈联系的通道。饱水带通过包气带获得大气降水和地表水的补给，又通过包气带蒸发、排泄。而饱水带中的地下水是开发利用或排除的对象。这样一来，大部分地表垃圾渗漏液、加油站石油渗漏（烃污染）、尾矿开采重金属、水体污染物和海水入侵等首先进入包气带，对土壤或土壤水带遭到污染，然后也要通过包气带再进入饱水带中地下水区域，使地下水遭到污染。因此，研究包气带的时空变化对于地下水污染的监测、防治意义重大。同时，研究包气带对研究该区域自然界的生态循环、土地盐碱化和土壤净化等农业生产可持续发展也是至关重要的。利用磁共振测深方法特点，对被各种污染源污染的水体或含水的浅部土壤水带，采用合适的磁共振测深方法的装置类型，采集、研究被污染目标体的 NMR 信号响应特征，通过对 NMR 信号响应特征参数研究，例如，视横向弛豫时间 T_2^* 的特征分析、进行定量解释，确定被污染目标体分布范围、污染程度。同时，通过磁共振测深方法的监测，了解被污染目标体到时空变化，为治理污染源提供信息。因此，利用磁共振测深方法研究包气带水文地质特征，检测/监测生态环境变化是亟待解决的重要研究课题。

3. 继续参与陆域冻土区的磁共振测深方法应用研究

我国冻土分布区域非常广泛，随着国家对西部地区开发建设的逐渐投入，如何在复杂的自然和地质环境下快速、准确查清和评价多年冻土在三维空间的分布、特征、类型等实际本底情况，对在寒区开展的各种工程和科研工作至关重要。

磁共振测深方法能够有效地区分水分子的固态和液态相，因此利用磁共振测深方法来研究冰川、冻土的各种热力学活动，划分冻土的分布深度和范围，探测冻土中未冻水含量等与全球气候和环境变化息息相关的问题，是在当前也会是未来一段时间内的磁共振测深方法研究的一个热点问题。

目前，天然气水合物的勘探方法有地球物理地震法、地球物理测井法、地球化学法、标志矿物法及地热学法等。其中核磁共振方法可以提供与岩性无关的孔隙度信息并估计渗透系数，这些数据可以改善测定天然气水合物饱和度的定量技术，且核磁共振数据可能在识别天然气水合物中是否存在液态水方面起重要作用。另外，磁共振测深方法在天然气水合物性质调查方面也起着重要的作用。

继续参与磁共振测深方法在我国陆域冻土区的磁共振测深方法研究与试验，对以往已获得的磁共振测深方法的大量资料，全面、认真的与工区内各类测井、钻孔资料进行对比研究，总结磁共振测深方法在冻土区找水，确定冻土层的深度、厚度，区分水分子的固态和液态相的特点和规律。

磁共振测深方法具有广大应用前景和研究价值，如何更好地利用磁共振测深方法，使其在国民经济主战场发挥更大的作用，是无数科学家和工程师们努力研究和工作的方向。同时，我们也相信目前的困难和挑战终将解决，磁共振测深方法也会发挥其应有的价值。

4.磁共振测深向更多应用领域扩展

自法国 IRIS 公司推出商品化核磁共振找水仪 NUMIS 以来，各单位和科研院所利用该仪器寻找地下淡水，在解决国民生产生活问题方面取得了众多成绩。近年来，有学者利用核磁共振技术进行地下水补给估计模型的参数修正，对地下水污染进行检测，进行考古和文物保护，对滑坡进行探测/监测，对堤坝进行检测，对陆域水合物进行探测，等等。

目前，在这些领域中利用磁共振测深方法，有的是初步试验，有的已经取得较好的效果。今后不仅要在这些领域继续完善和发展磁共振测深方法，还要将磁共振测深方法推向更多领域，例如隧道、煤矿超前探水，地下水水位变化监测、地下水补给估计模型的参数修正，河流侧渗研究等[4]。

参 考 文 献

[1] 陈文升. 核磁共振地球物理仪器原理[M]. 北京:地质出版社, 1992: 13-20.

[2] PURCELL E M. Resonance absorption by nuclear magnetic movements in a solid[J]. Physical review, 1946, 69(1/2): 37-38.

[3] RABI I I, MILLMAN S, KUSCH P, et al. The molecular beam resonance method for measuring nuclear magnetic moments. the magnetic moments of $^3_6$Li, $^3_7$Li and $^9_{19}$F[J]. Physical review, 1939, 55(6): 526.

[4] BLOCH F, HANSEN W W, PACKARD M. Nuclear induction[J]. Physical review, 1946, 69(3/4): 127.

[5] DAMADIAN R. Tumor detection by nuclear magnetic resonance[J]. Science, 1971, 171(3976): 1151-1153.

[6] DAMADIAN R, ZANER K, HOR D, et al. Human tumors detected by nuclear magnetic resonance[J]. Proceedings of the national academy of sciences, 1974, 71(4): 1471-1473.

[7] 林君, 段清明, 王应吉, 等.JLMRS-I核磁共振地下水探测仪研发与应用[C]//中国地球物理学会地球电磁专业委员会. 第九届中国国际地球电磁学术讨论会. 北京: 中国地球物理学会, 2009.

[8] 李振宇, 唐辉明, 潘玉玲, 等. 地面核磁共振方法在地质工程中的应用[M]. 武汉: 中国地质大学出版社, 2006: 4-5.

[9] 潘玉玲, 贺颢, 李振宇, 等. 地面核磁共振找水方法在我国的应用效果[J]. 地质通报, 2003, 22(2):

135-139.

[10] 李振宇, 潘玉玲, 张兵, 等. 利用核磁共振方法研究水文地质问题及应用实例[J]. 水文地质工程地质, 2003(4): 50-54.

[11] 李振宇, 潘玉玲, 张兵, 等. 地面核磁共振方法的效果研究[J]. 地球科学, 2001, 26(增刊): 34-36.

[12] BEHROOZMAND A A, KEATING K, AUKEN E. A review of the principles and applications of the NMR technique for near-surface characterization[J]. Surveys in geophysics, 2015, 36(1): 27-85.

[13] 林君. 核磁共振找水技术的研究现状与发展趋势[J]. 地球物理学进展, 2010, 25(2): 681-691.

[14] 张昌达, 李振宇, 潘玉玲. 磁共振测深技术发展现状[J]. 工程地球物理学报, 2011, 8(3): 314-322.

[15] 陈斌, 胡祥云, 刘道涵, 等. 磁共振测深技术发展历程与新进展[J]. 地球物理学进展, 2014, 29(2): 650-659.

[16] 王大纯, 张人权, 史毅虹, 等. 水文地质学基础[M]. 北京: 地质出版社, 1986: 23.

第1章 磁共振测深方法的基础理论和原理

　　核磁共振技术是目前由物理学领域发展起来的尖端科学技术之一，该技术在众多领域得到举世瞩目的成果。将其应用于地球科学，形成全新的地球物理方法。磁共振测深方法是依据核磁共振理论发展期来的，因此，本章首先引出核磁共振有关的基本概念和原理，结合地球物理方法论述磁共振测深的方法原理。

1.1 磁共振测深方法的基础理论

1.1.1 原子核的特性

核磁共振现象是原子核特性的表现，通常用质量与电荷、质子数、动量矩、磁矩和能级等概念描述原子核的特性[1]。

1. 原子核的质量与电荷

1）原子核的组成

宇宙间众多的元素皆由原子构成，原子有一个很小的核心，称为原子核。原子核由质子和中子组成，质子和中子统称为核子。不同的原子核具有不同数目的质子和中子。质子和中子都具有质量，其质量基本相等。

质子的质量：$m_p=(1.6726231\pm0.0000010)\times10^{-27}\,kg$

中子的质量：$m_n=(1.6749286\pm0.0000010)\times10^{-27}\,kg$

质子带正电荷：$e=(1.60217733\pm0.00000049)\times10^{-19}\,C$

电子的电荷为：$-e$

中子基本上不带电荷，是中性的。

2）原子核的质量

原子核的质量用质量数 A 表示，A 等于原子核中质子数 Z 和中子数 N 之和，即 $A=Z+N$，一般情况下 $N\geqslant Z$。Z 等于元素在化学元素周期表中的原子序数。

3）原子核的电荷

原子核的电荷取决于核中的质子数目。原子核的电荷用电荷数即质子数 Z 表示。

4）原子核的符号

具有一定质量数 A 和质子数 Z 的原子核称为核素，某种元素 X 的核素可用符号 $_Z^AX$ 表示。即在核素符号的左上角标明质量数 A，在左下角标明质子数 Z，这样就把原子核的质量和电荷两个特征都表示出来，例如，氢核（质子）$_1^1H$，氧核 $_8^{16}O$，碳核 $_6^{12}C$ 等。

2. 原子核的动量矩

原子核的动量矩用于原子核的自旋运动，许多原子核具有自旋动量矩 $\boldsymbol{L}$，按量子力学计算，原子核自旋动量矩的数值是确定的，即原子核的自旋动量矩的数值为

$$|\boldsymbol{L}|=[I_s(I_s+1)]^{\frac{1}{2}}h/(2\pi) \tag{1.1}$$

式中：h 为普朗克常量，即

$$h=(6.626176\pm0.000036)\times10^{-34}\,J\cdot s \tag{1.2}$$

$$h/2\pi=(1.0545887\pm0.0000057)\times10^{-34}\,J\cdot s \tag{1.3}$$

I_s 为核的自旋量子数，它表示原子、中子及原子核的固有特性，不同的原子核有不同的 I_s。I_s 只能取零、半整数和整数，遵循一定规律，而不能取其他数值。它与原子核的质量数 A 和质子数 Z 的奇偶有关（表 1.1）。对于只有一个质子的氢核（质子 $^1_1$H）I_s=1/2。

表 1.1　原子核的质量数 A、质子数 Z 和自旋量子数 I_s 的关系

A	Z	I_s
奇	奇或偶	半整数：1/2，3/2，5/2
偶	偶	0
偶	奇	1，2，3，⋯

原子核自旋动量矩的方向是量子化的，在空间某个方向（z 轴）的投影只能取一些不连续的数值，即

$$L_z = m_a h / (2\pi) \tag{1.4}$$

式中：m_a 为原子核自旋磁量子数，$m_a = I_s,\ I_s-1,\cdots,-I_s$，因为 m 只能取 $2I_s+1$ 个数值，故 L_z 也只能取 $2I_s+1$ 个数值，这说明 L 在空间只有 $2I_s+1$ 个取向。

原子核自旋磁量子数 m_a 的最大值为 I_s，因此原子核自旋动量矩在 z 轴方向投影的最大值为

$$L_{z\,\mathrm{max}} = I_s h / (2\pi) \tag{1.5}$$

通常把这个原子核自旋动量矩投影的最大值称为核自旋。只有一个质子的氢核自旋量子数 I_s=1/2，它在空间只有两个取向，一个与 z 轴平行，另一个与 z 轴反平行。

3. 原子核的磁矩

具有一定电荷的原子核做自旋运动将形成电流而产生磁性，故用磁矩描述原子核的磁性。原子核的磁性具有量子化的性质。

1）带电质点做圆周运动的磁矩

设质点带有电荷 e 沿半径为 r_p 的圆周运动，速度为 v，形成圆电流为

$$i = \frac{ev}{2\pi r_p} \tag{1.6}$$

圆电流的磁矩为

$$\boldsymbol{\mu} = i\boldsymbol{S}_a \tag{1.7}$$

式中：$\boldsymbol{S}_a$ 为圆电流的面积矢量。

由此可得

$$|\boldsymbol{\mu}| = |i\boldsymbol{S}_a| = i\pi r_p^2 = \frac{evr_p}{2} \tag{1.8}$$

带电质点做圆周运动时有自旋动量矩 L 和磁矩 $\boldsymbol{\mu}$，两者以同样的方式依赖于圆周运动的半径 r_p 和运动速度 v，因此，可以引进磁矩与动量矩的比值。

$$\gamma = \frac{|\boldsymbol{\mu}|}{|L|} = \frac{e}{2m} \tag{1.9}$$

式中：γ 为磁旋比，它与质点的运动特性无关，只依赖于质点的电荷和质量。

2）原子核的磁矩

具有矩为 $\frac{1}{2}\left(\frac{h}{2\pi}\right)$ 的电子，其磁矩几乎准确地等于一个玻尔磁子 $\mu_B = \frac{eh/(2\pi)}{2m_e}$。式中：$e$ 为电子电荷；m_e 为电子的质量；$\mu_B = (9.274\,078 \pm 0.000\,036) \times 10^{-24}$ A·m^2。如果认为电子的磁矩是由于电荷转动引起的有效电流产生的，那么，简单的经典计算表明，磁矩实际上应具有玻尔磁子量级的数值。因此，可以预期原子核的自旋应伴有磁矩，其量级的数值应为 $\frac{eh/(2\pi)}{2m_p}$，对应地称之为核磁子 μ_N，m_p 是质子的质量。这一假设基本上是正确的，不过磁矩的数值并不是核磁子的整数倍。质子的质量是电子质量的 1 836 倍，因此，原子核的磁矩比电子的磁矩要小很多。原子核的特性并不遵循经典理论，例如，中子几乎不带电荷，但中子有磁矩，而且是负的。对中子而言，自旋量子数 $I_s = 1/2$，磁矩 $\mu_n = -1.913\,15\,\mu_N$，质子的自旋量子数 $I_s = 1/2$，磁矩 $\mu_p = 2.792\,85\,\mu_N$。

原子核的磁矩 $\boldsymbol{\mu}$ 与自旋动量矩 $\boldsymbol{L}$ 有以下关系，$\boldsymbol{L}$ 的长度为 $|\boldsymbol{\mu}|$，$\boldsymbol{\mu}$ 在 z 轴上的投影 μ_z 和最大投影 $\mu_{z\max}$ 分别为

$$\begin{cases} |\boldsymbol{\mu}| = \gamma |\boldsymbol{L}| = [I_s(I_s+1)]^{1/2} \gamma h(2\pi) \\ \mu_z = \gamma L_z = \dfrac{\gamma m h}{2\pi} \\ \mu_{z\max} = \gamma I_s h / (2\pi) \end{cases} \tag{1.10}$$

以上三个量也可用核的朗德因子表示为

$$\begin{cases} |\boldsymbol{\mu}| = g\mu_N [I_s(I_s+1)]^{1/2} \\ \mu_z = m g \mu_N \\ \mu_{z\max} = I_s g \mu_N \end{cases} \tag{1.11}$$

通常把原子核磁矩 z 分量的最大值 $\mu_{z\max}$ 称为原子核磁矩。如果以核磁子 μ_N 为单位，那么原子核磁矩的数值就等于 $I_s \cdot g_p$。

质子的朗德因子 $g_p = \dfrac{\gamma_p h/(2\pi)}{\mu_N} = 5.585\,69$，氢核即质子的磁矩为

$$\mu_p = I_s g_p \mu_N = 2.792\,85\mu_N 10^{-26} = (1.410\,607\,61 \pm 0.000\,000\,47) \times 10^{-26} \text{ A·m}^2 \tag{1.12}$$

质子（氢核）的磁旋比为

$$\gamma_p = (2.675\,221\,28 \pm 0.000\,000\,81) \times 10^8 \text{ (A·m}^2\text{)/(J·s)} \tag{1.13}$$

4. 原子核的能级

具有一定磁矩的原子核在磁场中将具有能量。原子核在磁场中所具有的能量具有量子化的性质，故用能级描述磁场中原子核的能量。磁共振现象的核心是存在一个磁矩的集合，并有一个磁场。用尽可能简单的方法来考虑这个系统的动力学问题，基本上只采

用经典物理学来描述，其结论将与以上关于相邻量子态的能量差和跃迁相联系。

1）原子核磁矩在磁场中的运动——拉莫尔进动

原子核具有一个自旋动量矩 L，同时也具有一个磁矩 $\mu = \gamma L$。在磁场 B 中，磁矩 μ 将受到力矩 $\mu \times B$ 的作用[2]。由力学定律——动量矩的时间变化率等于力矩，可以得到自旋动量矩的运动方程为

$$\mu \times B = \mathrm{d}L / \mathrm{d}t \tag{1.14}$$

因此，得到 μ 的方程式为

$$\mathrm{d}\mu / \mathrm{d}t = \gamma\mu \times B \tag{1.15}$$

对于核自旋集合，引进磁化强度矢量 M，它表示单位体积内的总磁矩。把相同核素的每一个自旋的运动方程加起来，得到 M 的运动方程有

$$\mathrm{d}M / \mathrm{d}t = \gamma\mu \times B \tag{1.16}$$

只要规定 B 的方向，这一方程很容易解出。习惯上，假定沿着 z 轴方向的磁场为 B_z。因此，可写为

$$B = B_z k \tag{1.17}$$

式中：k 为 z 方向的单位矢量。

因此，运动方程的分量形式为

$$\begin{cases} \mathrm{d}M_x / \mathrm{d}t = \gamma B_z M_y \\ \mathrm{d}M_y / \mathrm{d}t = \gamma B_z M_x \\ \mathrm{d}M_z / \mathrm{d}t = 0 \end{cases} \tag{1.18}$$

式（1.18）的解为

$$\begin{cases} M_x(t) = M_z(0)\cos(\gamma B_z t) \\ M_y(t) = -M_z(0)\sin(\gamma B_z t) \\ M_z(t) = M_z(0) \end{cases} \tag{1.19}$$

假定起始条件是 $M_y(0)=0$，上述方程描述在 xoy 平面内的转动，在 z 方向有一恒定分量。

磁化强度在 xoy 平面内的分量也取恒定值 $M_x(0)$，它沿顺时针（负的）方向以角频率 ω_0 旋转，即

$$\omega_0 = \gamma B_z \tag{1.20}$$

精确的等于 NMR 的共振圆频率。图 1.1 表示磁化强度的全部特性。矢量的长度保持不变，它与磁场的夹角也是恒定的。M 绕 B_z 的运动类似于陀螺在地球重力场中的运动，这种运动称为进动（旋进）。磁化强度矢量在磁场中的行为称为拉莫尔进动，进动的频率称为拉莫尔频率。

根据磁化强度 M 的大小和它与磁场 B_z 的夹角 θ，可以把 M 各个分量的演化表示为

$$\begin{cases} M_x(t) = M\sin\theta\cos(\omega_0 t) \\ M_y(t) = M\sin\theta\sin(\omega_0 t) \\ M_z(t) = M\cos\theta \end{cases} \tag{1.21}$$

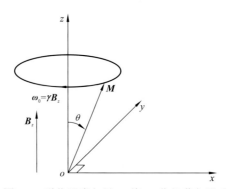

图 1.1　磁化强度矢量 $\boldsymbol{M}$ 绕 $\boldsymbol{B}_0$ 作拉莫尔进动

可以看出，由 M_x 和 M_y 组成的横向磁化强度连续不断地运动，而纵向磁化强度 M_z 则保持恒定，反映磁能——$M_z\boldsymbol{B}_z$ 守恒。

2）原子核磁矩在磁场中的能量

如果原子核磁矩的一个确定分量之最大值等于 $\boldsymbol{\mu}$，那么在稳定磁场 $\boldsymbol{B}_0$ 中最高和最低子能级之间的间隔是 $2\boldsymbol{\mu}I_s$。粗略地说，这两个能级对应于核磁矩在磁场方向上和与磁场相反的方向上的投影。因此，相邻子能级的间距为 $\boldsymbol{\mu}\boldsymbol{B}_0/I_s$。$\boldsymbol{\mu}\boldsymbol{B}_0/I_s$ 常写成 $g_p\boldsymbol{\mu}_N\boldsymbol{B}_0$，$\boldsymbol{\mu}_N$ 是核磁子，$g_p = \boldsymbol{\mu}/(I_s\boldsymbol{\mu}_N)$ 为分裂因子，或称为朗德因子、核的朗德因子，记作 g_p。若要能量量子引起相邻能级之间的跃迁，电磁场的频率 f 必须满足以下关系式：

$$hf = \frac{\boldsymbol{\mu}\boldsymbol{B}_0}{I_s} = g_p\boldsymbol{\mu}_N\boldsymbol{B}_0 \tag{1.22}$$

因此，可以引起子能级间跃迁的电磁场的频率 $f = \boldsymbol{\mu}\boldsymbol{B}_0/(I_sh) = g_p\boldsymbol{\mu}_N\boldsymbol{B}_0/h$。

核磁共振是一种量子效应。当具有非零的磁矩的原子核置于稳定的外磁场中时，能量简并解除，分裂为一系列子能级。若有交变电磁场作用，则可发生共振吸收，共振频率随外部稳定场而变化，并且对不同的磁性核具有不同的共振频率，即吸收是有选择性的。

科学家们力图用固体或液体进行核磁共振研究，而不是用原子或分子束，但直到 1945 年底才获得成功。

在磁共振技术中，通常要应用一个稳定磁场，在稳定磁场 $\boldsymbol{B}_0$ 中，核自旋角动量矢量可在不同的量子态中。在每一状态下，自旋矢量有不同的取向，使其平行于场的分量取值为 $m_ah/(2\pi)$，$m_a = -I_s,\cdots,+I_s$，每一步为 1。因此，对于 $I_s = 3/2$，m_a 取 $-3/2$，$-1/2$，$+1/2$，$+3/2$。数字 m 可用作区分不同量子状态及其能量的标记。对于只有一个质子的氢核，$I_s = 1/2$，$m_a = \pm 1/2$，故只有两个能级。$I_s = 3/2$ 和 $I_s = 1/2$ 的能级见图 1.2 和图 1.3。

由经典电磁学理论可知，在磁场 $\boldsymbol{B}_0$ 中的一个磁矩 $\boldsymbol{\mu}$ 的能量为 $-\boldsymbol{\mu}\boldsymbol{B}_0$，因此，第 m 态的能量为

$$E_m = -\boldsymbol{B}_0\gamma mh/(2\pi) \tag{1.23}$$

式中：γ 为磁旋比，$\gamma = g_pe/(2m_p)$。能级之间的跃迁，需遵守选择定则 $\Delta m = \pm 1$，即只能在相邻能级之间跃迁。相邻能级之间的能量差为

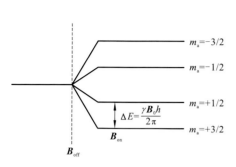

图 1.2　核自旋 $I_s=3/2$ 磁场中的能级

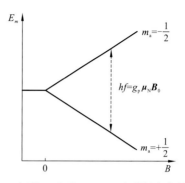

图 1.3　氢核（质子）$I_s=1/2$ 在磁场中的能级

$$\Delta E = \boldsymbol{B}_0 \gamma h / (2\pi) \tag{1.24}$$

爱因斯坦关系式说明当外加的电磁辐射角频率 $(\omega_0 = 2\pi f)$ 满足式子：

$$\Delta E = hf = h\omega_0 / (2\pi) \tag{1.25}$$

时，会产生能级之间的跃迁，即发生共振。很显然，共振的条件是

$$\omega_0 = \gamma \boldsymbol{B}_0 \tag{1.26}$$

可见磁旋比 γ 是一个很重要的常数，不同的核子有不同的 γ 值。

现在核磁共振波谱仪中使用强磁铁，磁场强度可高达十几特斯拉（十几万高斯），对 ${}_1^1\mathrm{H}$ 来说，共振频率达到几百兆赫兹（MHz），甚至接近 1 000 MHz。作为对比，地磁场强度约为 0.5 G·s，质子共振频率约为 2 kHz。因此，在地磁场中共振频率低，灵敏度低，共振信号微弱，需用高科技方法才能拾取到有用信号。

1.1.2　核磁共振原理

在 H_2O 和 CH_4 等分子中电子磁矩成对互相抵消，电子的总磁矩为零，因此，在这些分子中只有原子核的磁矩，这样的样品称为原子核系统。

前已述及，核磁共振是一个基于原子核特性的物理现象，在稳定磁场的作用下，原子核处于一定的能级。用适当频率的交变磁场作用，可使原子核在能级间产生共振跃迁，称为核磁共振。

研究核磁共振现象除考虑稳定磁场、交变电磁场的作用外，还要考虑晶格对原子核的弛豫作用和原子核间的弛豫作用。核磁共振就是上述 4 种作用的结果。

1. 稳定磁场的作用

在晶格的作用下，核粒子数按能级的分布达到玻尔兹曼分布。在平衡态，原子核系统产生磁化，可用磁化强度（磁化强度是单位体积样品中核磁矩统计分布的总和，它反映原子核系统的宏观磁性，平衡态的磁化强度矢量也称宏观磁化强度或净磁化强度，用 $\boldsymbol{M}_0$ 表示）描述磁化的程度，它与稳定磁场和晶格作用有关[3]。

1）稳定磁场对原子核磁矩的作用

在稳定磁场的作用下，原子核系统中各核磁矩各自以稳定磁场方向为轴做进动，并处于一定的能级。同一能级上的各核磁矩进动的轨迹相同，但稳定磁场不能确定进动的相位。为了便于比较各核磁矩进动时相位的差异，把各核磁矩的轨迹画在一起（图1.4）。从图中可以看出，同一能级上的核磁矩分布在同一圆锥上。核磁矩的初相位的分布是随机的。核磁矩在 xoy 平面上的横向分量的总和为零，即

$$\begin{cases} \sum_i \mu_{zi} = 0 \\ \sum_i \mu_{xoyi} = 0 \end{cases} \tag{1.27}$$

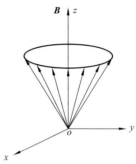

图 1.4　在稳定磁场各核磁矩进动初相位的随机分布

核磁矩在 z 轴上的纵向分量，对于 $I_s = 1/2$ 的系统由两部分组成：一部分核磁矩沿磁场方向，处于低能级；一部分是核磁矩与磁场方向相反，处于高能级。在刚加上磁场时，各能级上的原子核粒子数相等[图1.5（a）]，这时各磁矩在 z 轴方向上的纵向分量的总和等于零，即

$$\sum_i \mu_{zi} = 0 \tag{1.28}$$

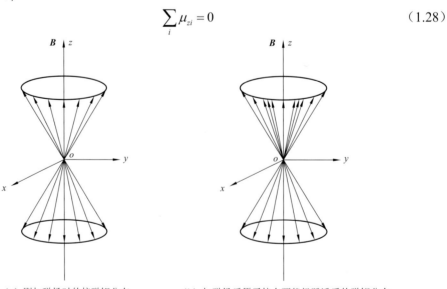

（a）刚加磁场时的核磁矩分布　　　　　（b）加磁场后原子核在两能级跃迁后的磁矩分布

图 1.5　$I_s = 1/2$ 原子核系统在磁场作用下各磁矩按能级分布的示意图

2）晶格的作用

所谓晶格的作用是指物质中原子核并不是孤立的，它位于原子之中，而原子组成物质的晶格，晶格本身不断地做热运动，原子核就是处于热运动的晶格包围之中。因此，宏观样品可认为是由原子核系统和晶格系统组成的，两系统间存在着相互作用，进行能量交换，在稳定磁场中原子核系统释放一部分能量转化为晶格系统热运动的能量，一些原子核从高能级跃迁到低能级，使低能级的核粒子数比高能级的多，直到晶格系统不再接受原子核系统释放的能量时，原子核系统和晶格系统达到热平衡态。这时核粒子数按能级的分布服从玻尔兹曼分布，这时低能级的核粒子数比高能级的多［图 1.5（b）］。就有过剩的沿稳定磁场方向的核磁矩纵向分量存在，即

$$\sum_i \mu_{zi} \neq 0 \tag{1.29}$$

3）玻尔兹曼分布

按玻尔兹曼分布，原子核在各能级上数目的分布由式（1.30）确定

$$N_i = N_p \exp(-E_i / kT) \tag{1.30}$$

式中：N_i 为第 i 个能级上原子核数目；E_i 为第 i 个能级的能量；N_p 为与原子核系统总的数目及与各能级有关的常数；k 为玻尔兹曼常量；T 为热力学温度。

若以横线长度表示各能级上原子核数目，则玻尔兹曼分布见图 1.6。由图 1.6 可见，能级越低，核数目越多，能级越高，核数目越少。

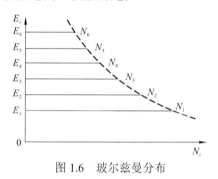

图 1.6 玻尔兹曼分布

2. 弛豫作用

对于被磁化后的核自旋系统，其旋进频率（拉莫尔频率）为 f_L。如果在垂直于地磁场的方向再加一个交变电磁场 $\boldsymbol{B}_1$，而且，让其频率为 f_L，根据量子力学原理，那么核自旋系统将发生共振吸收现象，即处于低能级的核磁矩将通过吸收交变电磁场提供的能量，跃迁到高能级，这种现象即为核磁共振[4]。

在激发脉冲施加以前，核自旋系统处于平衡状态，宏观磁化强度矢量 $\boldsymbol{M}_0$ 与地磁场 $\boldsymbol{B}_e$ 方向相同［图 1.7（a）］；激发脉冲作用期间，磁化强度矢量吸收电磁能量而偏离地磁场方向［图 1.7（b）］；激发脉冲作用结束后，磁化强度矢量释放电磁能量，又将通过自由进动，朝 $\boldsymbol{B}_0$ 方向恢复［图 1.7（c）］。

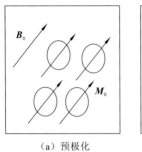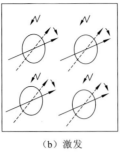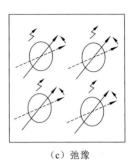

（a）预极化　　　　　　　　（b）激发　　　　　　　（c）弛豫

图 1.7　核自旋系统的三个状态示意图[5]

使核自旋从高能级的非平衡状态恢复到低能级的平衡状态，这一过程称为弛豫。弛豫包含两种不同的机理。设 $\boldsymbol{B}_e$ 的方向为 z 方向，激发脉冲作用后，$\boldsymbol{M}_k$ 被分解成 xoy 平面的分量（横向分量）M_{xoy} 和 z 方向的分量（纵向分量）M_z。

激发脉冲终止后，xoy 平面的横向分量 M_{xoy} 向数值为零的初始状态恢复，称为横向弛豫过程。弛豫速率用 $1/T_2$ 来表示，T_2 称为横向弛豫时间。横向弛豫过程中，核自旋体系内部，即自旋与自旋之间发生能量的耦合，使磁化强度矢量进动的相位从有序分布趋向无序分布。此时，自旋系统的总能量没有变化，自旋与晶格（或环境）之间不交换能量，因此从微观机制上考虑，又将这个弛豫过程称为自旋-自旋弛豫。

激发脉冲终止后，z 方向的纵向分量 M_z 向初始宏观磁化强度 $\boldsymbol{M}_0$ 的数值恢复，称为纵向弛豫过程，弛豫速率用 $1/T_1$ 来表示，T_1 称为纵向弛豫时间。在纵向弛豫过程中，磁能级上的粒子数将发生变化，自旋体系的能量也要发生变化，自旋与晶格（或环境）之间交换能量，将共振时吸收的能量释放出来，因此，从微观机制上考虑，又将它称作自旋-晶格弛豫。

根据布洛赫方程，横向弛豫过程按指数规律衰减，即按 $\exp(-t/T_2)$ 规律衰减，见图 1.8 中实线所示。纵向弛豫过程按 $[1-\exp(-t/T_1)]$ 规律恢复，见图 1.8 中的虚线。

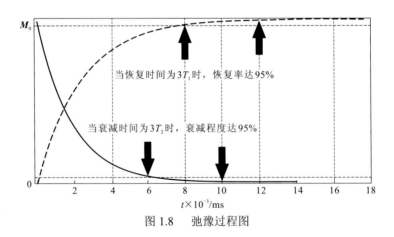

图 1.8　弛豫过程图

NMR 信号大小与核自旋磁化率 κ_p 呈正比，现考虑磁化强度产生的机制，并推导出 κ_p 的表示式。知道了样品在磁场中的平衡磁化强度，就知道在扰动之后要达到的状态。

在磁场中，一个磁偶极子顺着磁场方向在能量上是最有利的，即处于能量极小状态。但是，有一个对抗的因素，原子的热骚动趋向于打乱磁偶极子的定向排列，这是熵增加定律。达到平衡状态是能量极小化的有序趋势和熵的极大化的无序化之间的均衡。由这一机制形成的磁化强度称为顺磁性。当温度降低时，顺磁性物质的磁化强度增大。

1）磁化强度

现在来计算磁化强度，为简单起见，考虑自旋量子数 $I_s = 1/2$ 的粒子的集合，在此情况下粒子有两个自旋状态：$m = +1/2$，$m = -1/2$，将它们分别称为"自旋向上"（单位体积内的粒子数为 $N_\uparrow$）和"自旋向下"（单位体积内的粒子数为 $N_\downarrow$）（图 1.9）。单位体积内粒子总数为 N_0，$N_0 = N_\uparrow + N_\downarrow$，在磁场 B_0 中，两种状态的能量差为 $\Delta E = B_0 \gamma h / (2\pi)$。因此，由玻尔兹曼定理，比值 $N_\uparrow / N_\downarrow$ 为

$$N_\uparrow / N_\downarrow = \exp(\Delta E / kT) = \exp[B_0 \gamma h / (2\pi kT)] \tag{1.31}$$

式中：k 为玻尔兹曼常量；T 为热力学温度。

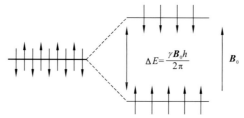

图 1.9　能级分裂时每个能级上自旋数示意图（$I_s = 1/2$）

净磁化强度 M_0 与 $N_\uparrow$ 和 $N_\downarrow$ 的差值成比例，即

$$M_0 = \mu_m (N_\uparrow - N_\downarrow) \tag{1.32}$$

式中：μ_m 是单个粒子的磁矩。计算 $N_\uparrow$ 和 $N_\downarrow$ 可得

$$\begin{cases} N_\uparrow = \dfrac{N_0}{1 + \exp\left[\dfrac{-\gamma B_0 h / (2\pi)}{kT}\right]} \\[4mm] N_\downarrow = \dfrac{N_0}{1 + \exp\left[\dfrac{+\gamma B_0 h / (2\pi)}{kT}\right]} \end{cases} \tag{1.33}$$

因此，净磁化强度：

$$M_0 = N_0 \cdot \mu_m \dfrac{1 - \exp\left[\dfrac{-\gamma B_0 h / (2\pi)}{kT}\right]}{1 + \exp\left[\dfrac{-\gamma B_0 h / (2\pi)}{kT}\right]} = N_0 \cdot \mu_m \tanh\left[\dfrac{\gamma B_0 h / (2\pi)}{2kT}\right] \tag{1.34}$$

可见一般磁化强度与外加磁场并不呈正比。在磁场很弱时，磁化强度与 B_0 呈正比；而在磁场很强时，磁化强度将达到饱和。

当磁场足够小时或温度足够高时，磁化强度和外加磁场呈正比，将式（1.34）展开并取一次项，得

$$M_0 = \frac{N_0 \mu_m \gamma h / (2\pi)}{2kT} B_0 \tag{1.35}$$

由于 $\mu_m = \gamma h / (2\pi) I_s$，有

$$M_0 = \frac{N_0 \gamma^2 h^2 / (2\pi)^2}{4kT} B_0 = C \frac{B_0}{T} \tag{1.36}$$

这就是有名的居里-外斯定律。式中：C 为居里常数；T 为热力学温度。

在线性范围内，使用磁化率概念最方便，磁化率是 M_0 和 B_0/μ_0 之间的比例系数，μ_0 是真空磁导率，$\mu_0 = 4\pi \times 10^{-7}$ H/m，磁化率 κ_0 为

$$\kappa_0 = \frac{\mu_0 N_0 \gamma^2 h^2 / (2\pi)^2}{4kT} \tag{1.37}$$

当 I_s 大于 1/2 时，结果是

$$\kappa_0 = \frac{I_s(I_s + 1)\mu_0 N_0 \gamma^2 h^2 / (2\pi)^2}{3kT} \tag{1.38}$$

当然，当 $I_s = 1/2$ 时，式（1.38）变成式（1.37）。

线性的条件是 $B_0 \gamma h / (2\pi) \ll 2kT$，实际上并不太苛刻，对于室温下水中质子而言，$B_0$ 应小于 7 000 T，而目前人工磁场只能做到 20 T 上下，地磁场十分弱，大约为 0.5 Gs。

由式（1.37）和式（1.38）可见，磁化率与温度呈反比。

当对样品施加一磁场 B 时，样品将被磁化，达到一定的磁化强度 M，假定无铁磁性，系统是在线性的各向同性的条件下，B 和 M 有以下关系：

$$M = (\kappa_0 / \mu_0)B \tag{1.39}$$

式中：常数 κ_0 是磁化率，无量纲。

根据 SI 单位制，磁化率 κ_0 定义为磁化强度 M 和磁场 H 的比值，即

$$\kappa_0 = M/H \tag{1.40}$$

但 B 与 H 的关系为

$$B = \mu_0(H + M) \tag{1.41}$$

因此，M/B 和 κ_0 的关系为

$$M = \frac{\kappa_0}{1 + \kappa_0} \frac{B}{\mu_0} \tag{1.42}$$

实际上，对顺磁系统来说，κ_0 值很小，一般数量级为 10^{-9}。在此情况下，分母（$1 + \kappa_0$）用 1 代替不会带来明显的误差，因此，式（1.39）成立，即

$$M = \frac{\kappa_0}{\mu_0} B \tag{1.43}$$

由此可见，由于氢核只具有很微弱的磁矩，在磁场中呈现核子顺磁性，其值是很小的。

2）水的核子顺磁性

关于水的磁性，前人已有详细的研究。水分子由 1 个氧原子和两 2 个氢原子组成。氧原子有 8 个电子，即 2 个 1s 电子、2 个 2s 电子和 4 个 2p 电子，其中 2p 电子中的两个电子的自旋磁矩和轨道磁矩都成对地互相抵消了，2p 电子中的另外 2 个电子，分别与 2 个氢原子的 2 个电子（1s）结成 2 个共价键，它们的自旋磁矩和轨道磁矩也彼此成对地抵消了，因此，称水分子中的 10 个电子的磁矩彼此抵消了，从总体来说水分子没有固有磁矩。

由磁学理论可知，任何物质均有逆磁性，因为水分子的 10 个电子的总磁矩为零，所以其逆磁性比较明显地显现出来。根据理论计算和实验测定，水的磁化率为 $-4\pi \times 0.720\,0 \times 10^{-6}$（SI）（20 ℃时）。

现在，再来看一看氧原子核和氢原子核的磁性。按照前面叙述过的规律可知，氧原子核的磁矩等于零。只有 2 个氢原子核，即质子具有磁矩，在外磁场作用下，表现出逆磁性介质中核子的顺磁性。

水的核子顺磁磁化率，其值为 $4\pi \times 3.214\,0 \times 10^{-10}$（SI）（当 $T = 300\,\text{K}$ 时）。由于地磁场很弱，在地磁场磁化下，磁化强度也是很微弱的。

例如，在武汉，地磁场总强度约为 48 860 nT，当 $T = 300\,\text{K}$ 时，水的磁化强度为 $1.57 \times 10^{-7}\,\text{A/m}$，其方向沿着地磁场的方向。从宏观经典理论的观点来看，相当于在每一个立方米的水内，垂直于地磁场总场方向上有一个面积为一平方米的线圈内流动着 0.157 μA 的电流产生的磁矩。核磁共振找水技术，就是利用水中氢核的这样微弱的顺磁性，来探测地下水存在与否及其赋存状态的。

3）自旋−晶格弛豫

当真实的系统置于磁场中时，有两点值得注意。首先，平行于外磁场的磁化强度增长达到平衡的数值，而 M_z 保持恒定；其次，垂直于外磁场的磁化强度必然为零，但横向磁化强度以拉莫尔频率不断地旋转。

无论实际系统的起始状态如何，磁化强度将弛豫到沿 z 轴的平衡值，M_z 弛豫到 M_0，而 M_x，M_y 则弛豫到零（以某种拉莫尔频率）[6]。上一节中没有考虑到弛豫，即没有考虑核自旋之间和核自旋与其环境（对固体来说，指晶格）之间的相互作用的结果。这些弛豫过程的性质是核磁共振关注的焦点，研究弛豫能带来许多信息。

原先研究磁矩在磁场中的运动情况时，条件比较简单，即没有考虑磁矩与周围环境之间、磁矩与磁矩之间的作用。现在从实际观测结果看到，应该考虑两种不同的弛豫。一是平行于磁场 $\boldsymbol{B}_0$ 的磁化强度朝着 $\boldsymbol{M} = (\kappa_0 / \mu_0)\boldsymbol{B}_0$ 的形成过程是一个弛豫过程，这一过程与能量交换有关。自旋具有的磁能密度——$\boldsymbol{M} \times \boldsymbol{B}$ 总能量应该守恒，由高能态向低能态过渡时，自旋将能量传递给周围环境，用核磁共振术语来说，这个周围环境称为晶格。因此，称这一弛豫为自旋-晶格弛豫，而且牵涉到磁化强度的纵向分量变化，又称为纵向弛豫，也称之为热弛豫。

另一种弛豫是在横截面内磁化强度衰减到零，此时不牵涉能量的改变。机理并不复杂，但用处很大。由于其他自旋的作用，每个自旋经受的磁场与 M_0 略有差别，其进动频率就有差异，导致相位移动，使横向磁矩逐渐衰减到零。因此称为自旋-自旋弛豫或横向弛豫。

用比较简单的定量方法来考虑一下弛豫过程。先讨论纵向弛豫，仍以 $I=1/2$ 情况为例。令自旋向上和自旋向下粒子数之差为 n，则有

$$n=N_\uparrow-N_\downarrow \tag{1.44}$$

另外，假定有两个概率 P_+、P_-，分别代表单位时间内核子向上和向下跃迁的概率。可以设想，这两个概率是不相等的。因为在经过某一段时间以后，达到平衡，则上、下能级之间的跃迁应该相等。由此得到以下的表示式：

$$P_-N_\uparrow = P_+N_\downarrow \tag{1.45}$$

或者取比值有

$$\frac{N_\uparrow}{N_\downarrow}=\frac{P_+}{P_-}=1+\frac{\boldsymbol{B}_0\gamma h}{2\pi kT}=1+\frac{2\boldsymbol{\mu}\boldsymbol{B}_0}{kT} \tag{1.46}$$

根据单位时间的算法，往上的跃迁使 n 增加 2，往下的跃迁使 n 减少 2，因此有

$$\frac{\mathrm{d}n}{\mathrm{d}t}=2N_\downarrow P_+ - 2N_\uparrow P_- \tag{1.47}$$

此外，由于 P_+ 与 P_- 相差不大，可用一个平均值 $\overline{P}$ 代替，就有

$$\frac{\mathrm{d}n}{\mathrm{d}t}=-2\overline{P}(N_\uparrow - N_\downarrow)=-2P_n \tag{1.48}$$

解这一简单的微分方程，并注意到当 $t=0$ 时，$n=0$，当 $t\to\infty$ 时，$n=n_\mathrm{d}$，可得

$$n = n_\mathrm{d}(1-\mathrm{e}^{-t/T_1}) \tag{1.49}$$

两边乘以 $\boldsymbol{\mu}$，得

$$\boldsymbol{M} = \boldsymbol{M}_0(1-\mathrm{e}^{-t/T_1}) \tag{1.50}$$

式中：n_d 是平衡时粒子数之差；$T_1=1/2\overline{P}$，T_1 称为自旋-晶格弛豫时间或纵向弛豫时间，反映弛豫过程进行的快慢，平均跃迁概率越大，能量传递速度越快，相应的弛豫时间也就越短。

图 1.10 是式（1.50）的图示，在外加稳定磁场 $\boldsymbol{B}_0$ 和晶格的作用下，磁化强度 $\boldsymbol{M}$（实际上是其 z 分量）随时间以指数形式增长，在相当长时间以后，趋向其平衡态的 $\boldsymbol{M}_0$。

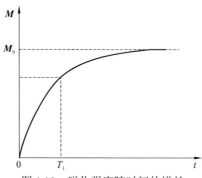

图 1.10　磁化强度随时间的增长

在磁场中，与晶格相作用而引起能级之间的跃迁，T_1 与跃迁概率呈反比，即 $T_1 = 1/2\overline{P}$，因此，任何关于自旋-晶格弛豫理论，必须揭示这些跃迁的机理。N. B. loembergen、E. M. Purcell 和 R. V. Pound 研究了液体中核磁弛豫问题。液体的 T_1 一般小于 10 s，对于水来说有

$$1/T_1 = 0.2 \text{ s}^{-1} \tag{1.51}$$

即 $T_1 = 5.0$ s，而不含氧的水 T_1 的实测值为 3.6 s。从美国 Berea 砂岩中抽出的水的 T_1 实测值为 3.9 s。

4）自旋-自旋弛豫

在核磁共振实验中，对样品施加一稳定的磁场 $\boldsymbol{B}_0$，则自旋将以拉莫尔角频率($\omega_L = \gamma \boldsymbol{B}_0$)绕 $\boldsymbol{B}_0$ 作旋进运动，因此，如果一些自旋由于 $\pi/2$ 脉冲的作用开始处于某种相干的状态，那么它们似乎应该一齐同相地持续旋进下去。但实际上经过一定时间，旋进的磁化强度会衰减到零。

质子自旋处的磁场不同，其原因之一是每一个质子自旋有磁矩 $\boldsymbol{\mu}$，不仅受到磁场的作用，而且它本身也是一个磁场的源。因此，每个自旋除受到稳定磁场作用外，还会经受一些相邻自旋偶极场的作用（虽然比 $\boldsymbol{B}_0$ 小很多）。第 i 个自旋经受的磁场 $\boldsymbol{B}_i$ 可表示为

$$\boldsymbol{B}_i = \boldsymbol{B}_0 + \boldsymbol{b}_i \tag{1.52}$$

式中：偶极场 $\boldsymbol{b}_i$ 如下式

$$\boldsymbol{b}_i = \frac{\mu_0}{4\pi} \sum \left(\frac{\boldsymbol{\mu}}{r_{ij}^3} - \frac{\boldsymbol{\mu} r_{ij}}{r_{ij}^5} r_{ij} \right) \tag{1.53}$$

式中：j 为系统中的其他偶极子；r_{ij} 为第 i、j 个偶极子之间的距离。

另外，还有一个原因致使各自旋处的磁场不同，就是 $\boldsymbol{B}_0$ 本身的不均匀性，其大小在样品整个体积内有些变化，这也会引起横向弛豫。相邻自旋的偶极场和外部施加的不均匀的稳定场是不同的，偶极场代表被研究对象的某些本身固有的特性。在核磁共振中有一种所谓的自旋回波（spin echoes）技术，可区分两者。

可见，$\boldsymbol{B}_0$ 代表整个研究样品的平均磁场，而 $\boldsymbol{b}_j$ 则代表在第 i 个自旋位置上磁场与平均磁场的偏差。每个自旋以它自己的频率 $\omega_j = \gamma (\boldsymbol{B}_0 + \boldsymbol{b}_j)$ 进动，因此，产生了一个进动频率的扩散（spread）。正是这些单个进动频率的扩散引起了相消干涉，导致磁化强度的衰减。衡量衰减快慢的特征时间是频率扩散的倒数。横向磁化强度的衰减特征时间，或自旋-自旋弛豫时间用 T_2 表示为

$$T_2 \approx 1 \text{（频率 } \gamma \boldsymbol{b}_j \text{ 的扩散）} \tag{1.54}$$

如何计算这个频率扩散，可用磁场偏差 $\boldsymbol{b}$ 的均方根值 $\sqrt{\dfrac{\boldsymbol{b}^2}{2}}$ 来度量扩散，自旋-自旋弛豫时间可表示为

$$1/T_2 = \gamma \sqrt{\frac{\boldsymbol{b}^2}{2}} \tag{1.55}$$

在距离 r 处磁矩 $\boldsymbol{\mu}$ 的偶极子场可近似表示为

$$\boldsymbol{b} \approx \frac{\mu_0}{4\pi} \frac{\boldsymbol{\mu}}{r^3} \tag{1.56}$$

在距离 2 Å 处,磁场约为 2×10^{-4} T,$\sqrt{\dfrac{b^2}{2}}$ 大约也是这个数量级,相应的 T_2 约为 20 μs,这是典型固体的 T_2。例如,氟化钙晶体的 T_2=20 μs。常温下甘油的 T_2 约为 20 ms,而冻结的甘油的 T_2 大约与固体的 T_2 差不多,可见运动对 T_2 值有很大影响。

经过推导,可看到式(1.46)是不活动自旋系统的弛豫时间,而运动对弛豫的影响表现为

$$\frac{1}{T_2} = \gamma \sqrt{\frac{b^2}{2}} \tau_c \tag{1.57}$$

式中:τ_c 是自相关时间,一个自旋经受的局部磁场 b_i 是时间的随机函数,τ_c 由这一随机函数的自相关函数确定,运动越激烈,τ_c 越小,作为 μ 的携带体的分子快速运动时,分子很快受到其他分子的碰撞而改变其位置,因此,能维持相关的时间很短,例如,常温下的水相关时间 τ_c=2.7×10^{-12} s。

根据假定的机理或模型,运用量子力学的方法,可计算 T_1,T_2 与 τ_c 的关系。这里只写出结果为

$$\frac{1}{T_1} = \frac{3}{20}\left[\frac{g_N^4 \mu_N^4}{(h/2\pi)^2 r^6}\right]\left(\frac{2\tau_c}{1+\omega_0^2\tau_c^2} + \frac{8\tau_c}{1+4\omega_0^2\tau_c^2}\right) \tag{1.58}$$

$$\frac{1}{T_2} = \frac{3}{40}\left[\frac{g_N^4 \mu_N^4}{(h/2\pi)^2 r^6}\right]\left(6\tau_c + \frac{10\tau_c}{1+\omega_0^2\tau_c^2} + \frac{4\tau_c}{1+4\omega_0^2\tau_c^2}\right) \tag{1.59}$$

对于水分子来说,由于 $\omega_0\tau_c$ 很小,在以上两式中均可忽略,可看出 T_1=T_2,若顾及水分子中由于扩散所产生的磁场,则 $1/T_1$ 表示式应增加一项如下

$$\frac{\pi}{5}\left[\frac{g_N^4 \mu_N^4}{(h/2\pi)^2}\right]\frac{N_s}{Dr_m} \tag{1.60}$$

式中:D 为扩散系数,取 1.85×10^{-5};N_s 为自旋浓度,取 6.75×10^{22};r_m 为不同分子自旋间的最近距离,取 1.74 Å;r_z 为水中质子与质子间的距离,r_z=1.58 Å,则

$$\frac{1}{T_1} = \frac{3}{2}\left[\frac{g_N^4 \mu_N^4}{(h/2\pi)^2 r_z^6}\right]\tau_c + \frac{\pi}{5}\left[\frac{g_N^4 \mu_N^4}{(h/2\pi)^2}\right]\frac{N_s}{Dr_m} \tag{1.61}$$

由此式可得水的理论值 T_1 = 4.4 s。

现在讨论顺磁性离子对弛豫的影响。因研究核磁共振而获得诺贝尔物理学奖的 F. Bloch 和 E. M. Purcell 以及他们的同事很早就研究过水中顺磁性离子对弛豫的影响,他们指出,水中顺磁性离子使弛豫时间缩短。顺磁性离子的磁矩,是以玻尔磁子为单位来计量的,而玻尔磁子比核磁矩要大一千多倍。因此,起伏的局部磁场具有相应的较大的数值,使得弛豫时间大为缩短,与离子相互作用而引起的弛豫是"分子间的"弛豫。在分析这种弛豫时,应在表示"分子间的"弛豫、质子弛豫的公式中做适当的改变。应该用离子的有效磁矩 μ_{ion} 代替质子的磁矩,得到式(1.62),这至少可以定性地说明影响弛豫时间的因素。

$$1/T_1 = 12\pi^2\gamma^2\eta N_{ion}\mu_{ion}^2 / (5kT) \tag{1.62}$$

式中:N_{ion} 为 1 cm³ 体积内离子的数目,可表征离子的浓度;η 为黏滞系数。此处未考虑离子和水分子扩散系数的差别。

由式（1.62）可知，T_1 与离子浓度呈反比，而且与离子的有效磁矩的平方 μ_{ion}^2 也呈反比。

考虑在实际中遇到的情况，即赋存于多孔建造孔隙中的水，水分子中的质子除了近水分子中的质子有相互作用外，若水中有顺磁性离子，则如上所述，还要受到这些离子的影响。此外，岩石界面上的局部磁场也会影响水中的质子。当质子接近界面时，质子将受到界面上的顺磁性（晶格点）的作用，使质子的进动相位遭到干扰。

3. 交变电磁场作用

1）布洛赫方程

1946 年，F.Bloch 提出了核磁共振理论中著名的布洛赫方程，该方程是核磁共振的理论基础。处于外加磁场中的自旋系统，其行为可以用布洛赫方程为基础的矢量模型来描述[6]。

以上简要地讨论了弛豫现象，可以将弛豫项加入磁化强度的进动方程中去，以反映实际的物理情景。对于纵向弛豫，有

$$\mathrm{d}n / \mathrm{d}t = -n_{\text{p}} / T_1 \tag{1.63}$$

对于横向弛豫，设单位体积内相位密集（同相）的核粒子数为 n_{p}，在 $\mathrm{d}t$ 时间内，由于自旋之间的相互作用，引起进动相位变化的粒子数为 $\mathrm{d}n$，则 $\mathrm{d}n \propto n\mathrm{d}t$，令比例系数为 $1/T_2$，于是有

$$\mathrm{d}n / \mathrm{d}t = -n_0 / T_2 \tag{1.64}$$

式（1.64）两边各乘以磁矩的横向分量，同时考虑自旋-晶格弛豫作用使纵向分量的变化，则综合两种弛豫作用即得

$$\begin{cases} \dfrac{\mathrm{d}M_x}{\mathrm{d}t} = -\dfrac{M_x}{T_2} \\ \dfrac{\mathrm{d}M_y}{\mathrm{d}t} = -\dfrac{M_y}{T_2} \\ \dfrac{\mathrm{d}M_z}{\mathrm{d}t} = -\dfrac{\boldsymbol{M}_0 - M_z}{T_1} \end{cases} \tag{1.65}$$

式（1.65）是两种弛豫作用的表示式。$\boldsymbol{M}_0$ 是平衡时的 M_z，当 M_z 弛豫（恢复）到 $\boldsymbol{M}_0$ 时，M_x 和 M_y 则弛豫（衰减）到零。由这些方程式描述的弛豫，遵循指数定律。于是，布洛赫方程式可以写成以下形式

$$\begin{cases} \dfrac{\mathrm{d}M_x}{\mathrm{d}t} = \gamma(M_y\boldsymbol{B}_z - M_z\boldsymbol{B}_y) - \dfrac{M_x}{T_2} \\ \dfrac{\mathrm{d}M_y}{\mathrm{d}t} = -\gamma(M_z\boldsymbol{B}_x - M_x\boldsymbol{B}_z) - \dfrac{M_y}{T_2} \\ \dfrac{\mathrm{d}M_z}{\mathrm{d}t} = \gamma(M_x\boldsymbol{B}_y - M_y\boldsymbol{B}_x) - \dfrac{M_z - \boldsymbol{M}_0}{T_1} \end{cases} \tag{1.66}$$

式中：γ 为磁旋比，不同核子有不同的 γ（表 1.2）。

表 1.2 不同原子核的核磁共振性质[7-8]

原子核	自旋量子数	同位素百分比/%	γ / （10^7 radT^{-1}s^{-1}）	f_L/Hz
^{1}H	1/2	100	26.751	2 129
^{7}L$_i$	3/2	93	25.181	2 004
^{19}F	1/2	100	10.829	862
^{31}P	1/2	100	10.396	827
^{23}Na	3/2	100	8.579	683
^{11}B	3/2	80	8.158	649
^{27}Al	5/2	100	7.602	605
^{55}Mn	5/2	100	7.225	575
^{59}Co	7/2	100	7.097	565
^{63}Cu	3/2	69	7.076	563
^{65}Cu	3/2	31	7.036	560
^{45}Sc	7/2	100	6.970	555
^{51}V	7/2	100	6.702	533
^{69}Ga	3/2	60	6.620	527
^{71}Ga	3/2	40	6.498	517
^{79}Br	3/2	51	6.420	511
^{81}Br	3/2	49	6.347	505

注：f_L 是在 0.5 Gs 地磁场中的拉莫尔频率

2）在稳定磁场和交变电磁场作用下磁化强度的运动

现在来研究在稳定磁场和频率为拉莫尔进动频率的交变电磁场脉冲作用下，磁化强度的行为。

设稳定磁场 $\boldsymbol{B}_0 = kB_0$，按布洛赫方程，式（1.66）有

$$\begin{cases} \dfrac{\mathrm{d}M_x}{\mathrm{d}t} = \gamma M_y \boldsymbol{B}_0 - \dfrac{M_x}{T_2} \\[2mm] \dfrac{\mathrm{d}M_y}{\mathrm{d}t} = -\gamma M_x \boldsymbol{B}_0 - \dfrac{M_y}{T_2} \\[2mm] \dfrac{\mathrm{d}M_z}{\mathrm{d}t} = -\dfrac{M_z - \boldsymbol{M}_0}{T_1} \end{cases} \tag{1.67}$$

由式（1.67）第三式得

$$M_z(t) = \boldsymbol{M}_0(1 - \mathrm{e}^{-t/T_1}) \tag{1.68}$$

当 t 很大时（相对于 T_1 而言）

$$M_z(t) \to \boldsymbol{M}_0 \tag{1.69}$$

即磁化强度的 z 分量随时间 t 的增加趋向其平衡态的 $\boldsymbol{M}_0$。我们知道 $\boldsymbol{M}_0 = (\kappa_0/\boldsymbol{\mu}_0)\boldsymbol{B}_0$，若在稳定磁场作用之前 $t=0$ 时，$M_x(0) = M_y(0) = 0$，则 $M_x(t) = M_y(t) = 0$，可见，稳定磁场的作用是产生一个纵向的磁化强度分量 $M_z = \boldsymbol{M}_0$，而横向分量为零，表示磁化强度没有绕 $\boldsymbol{B}_0$ 作进动。

如前所述，当在垂直于恒定磁场方向上施加一个交变磁场脉冲，其频率为拉莫尔进动频率，脉冲宽度和幅度满足一定条件时，简言之，施加一个 $\pi/2$ 脉冲时，$\boldsymbol{M}_0$ 将倾倒 $\pi/2$ 角度而位于 xoy 平面内，即产生了磁化强度的横向分量，其大小为 M_0。假定，$\pi/2$ 脉冲作用之后，$t=0$ 时，$M_x(0) = M_y(0) = 0$，则有式（1.67）可得

$$\begin{cases} M_x(t) = \boldsymbol{M}_0 e^{-t/T_2} \sin\omega_0 t \\ M_y(t) = \boldsymbol{M}_0 e^{-t/T_2} \cos\omega_0 t \\ M_z(t) = \boldsymbol{M}_0(1 - e^{-t/T_1}) \end{cases} \tag{1.70}$$

磁化强度 $\boldsymbol{M}$ 的运动和演化过程可用图形表示，见图 1.11。在 $\pi/2$ 脉冲作用后，产生了横向分量，磁化强度矢量 $\boldsymbol{M}$ 绕稳定磁场 $\boldsymbol{B}_0$ 进动。由于弛豫作用，磁化强度横向分量按指数形式随时间衰减，衰减的特征时间为 T_2。磁化强度的纵向分量随时间而增长，趋向其平衡态的 $\boldsymbol{M}_0$，增长的特征时间为 T_1。磁化强度的这种行为称为自由进动衰减。如果放置一接收线圈，那么其轴线沿 y 轴方向，由于

$$\boldsymbol{B}_y = \mu_0 M_y = \mu_0 \boldsymbol{M}_0 e^{-t/T_2} \cos\omega_0 t \tag{1.71}$$

被磁化的研究对象通过接收线圈的磁通量为

$$\boldsymbol{\Phi} = n_{\mathrm{T}} \boldsymbol{B}_y A_{\mathrm{L}} \tag{1.72}$$

式中：n_{T} 为线圈匝数；A_{L} 为线圈面积。在线圈中产生的感应电动势为

$$\varepsilon_{\mathrm{I}} = -\frac{\mathrm{d}\boldsymbol{\Phi}}{\mathrm{d}t} = -\mu_0 n_{\mathrm{T}} A_{\mathrm{L}} \frac{\mathrm{d}M_y}{\mathrm{d}t} = \mu_0 n_{\mathrm{T}} A_{\mathrm{L}} \boldsymbol{M}_0 \left(\omega_0 e^{-t/T_2} \sin\omega_0 t + \frac{1}{T_2} e^{-t/T_2} \cos\omega_0 t \right) \tag{1.73}$$

式（1.73）中括弧内余弦项和正弦项系数之比为 $1/(\omega_0 T_2)$，它远小于 1，因此，可忽略余弦项，得

$$\varepsilon_{\mathrm{I}} \approx \mu_0 n_{\mathrm{T}} A_{\mathrm{L}} \boldsymbol{M}_0 \omega_0 e^{-t/T_2} \sin\omega_0 t \tag{1.74}$$

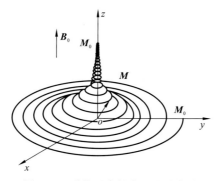

图 1.11　磁化强度的自由进动衰减

由此得到随时间而周期变化的电动势，其角频率 $\omega_0 = \gamma \boldsymbol{B}_0$，其幅度随时间按指数形式衰减，称为 FID 信号。$\boldsymbol{M}_0$ 和 ω_0 都与 $\boldsymbol{B}_0$ 呈正比，因此，信号幅度与 $\boldsymbol{B}_0^2$ 呈正比，还与呈成正比。若使用地磁场作稳定磁场，水是研究对象，则 γ 是固定的，$\boldsymbol{B}_0$ 也不随意改变，在某一局部地区它是一个恒定值。要加大感应电动势，即要加大信号，只有增大 $n_{\mathrm{T}}A$，即加大线圈匝数或加大线圈面积。$\boldsymbol{B}_0$ 在世界各地有很大的变化，因此，会影响 FID 信号的幅度。

3）磁场不均匀的影响

在研究目标范围内，稳定磁场的不均匀性 $\Delta \boldsymbol{B}_0$ 对 T_2 的影响很大。因为这时目标体中核磁矩围绕稳定磁场进动的角速度有差异，即有的进动快些而有些进动慢些，使原先集中的磁矩产生扇形分散，从而加速磁化强度横向分量衰减的过程。因此，考虑到稳定磁场的不均匀性，可以把视横向弛豫时间 T_2^* 写成两部分的和，即

$$\frac{1}{T_2^*} = \frac{1}{T_2} + \frac{1}{T_2'} \tag{1.75}$$

式中：T_2 是在均匀磁场中的横向弛豫时间；T_2' 是考虑到磁场的不均匀性 $\Delta \boldsymbol{B}_0$ 的横向弛豫时间，即

$$\frac{1}{T_2'} = \frac{\gamma \Delta \boldsymbol{B}_0}{\pi} \tag{1.76}$$

式中：γ 是核子的磁旋比，它是一个重要的常数，不同的核子，有不同的 γ（表 1.2）。

1.2 磁共振测深方法的原理

1.2.1 磁共振方法探测地下水的原理

自 1946 年 E. M. Purcell 和 F. Bloch 同时发现在物质中的核磁共振现象以来，到现在仅有几十年的历史。但随着科学技术的发展，核磁共振现象由理论研究、试验进入了应用和开发阶段，已广泛用于物理学、化学、生物学、医学等领域。它在地球科学方面也得到了广泛的应用[9-11]，主要包括以下几个方面：质子旋进磁力仪、核磁共振测井、核磁共振方法找水。

磁共振测深方法的基本原理是基于核磁共振原理，即利用不同物质原子核弛豫性质差异产生的核磁共振效应。不同物质中的原子核不同，具有不同的磁旋比。而磁共振测深方法是利用了地下含水层中的氢核（质子）产生的核磁共振信号的变化规律，进而探测地下含水层的存在性及地下水的埋深、含水量等，进而达到测深的目的[12]。

核磁共振现象可以从量子物理学和经典动力学两方面来了解。由物理学理论可知，原子核是由质子和中子组成的，且质子和中子都被统称为核子。大多数原子核都会围绕着某个特定的轴做自身旋转运动。当质子数为奇数时，在原子核的自旋过程中产生磁矩。

水分子中仅含有一个质子，它具有最强的磁矩。

　　从量子物理学角度，核磁共振现象是一个基于原子核特性的物理现象，是一种量子效应。当具有非零磁矩的原子核置于恒定的外磁场中，能量简并解除，分裂为一系列子能级。如有交变电磁场（频率为拉莫尔频率）作用，则发生共振吸收，使得原子核从低能级状态跃迁到高能级上。

　　在经典动力学角度上，在稳定的地磁场作用下，磁矩按一定的方向排列，用一个垂直于地磁场的交变电磁场（频率为拉莫尔频率）作用在原子核上，使磁矩方向发生改变，撤去交变电磁场后，原子核将恢复到地磁场方向上，这就是核磁共振现象。

　　核磁共振是一个基于原子核特性的物理现象，系指具有核子顺磁性的物质选择性地吸收电磁能量。从理论上讲，应用核磁共振技术的唯一条件是所研究物质的原子核磁矩不为零。水中氢核具有核子顺磁性，其磁矩不为零，氢核是地层中具有核子顺磁性物质中丰度最高、磁旋比最大的核子。在稳定地磁场的作用下，氢核像陀螺一样绕地磁场方向旋进（图 1.12），其旋进频率（拉莫尔频率）与地磁场强度和原子核的磁旋比有关。

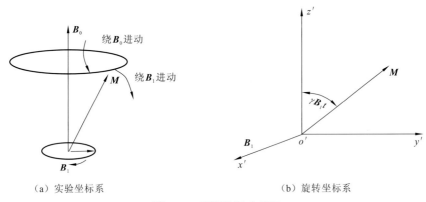

（a）实验坐标系　　　　　　　　　　　　　（b）旋转坐标系

图 1.12　磁矩的运动情况

　　在物质产生核磁共振时，共振频率会随着稳定磁场（地磁场）的变化而变化，并且对不同的磁性核具有不同的共振频率。这就说明吸收是具有选择性的，只有在固定频率的外加磁场作用下才发生共振，为

$$\omega_L = 2\pi f_L = \gamma B_e \tag{1.77}$$

式中：γ 为磁旋比；ω_L 为拉莫尔角频率；B_e 为地磁场强度；f_L 为拉莫尔频率。

　　由上述知，在核磁共振现象中，不同的磁性核具有不同的共振频率。拉莫尔频率与地磁场强度和原子核的磁旋比有关。磁旋比是原子核固有的特性，是磁矩与动量矩的比值，故而不同原子核具有不同的磁旋比，它与质点的运动特性无关，只依赖于质点的电荷和质量。水分子中只有一个质子，质子带正电，氢核的质子磁旋比[2]最大。

　　磁共振测深方法的基本原理是基于上述描述的核磁共振原理。磁共振测深方法的原理主要可以分为三个过程：静态、激发、释能[13]。首先，在地面上铺设激发线圈（激发线圈的形状可以为圆形、正方形、长方形、"8"字形等），并在铺设的激发线圈中供入频率为当地拉莫尔频率的交变电流脉冲，脉冲的包络线为矩形。此时，激发线圈中的交变电流脉冲产生交变电磁场，频率为拉莫尔频率，使得原本处于静态的地下水中的氢核形成宏观磁矩，宏观磁矩在地磁场中产生旋进运动，使之处于激发状态，氢质子将从低能级跃迁为高能级。切断交变电流脉冲后，氢质子将从高能级逐渐恢复到低能级，此时，地面上铺设的激发线圈就可以当作接收线圈，核磁共振找水仪对接收线圈中产生的 FID 信号进行拾取、接收。通过观测、研究在地层中水质子产生的 FID 信号的变化规律，探测地下水的存在性和空间赋存特性。采集到的 FID 信号的包络线呈指数规律衰减，采集到的信号的强弱或信号衰减的快慢直接与水中氢核质子的数量有关，即核磁共振信号的幅值与所探测空间内自由水含量呈正比。图 1.13 为磁共振测深方法的原理示意图，图 1.14 为 FID 信号的时序图。

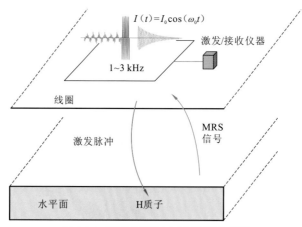

图 1.13　磁共振测深方法原理示意图

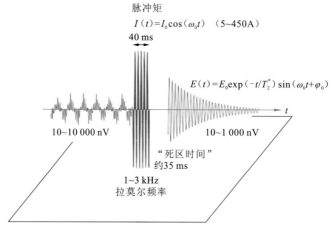

图 1.14　核磁共振信号的时序图

在此指出，地下水中氢核产生核磁共振时，除了考虑稳定磁场、交变电磁场的作用，还要考虑晶格对原子核的弛豫作用和原子核间的弛豫作用。核磁共振就是上述 4 种作用的结果。

水中的氢核在稳定地磁场的作用下，原子核系统中各核磁矩都以各自的稳定磁场方向为轴作进动，并将处于一定的能级。在平衡态，地下水中氢核系统产生磁化，它与稳定磁场和晶格作用相关。当一些原子核从高能级跃迁到低能级，使低能级的核粒子数比高能级的多，直到晶格系统不再接受原子核系统释放的能量时，原子核系统和晶格系统达到热平衡态。氢核粒子数按能级的分布达到玻尔兹曼分布，如图 1.6 所示。

图 1.6 的横坐标为原子核数目，图中的横线长度表示各能级上原子核数目。由图可见，能级越低，核数目越多；能级越高，核数目越少。

对于被磁化的氢核自旋系统，其旋进频率为拉莫尔频率。在垂直于稳定磁场（地磁场）的方向上加一个交变电磁场，使其频率为当地的拉莫尔频率。根据量子力学原理，氢核自旋系统将发生共振吸收现象，即处于低能级状态的氢质子的核磁矩将通过吸收交变电磁场中的能量，发生跃迁，到高能级状态。而当撤去交变电磁场后，高能级状态下的氢质子将释放能量，恢复到低能级的平衡状态，这个过程被称为弛豫过程。

上已述及，弛豫过程主要有两种：自旋-晶格弛豫、自旋-自旋弛豫。由于牵涉到磁化强度的纵向分量变化，自旋-晶格弛豫又可称为纵向弛豫，也称之为热弛豫，纵向弛豫时间 T_1 主要与渗透性系数有关。自旋-晶格弛豫使得在 z 方向上的磁化强度 M_z 由零变为 M_0。

自旋-自旋弛豫是在交变电磁场的作用下，核磁矩的进动相位从随机分布趋于密集分布，从而使氢核系统产生横向磁化强度 M_{xoy}。把交变电磁场撤去，横向磁化强度随时间逐渐消失，称为自旋-自旋弛豫或横向弛豫。横向弛豫时间 T_2 主要与岩石孔隙大小有关。自旋-自旋弛豫是作用在 xoy 平面内的，该弛豫作用使得磁化强度 M_{xoy} 由 M_0 变为零。弛豫场的大小和衰减的快慢直接与含水岩层类型及含水量大小有关。

交变电磁场对核磁矩的运动是将核磁矩从沿地磁场方向扳倒到与地磁场方向垂直的方向。交变电磁场为激发磁场，是通过在布设在地面上的导线中通入交变电流产生的。激发场的强度又称为激发脉冲矩 $q = I_0 \cdot t$（式中：q 为激发脉冲矩；I_0 为激发脉冲电流幅值；t 为激发脉冲持续时间）。此时在施加了频率为拉莫尔角频率的交变电流脉冲后，净磁化强度将倾倒 $\pi/2$ 角度位于 xoy 平面内，此时产生了磁化强度的横向分量。供入的交变电流脉冲中，拉莫尔角频率表达式为

$$\omega_L = \gamma \cdot \boldsymbol{B}_0 \tag{1.78}$$

式中：ω_L 为拉莫尔角频率；γ 为氢核的磁旋比；$\boldsymbol{B}_0$ 为稳定地磁场强度[14]。

由上述可知，只有垂直于地磁场方向上的磁场才可以激发地下水中的氢核，产生核磁共振信号。

在实际工作中，导线中通入的交变电流脉冲产生的交变电磁场并不是与地磁场方向垂直的磁场，而是每个方向都存在这磁场分量。在正演理论研究中，对地下空间各处的

激发磁场进行数值模拟计算，得出地下空间各处的激发磁场方向、数值大小等。在数值模拟计算中可知，在柱坐标系下，圆形激发线圈的磁场分量包括 r 分量和 z 分量。在计算得到了地下空间各处的磁场数值后，进行垂直磁场的计算。垂直磁场是指激发线圈产生的激发磁场与地磁场方向垂直的磁场分量。因此，在后续的计算过程中，需要对垂直磁场进行计算求解。

在计算接收到的信号时，需要考虑导电介质对电磁场的影响。导电介质都存在着电磁阻尼作用，因而激发线圈产生的激发磁场会出现椭圆极化现象。此时激发场可以分解为两个部分：与氢核自旋方向相同的同向旋转部分和与氢核自旋方向相反的反向旋转部分。这两个圆极化场的频率相同，幅值不同，因而才会形成椭圆极化场。后续第 2 章中将会具体的介绍椭圆极化场的计算。

由磁共振测深方法的原理可知，磁共振测深工作涉及磁场有地磁场、激发磁场（交变电磁场）和质子的弛豫场。地磁场和激发磁场的作用可以使得地下水中的氢核发生核磁共振现象。质子的弛豫场是在切断激发电流后产生的，使得质子由激发态弛豫到基态。在稳定地磁场的作用下，水分子中的氢核（质子）绕地磁场方向旋进。当外界施加一个频率为拉莫尔频率的交变电流脉冲之后，在旋转坐标系内，磁矩将遭受到垂直于地磁场方向的磁场作用，此时磁矩将不再是沿着地磁场方向，而是偏离原来的地磁场方向一个角度，此时的角度就称为扳倒角，通常用 θ_L 表示。它表示的是地下某一体积元处，地下水氢核被激发的程度，这个参数直接反映拉莫尔频率的交变电磁场对地下某一位置处的含水体的激发效果。扳倒角 θ_L 与单位电流激发的磁场的正向旋转分量和脉冲矩的乘积呈正比，可以表示为

$$\theta_L = \gamma q \frac{|\boldsymbol{B}_T^+|}{I_0} \tag{1.79}$$

式中：γ 为氢核（质子）的磁旋比；q 为激发脉冲矩；$\boldsymbol{B}_T^+$ 为激发线圈产生的激发磁场的正向旋转分量。

在交变电流脉冲停止后，地下水中氢核的弛豫作用将在地面线圈中产生感应电动势。感应电动势不仅随时间变化，还随着脉冲矩的大小而改变。在磁共振测深方法中，感应电动势随时间变化可以求解纵向弛豫时间 T_1 和横向弛豫时间 T_2。随着脉冲矩 q 的不断变化，感应电动势的初始振幅 $E_0(q)$ 也会不断变化，根据脉冲矩和初始振幅的变化，可以绘制磁共振测深曲线图，即 E_0-q 曲线图，还可以绘制核磁共振信号初始振幅随时间衰减曲线图，即 E_0-t 曲线图，以此研究含水体核磁共振响应特征。

1.2.2 磁共振测深方法的测量参数

1. 核磁共振找水仪

磁共振测深方法是通过核磁共振找水仪探测地下含水体的存在性及其赋存状态，进

而达到探测的目的。目前，已有的核磁共振找水仪有：法国地质矿产调查局 IRIS 公司研制的 NUMIS（勘探深度为 100 m）、NUMIS^{Plus} 及 NUMIS^{Poly}（最大勘探深度为 150 m）；德国 Radic 公司研制的浅层（小于 10 m）地表含水量和孔隙度的测量仪器——NMR-MIDI；美国 Vista Clara 公司推出的磁共振测深仪器——GMR（最大勘探深度为 150 m），中国吉林大学研制的磁共振测深找水仪 JLMRS（最大勘探深度为 150 m）等（详见第 5 章）[15]。

2. 核磁共振测深方法测量参数

1）NMR 信号初始振幅 $E_0(q)$

由 NMR 信号初始振幅的一维计算公式（1.81）知，初始振幅的大小与含水量呈正比。

$$E_0(q) = \int_0^L K[q, \rho(z), \alpha, z] \omega(z)\, \mathrm{d}z \qquad (1.80)$$

式中：K 为积分核函数，K 与激发脉冲矩 q、岩层电阻率 $\rho(z)$ 及岩层埋深 z、地磁倾角 α 有关；$\omega(z)$ 为含水量，$\omega(z) = V_F / V$，V_F、V 别为探测体积内的自由水体积和探测体积。$0 \leqslant \omega(z) \leqslant 1$，例如，在干燥岩石中 $\omega = 0$，对于湖泊的整体水来说，$\omega = 1$。L 为探测范围，m，一般取两倍的线圈直径。

当激发电流脉冲终止后，接收线圈接收到 NMR 信号 $E(t,q)$，$E(t,q)$ 包络线按指数规律衰减如[16]

$$E(t,q) = E_0(q) \exp\left(-t / T_2^*\right) \sin\left(\omega_0 t + \varphi_0\right) \qquad (1.81)$$

式中：T_2^* 是 NMR 信号的自旋-自旋弛豫时间（通常称为平均衰减时间），ms，在均匀地磁场中 $T_2^* = T_2$；φ_0 是 NMR 信号的初始相位。

由初始振幅公式（1.80）可以看出，含水层的含水量 $\omega(z)$ 会直接影响到初始振幅 $E_0(q)$ 值的大小。且从公式（1.80）中可以看出，初始振幅值与含水量呈正比关系。

在磁共振测深方法中，每一个磁共振测深点都有一条 NMR 信号 $E_0(q)$ 值随脉冲矩 q 值变化而形成的曲线，即核磁共振测深曲线，通常用 E_0-q 曲线表示。对该曲线进行解释可得到该核磁共振测深点探测范围内的水文地质参数：含水层的埋度、厚度、单位体积含水量。

图 1.15 为 NUMIS 在含水层（厚度为 10 m、单位体积含水量为 20%、埋深为 h_0）上方，经过正演计算获得的 5 条 E_0-q 曲线。从图中可以看出，随着脉冲矩的变化，$E_0(q)$ 最大值也不断变化；随着含水层的埋深逐渐变深，$E_0(q)$ 值的最大值逐渐减小。根据 $E_0(q)$ 值的最大值和其对应的脉冲矩的大小，可以初步判断地下是否存在含水体、含水量及含水层埋深。

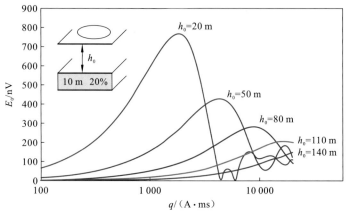

图 1.15　不同深度的含水层 E_0-q 曲线图

2）NMR 信号视横向弛豫时间 T_2^*

目前，磁共振测深找水仪通常探测到自由水和重力水，NMR 信号的视横向弛豫时间 T_2^* 与孔隙度大小有关。对于具有同一大小的球状颗粒的沉积岩层（分选性很好的）来说，弛豫时间直接与颗粒大小以及孔隙大小有关；而对于不同颗粒大小的混合物（分选性不太好的）来说，衰减时间与颗粒大小之间的关系则相对比较复杂。

每个激发脉冲矩 q 均可以得到一条 NMR 信号 E_0 随时间按指数规律变化的衰减曲线（E_0-t 曲线），见图 1.16。由此曲线可以求出该 q 值探测深度内含水层的 T_2^*，T_2^* 大小可以近似地给出含水层类型（平均孔隙度）的信息。T_2^* 的计算公式为

$$T_2^* = \frac{\sum_{m=1}^{M} E_m^2}{\sum_{m=1}^{M} \frac{E_m^2}{T_m}} \tag{1.82}$$

式中：E_m、T_m($m = 1, 2, \cdots, M$) 分别为某个激发脉冲矩 q_i 在 M 个时刻分别对应的 NMR 信号的振幅值、信号衰减时间。

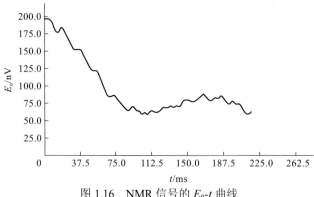

图 1.16　NMR 信号的 E_0-t 曲线

国内外的研究、统计规律表明，自由水和束缚水的 T_2^* 是不同的，自由水的 T_2^* 变化范围为 $30\ \text{ms} \leqslant T_2^* \leqslant 1000\ \text{ms}$。由于目前商品型的核磁共振找水仪的电流脉冲的间歇时间

是 30 ms，因此，一般的核磁共振找水仪接收不到束缚水的 NMR 信号。表 1.3 给出不同类型含水层的 T_2^* 值。在探测范围内不存在局部磁性不均体时，$T_2^* = T_2$。

表 1.3　实测 T_2^* 与含水层类型的近似关系[16]

弛豫时间/ms	含水层类型
30	沙质黏土层
>30～60	黏土质砂、很细的砂层
>60～120	细砂层
>120～180	中砂层
>180～300	粗砂和砂质砂层
>300～600	砾石沉积
>600～1 000	地面水体

3）NMR 信号纵向弛豫时间 T_1

多孔介质中流体的 NMR 弛豫现象增强，即弛豫时间缩短，其原因是孔隙—颗粒界面处的弛豫现象。而在核磁共振响应信号的衰减过程中，由于其横向弛豫过程非常容易受到磁性不均匀体的影响，使其测得的视横向弛豫时间 T_2^* 并不够准确。虽然纵向弛豫时间 T_1 的测量所花费的时间比横向弛豫时间 T_2 更长些，测量的难度也更大，但是，纵向弛豫的过程却不易受到磁性不均匀体的影响，其观测的结果将更加准确地体现出地层孔隙度的特征。

T_2^* 和 T_1 的测量技术不同，NUMIS 只能测出 T_2^*。T_2^* 是用一个激发脉冲矩的 E_0-t 曲线获得的衰减时间（图 1.17），而 T_1 是同一个记录点是用脉冲序列测定的，即在使用 NUMIS^{Plus} 和 NUMIS^{Lite} 时，在一个记录点上，每次用两个激发脉冲矩 q_1 和 q_2 进行测量（图 1.18），然后获得 T_1，有

$$T_1 = f\left(E_0, E_0', \Delta t\right)，\quad T_2^* < \Delta t < T_1 \tag{1.83}$$

式中：Δt 是两个激发脉冲矩 q_1 和 q_2 的间隔时间（图 1.18）；E_0 及 E_0' 分别为两个激发脉冲矩对应的 NMR 信号初始振幅。

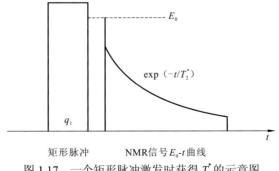

图 1.17　一个矩形脉冲激发时获得 T_2^* 的示意图

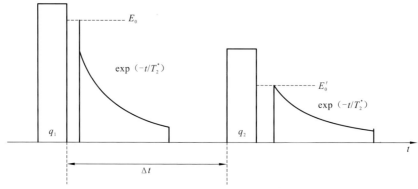

图 1.18 两个矩形脉冲激发时获得 T_2^* 的示意图

$$T_1 = \frac{-\Delta t}{\lg\left(1 - \dfrac{E_0'}{E_0}\right)} \tag{1.84}$$

理论研究和实践表明，$T_2^* < T_2 < T_1$。

T_1 能很好地给出含水层孔隙度的信息，不受磁场不均匀性的影响，新研制的核磁共振仪器都有测定 T_1 的功能。

4）NMR 信号初始相位 φ_0

NMR 信号初始相位 φ_0 是二次场相对激发电流的相位移，单位为（°）。NMR 信号的初始相位反映了地下岩石的导电性。从目前的研究成果中可以看出，核磁共振响应信号的幅值受电阻率的影响较小，但是相位受电阻率的影响较大。Braun 和 Yaramanci[17]尝试着利用响应信号的相位来求取地层的电阻率。

1.2.3 磁共振测深方法求取水文地质参数

磁共振测深方法使用的仪器为核磁共振找水仪。通过野外数据采集和数据处理，可以得到的地球物理参数有：NMR 信号初始振幅 $E_0(q)$、NMR 信号视横向弛豫时间 T_2^*、NMR 信号纵向弛豫时间 T_1、NMR 信号初始相位 φ_0。

通过对得到的地球物理参数的求解、反演等，可以求取得水文地质参数，进而确定地下含水层的赋存状态和特征。表 1.4 为核磁共振测深方法的实测、反演解释参数表。

表 1.4 核磁共振测深的实测、解释参数[2, 18]

实测参数	反演解释参数
初始振幅 E_0	单位体积含水量（有效孔隙度）
视横向弛豫时间 T_2^*	孔隙大小
纵向弛豫时间 T_1	渗透性参数
初始相位 φ_0	含水层的导电性（电阻率）

1. 求取孔隙度

利用 NMR 信号得到的弛豫时间，可以计算出地下含水层的孔隙度。孔隙度的计算公式[18]为

$$P_{n} = \frac{V_{B}}{V_{0}} = \frac{\rho_{t} S T_{S}}{V_{0}} \tag{1.85}$$

式中：P_{n} 为孔隙度；V_{B} 为孔隙体积；V_{0} 为土体体积；T_{S} 为孔隙的弛豫时间；ρ_{t} 为距界面一定距离的邻近层水与其该层水的弛豫时间常数之比；S 为孔隙面积。

2. 渗透率 K_{s} 的估计

在反演过程中，可以得到纵向弛豫时间 T_{1} 分布，进而可以利用公式（1.86）进行计算地层的渗透率为[19]

$$K_{s} = C_{s} \cdot \Phi^{a} \cdot T_{1}^{b} \tag{1.86}$$

式中：K_{s} 为渗透率；C_{s}、a、b 为经验参数；Φ 为有效孔隙度。

3. 渗透系数 k^{*} 的求取

在地层中，地下水的传导性除了与岩石性质有关之外，还与地下水自身的特性有关。水的渗透系数为

$$k^{*} = K_{s} g_{G} / v_{s} \tag{1.87}$$

式中：g_{G} 为重力加速度；v_{s} 为水的黏性；K_{s} 为渗透率。

4. 涌水量的估计

孙淑琴等[20]利用了内蒙古四子王旗和白旗的地面核磁共振数据总结得到涌水量与渗透系数之间的关系为

$$Q = \frac{k^{*} \Delta h S_{\omega}}{0.366(\lg R_{w} - \lg r_{w})} \tag{1.88}$$

式中：R_{w} 为井的影响半径，$R_{w} = 10 S_{\omega} \sqrt{k^{*}}$，$S_{\omega}$ 为设计的降深；r_{w} 为所测井的井口孔径；Δh 为含水层的厚度，由地面核磁共振反演的结果直接得到。

5. 平均孔隙水压力 $\bar{u}_{w}$ 的求取

根据求解得到的渗透率和渗透系数等水文地质参数，可以对平均孔隙水压力进行求解[21]计算：

$$\bar{u}_w = \frac{\Delta l \rho_w (Q_t - 1)}{2k^* A t}$$ （1.89）

式中：$\bar{u}_w$ 为平均孔隙水压力；Δl 为测试段长度；Q_t 为在时间 t 内流过断面 A 的总水量；ρ_w 为水的密度。

6. 求取导水系数

导水系数表示含水层全部厚度导水能力，通常，可定义为水力坡度为 1 时，地下水通过单位含水层垂直断面的流量。导水系数 T_c 按下式计算

$$T_c = k^* \Delta h$$ （1.90）

式中：k^* 为渗透系数，m/s；Δh 为含水层厚度，m；导水系数 T_c 的单位通常用 m²/24h 表示。

利用磁共振测深方法测试数据求取的水文地质参数，是根据脉冲矩数求取某一段地层的平均值。因此，根据水的渗透系数，利用稳态方法，可以反推出地层中某一段的平均孔隙水压力。

参 考 文 献

[1] 陈宏芳. 原子物理学[M]. 北京: 科学出版社, 2006: 1.

[2] 李振宇, 唐辉明, 潘玉玲. 地面核磁共振方法在地质工程中的应用[M]. 武汉: 中国地质大学出版社, 2006: 1.

[3] BEHROOZMAND A A, KEATING K, AUKEN E. A review of the principles and applications of the NMR technique for near-surface characterization[J]. Surveys in geophysics, 2015, 36: 27-85.

[4] 陈文升. 核磁共振地球物理仪器原理[M]. 北京: 地质出版社, 1992: 1.

[5] 潘剑伟. 核磁共振超前探测多分量观测技术方法理论研究[D]. 武汉：中国地质大学(武汉), 2018: 1.

[6] 林君, 段清明, 王应吉. 核磁共振找水仪原理与应用[M]. 北京: 科学出版社, 2010: 1.

[7] 潘玉玲, 张昌达. 地面核磁共振找水理论与方法[M]. 武汉: 中国地质大学出版社, 2000: 1.

[8] ELLIS D V, SINGER J M. Well logging for earth scientists [M]. Berlin: Springer, 2007: 1.

[9] LEGCHENKO A, BALTASSAT J M, BEAUCE A, et al. Nuclear magnetic resonance as a geophysical tool for hydrogeologists[J]. Journal of applied geophysics, 2002, 50: 21-46.

[10] KLEINBERG R L, JACKSON J A. An introduction to the history of NMR well logging[J]. Concepts in magnetic resonance, 2001, 13(6): 340-342.

[11] WALSH B D, TURNER P, GRUNEWALD E, et al. A small-diameter NMR logging tool for groundwater investigations[J]. Ground water, 2013, 51(6): 914-926.

[12] YARAMANCI U, HERTRICH M. Groundwater geophysics [M]. Berlin: Springer, 2006: 1.

[13] LANGE G, YARAMANCI U, MEYER R. Environmental geology [M]. Berlin: Springer, 2007: 1.

[14] LEVITT M H. The signs of frequencies and phases in NMR[J]. Journal of magnetic resonance, 1997, 126: 164-182.

[15] 林君. 核磁共振找水技术的研究现状与发展趋势[J]. 地球物理学进展, 2010, 25(2): 681-691.

[16] SCHIROV M, LEGCHENKO A, CREER G. A new direct non-invasive groundwater detection technology for Australia[J]. Exploration geophysics, 1991, 22: 333-338.

[17] BRAUN M, YARAMANCI U. Inversion of resistivity in magnetic resonance sounding[J]. Journal of applied geophysics, 2008, 66(3/4): 151-164.

[18] 李振宇. 利用地面核磁共振研究滑坡地下水特征及稳定性[D]. 武汉：中国地质大学(武汉), 2004.

[19] KENYON W E. Petrophysical principles of applications of NMR logging[J]. The log analyst, 1997, 38(2): 21-43.

[20] 孙淑琴, 赵义平, 林君, 等. 用地面核磁共振方法评估含水层涌水量的实例[J]. 地球物理学进展, 2008, 23(4): 1317-1321.

[21] 唐辉明, 胡新丽, 严春杰, 等. 利用NMR研究三峡工程库区赵树岭滑坡稳定性[J]. 水文地质工程地质, 2004(S1): 8-12.

第 2 章　磁共振测深正演

地球物理正演是从模型空间向数据空间的映射，是反演的基础。通过正演模拟结果认识磁共振测深方法 NMR 信号的特点，以正演结果分析研究目标体实测的 NMR 信号规律，为反演打好基础，并指导实践。这样，才能很好地处理实测资料、识别异常，并得到符合实际的地质解释成果。本章通过磁共振测深数值模拟和物理实验结果，阐述目标体的核磁共振响应特征。

2.1 地下介质中的激发场计算

磁共振测深正演的一般流程是：①计算线圈激发磁场；②椭圆极化分解及垂直磁场计算；③核函数计算；④得到 NMR 信号初始振幅和相位。

在磁共振测深工作中涉及三种磁场。①地磁场，在磁共振测深工作中认为地磁场是均匀的。前已述及，地磁场强度决定了拉莫尔频率，即决定了激发电流的频率。②激发磁场，该磁场是由具有拉莫尔频率的激发电流建立的一次磁场，激发场的强度视测区地球物理环境等因素而定。③质子的弛豫场，当激发电流断开后，用同一天线（发射/接收共圈）或分离线圈接收由于二次磁场（弛豫磁场）变化而在接收天线中产生的感应电动势（即 NMR 信号）的弛豫场（衰减场）。弛豫场的大小和衰减的快慢直接与含水岩石类型及其含水量有关。本节主要介绍激发场的一些计算方法。

2.1.1 数值积分算法

麦克斯韦方程组是电磁场理论的基本方程，其微分形式为

$$\begin{cases} \nabla \cdot \boldsymbol{E} = \dfrac{\rho_e}{\varepsilon_0} \\[2mm] \nabla \times \boldsymbol{E} = -\dfrac{\partial \boldsymbol{B}}{\partial t} \\[2mm] \nabla \cdot \boldsymbol{B} = 0 \\[2mm] c^2 \nabla \times \boldsymbol{B} = \dfrac{\boldsymbol{j}}{\varepsilon_0} + \dfrac{\partial \boldsymbol{E}}{\partial t} \end{cases} \qquad (2.1)$$

式中：$\boldsymbol{E}$ 为电场强度；$\boldsymbol{B}$ 为磁感应强度；ε_0 为真空介电常数，$\varepsilon_0 = 8.85 \times 10^{-12}$ F/m；c 为光速，$c = 299\,792\,458$ m/s；$\boldsymbol{j}$ 为电流密度矢量；ρ_e 为电荷密度。

介质在电磁场中受到影响，用极化强度矢量 $\boldsymbol{P}$ 描述介质内某点受电场的影响，用磁化强度矢量 $\boldsymbol{M}$ 描述介质内某点受磁场的影响，且有

$$\boldsymbol{P} = \chi_e \varepsilon_0 \boldsymbol{E} \qquad (2.2)$$

$$\boldsymbol{M} = \frac{\chi_m}{1 + \chi_m} \frac{\boldsymbol{B}}{\mu_0} \qquad (2.3)$$

式中：χ_e 为电极化率，表征电介质因响应外电场的施加而极化的程度；χ_m 为磁化率；μ_0 为真空磁导率。

而介质受电磁场作用将产生电荷密度及电流密度。用 ρ_f、$\boldsymbol{j}_f$ 分别表示自由电荷密度及自由电流密度；用 ρ_{pol} 表示电场使介质极化而形成的电荷密度，用 $\boldsymbol{j}_{pol}$ 表示电场使介质极化而形成的电流密度；用 $\boldsymbol{j}_{mag}$ 表示磁场使介质磁化而形成的电流密度，且有

$$\begin{cases} \rho_{pol} = -\nabla \cdot \boldsymbol{P} \\[2mm] \boldsymbol{j}_{pol} = \dfrac{\mathrm{d}\boldsymbol{P}}{\mathrm{d}t} \end{cases} \qquad (2.4)$$

$$\boldsymbol{j}_{\mathrm{mag}} = \nabla \times \boldsymbol{M} \tag{2.5}$$

将式（2.4）和式（2.5）代入麦克斯韦基本方程（2.1）中，可得

$$\begin{cases} \nabla \cdot (\varepsilon_0 \boldsymbol{E} + \boldsymbol{P}) = \rho_{\mathrm{f}} \\ \nabla \times \boldsymbol{E} = -\dfrac{\partial \boldsymbol{B}}{\partial t} \\ \nabla \cdot \boldsymbol{B} = 0 \\ \nabla \times (\varepsilon_0 c^2 \boldsymbol{B} - \boldsymbol{M}) = \boldsymbol{j}_{\mathrm{f}} + \dfrac{\partial}{\partial t}(\varepsilon_0 \boldsymbol{E} + \boldsymbol{P}) \end{cases} \tag{2.6}$$

工程中常引入电位移矢量 $\boldsymbol{D}$ 及磁场强度矢量 $\boldsymbol{H}$ 来达到简化方程的目的。它们的定义为

$$\boldsymbol{D} = \varepsilon_0 \boldsymbol{E} + \boldsymbol{P} = (1 + \chi)\varepsilon_0 \boldsymbol{E} = \varepsilon \boldsymbol{E} \tag{2.7}$$

$$\boldsymbol{H} = \varepsilon_0 c^2 \boldsymbol{B} - \boldsymbol{M} = \frac{\boldsymbol{B}}{\mu_0(1 + \chi_m)} = \frac{\boldsymbol{B}}{\mu} \tag{2.8}$$

式中：ε 为介质的介电常数；μ 为介质的磁导率。需要注意的是，$\boldsymbol{D}$ 与 $\boldsymbol{E}$ 及 $\boldsymbol{H}$ 与 $\boldsymbol{B}$ 的比例关系只在一定范围内较为精确。当场的强度较大或变化较快，或对于某些特殊物质，该比例关系将不适用。但对于谐变场，可以将 ε 和 μ 写成频率的复变函数来满足条件。

将式（2.7）及式（2.8）代入方程（2.6）中，可得

$$\begin{cases} \nabla \cdot \boldsymbol{D} = \rho_{\mathrm{f}} \\ \nabla \times \boldsymbol{E} = -\dfrac{\partial \boldsymbol{B}}{\partial t} \\ \nabla \cdot \boldsymbol{B} = 0 \\ \nabla \times \boldsymbol{H} = \boldsymbol{j}_{\mathrm{f}} + \dfrac{\partial \boldsymbol{D}}{\partial t} \end{cases} \tag{2.9}$$

最后，在导电体中电场将激发自由电流密度 $\boldsymbol{j}_{\mathrm{f}} = \sigma \boldsymbol{E}$（$\sigma$ 为介质电导率）。再将线圈中人工激发的电流密度 $\boldsymbol{j}_{\mathrm{coil}}$ 考虑进来，即可得到计算核磁共振测深时的电磁场基本方程为

$$\begin{cases} \nabla \cdot \boldsymbol{D} = \rho_{\mathrm{f}} \\ \nabla \times \boldsymbol{E} = -\dfrac{\partial \boldsymbol{B}}{\partial t} \\ \nabla \cdot \boldsymbol{B} = 0 \\ \nabla \times \boldsymbol{H} = \sigma \boldsymbol{E} + \dfrac{\partial \boldsymbol{D}}{\partial t} + \boldsymbol{j}_{\mathrm{coil}} \end{cases} \tag{2.10}$$

对于地面核磁共振的线圈激发场计算，如图 2.1 所示，依据实际线圈摆放方式，建立水平层状导电大地上的圆形线圈模型（线圈半径为 a_{r}）。以线圈中心为原点，竖直向下方向为 z 轴正向，建立柱坐标系。

由圆线圈的几何对称性可知，其在地下激发的电场只有 θ 分量，磁场只有 r 分量和 z 分量，即

$$\boldsymbol{E} = E_\theta(r,z)\mathrm{e}^{-j\omega t}\boldsymbol{e}_\theta \tag{2.11}$$

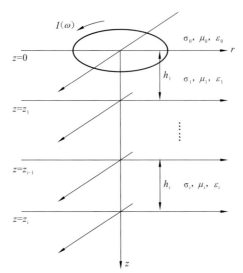

图 2.1　水平层状导电大地上的圆形线圈模型示意图

σ_i、μ_i、ε_i 分别为第 i 层的电导率、磁导率及介电常数

$$\boldsymbol{B} = B_r(r,z)\mathrm{e}^{-j\omega t}\boldsymbol{e}_r + B_z(r,z)\mathrm{e}^{-j\omega t}\boldsymbol{e}_z \tag{2.12}$$

将式（2.1）及式（2.2）代入式（2.10）中可得

$$\mathrm{i}\omega\mu H_r = \frac{\partial E_\theta}{\partial z} \tag{2.13}$$

$$\mathrm{i}\omega\mu H_z = -\frac{1}{r}\frac{\partial}{\partial r}(rE_\theta) \tag{2.14}$$

$$\frac{\partial H_r}{\partial z} - \frac{\partial H_z}{\partial r} = (\mathrm{i}\omega\varepsilon + \sigma)E_\theta + \boldsymbol{j}_{\mathrm{coil}} \tag{2.15}$$

借助柱坐标下叉乘的展开形式

$$\nabla \times \boldsymbol{A} = \left(\frac{1}{r}\frac{\partial A_z}{\partial\theta} - \frac{\partial A_\theta}{\partial z}\right)\boldsymbol{e}_r + \left(\frac{\partial A_r}{\partial z} - \frac{\partial A_z}{\partial r}\right)\boldsymbol{e}_\theta + \frac{1}{r}\left[\frac{\partial}{\partial r}(rA_\theta) - \frac{\partial A_r}{\partial\theta}\right]\boldsymbol{e}_z \tag{2.16}$$

且线电流密度可借助狄拉克函数而写为三维的形式为

$$\boldsymbol{j}_{\mathrm{coil}} = \frac{I(\omega)\delta(r-a_{\mathrm{r}})\delta(z)}{r} \tag{2.17}$$

最终可得

$$\left(\frac{\partial^2}{\partial z^2} + \frac{\partial^2}{\partial r^2} + \frac{1}{r}\frac{\partial}{\partial r} - \frac{1}{r^2} + k^2\right) \cdot E_\theta(r,z,\omega) = \frac{\mathrm{i}\omega\mu_0 I(\omega)\delta(r-a_{\mathrm{r}})\delta(z)}{r} \tag{2.18}$$

其中，波数 k 有如下关系：

$$k^2 = \omega^2\mu\varepsilon - \mathrm{i}\omega\mu\sigma \tag{2.19}$$

可以将激发线圈电流写成边界条件的形式，从而使方程转化为齐次。另外，对地面与空气的边界、地下不同地层之间及无穷远处存在边界条件，即

$$\begin{cases} \left(\dfrac{\partial^2}{\partial z^2}+\dfrac{\partial^2}{\partial r^2}+\dfrac{1}{r}\dfrac{\partial}{\partial r}-\dfrac{1}{r^2}+k^2\right)\cdot E_\theta(r,z)=0 \\ E_\theta(r,z)\big|_{z,r\to\pm\infty}=0 \\ H_z(r,z)\big|_{z,r\to\pm\infty}=0 \\ E_\theta^{(1)}(r,0)=E_\theta^{(0)}(r,0) \\ H_r^{(1)}(r,0)=H_r^{(0)}(r,0)+I_0\delta(r-a_r) \\ E_\theta^{(i)}(r,z_i)=E_\theta^{(i+1)}(r,z_i) \\ H_r^{(i)}(r,z_i)=H_r^{(i+1)}(r,z_i) \end{cases} \quad (2.20)$$

方程组（2.20）的具体求解过程已被一些学者详细阐述[1-2]，最终所得地下某处的磁场为

$$\begin{cases} H_r(r,z)=\dfrac{I_0 a}{2}\int_0^\infty [a_i \mathrm{e}^{-u_i z}-b_i \mathrm{e}^{u_i z}]u_i J_1(\lambda a_r)J_1(\lambda r)\mathrm{d}\lambda \\ H_z(r,z)=\dfrac{I_0 a}{2}\int_0^\infty [a_i \mathrm{e}^{-u_i z}+b_i \mathrm{e}^{u_i z}]\lambda J_1(\lambda a_r)J_0(\lambda r)\mathrm{d}\lambda \end{cases} \quad (2.21)$$

其中参数有迭代关系如下：

$$\begin{cases} a_0=1,\ b_0=\dfrac{Z^{(1)}-Z_0}{Z^{(1)}+Z_0},a_N=(1+f_{N-1})\mathrm{e}^{(u_N-u_{N-1})h_{N-1}}a_{N-1},\ b_N=0, \\ a_i=G_i a_{i-1},\ b_i=f_i \mathrm{e}^{-2u_i h_i}a_i,G_i=\dfrac{1+f_{i-1}}{1+f_i \mathrm{e}^{-2u_i H_i}}\mathrm{e}^{(u_i-u_{i-1})h_{i-1}}, \\ f_i=\dfrac{Z^{i+1}-Z_i}{Z^{i+1}+Z_i},Z^i=Z_i\dfrac{Z^{i+1}+Z_i\tanh(u_i h_i)}{Z_i+Z^{i+1}\tanh(u_i h_i)},Z^n=Z_n, \\ Z_i=-\dfrac{\mathrm{i}\omega\mu_i}{u_i},u_i=\sqrt{\lambda^2-k_i^2},k_i^2=\omega^2\mu_i\varepsilon_i-\mathrm{i}\omega\mu_i\sigma_i \end{cases} \quad (2.22)$$

式（2.21）为双重贝塞尔函数的积分。由于贝塞尔函数具有强震荡及慢衰减性（图 2.2），故一般的数值积分方法不能直接计算。在实际计算时常将被积区间[0, +∞]划分为[0, λ_0]及[λ_0, +∞]两部分，应用贝塞尔函数的汉克尔函数表述式及后者的大宗量渐进特性，将不同区间的双重贝塞尔函数积分转化为正余弦变换或差商代替倒数的变换。

2.1.2 有限元算法

本节介绍基于有限元软件 COMSOL Multiphysics 的线圈激发场数值模拟计算方法。

COMSOL Multiphysics 是一款高度集成的大型工程有限元模拟软件，它具有几何结构创建、网格剖分、物理过程定义、计算求解、数据可视化及后处理等功能。COMSOL Multiphysics 可以应用于热分析、电分析、流动分析、化学工程分析、力学分析等各种工程领域，方便学者们快速建立仿真模型，进行多物理场仿真应用。

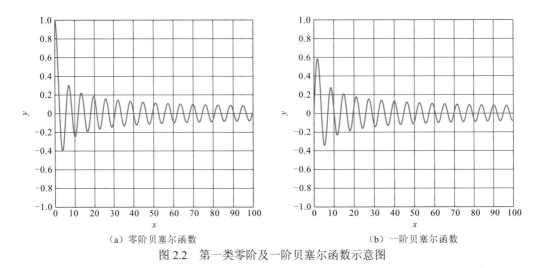

（a）零阶贝塞尔函数　　　　　　　　　　　（b）一阶贝塞尔函数

图 2.2　第一类零阶及一阶贝塞尔函数示意图

为提高计算精度，在计算地面核磁共振的激发场时本小节采用二维轴对称空间维度，物理场选择 AC/DC 模块的磁场（mf）接口，研究类型选择为频域。

第一步建立几何模型如图 2.3 所示。以半径 50 m 的圆形线圈，均匀大地为例。在二维截面上，线圈中心位于 $r=50\,\mathrm{m}$，$z=0.021\,\mathrm{m}$ 处，线圈截面半径为 0.02 m。设置求解域半径为 3 倍线圈半径（150 m），深度为两倍线圈半径（100 m），即图 2.3 中为①部分。由于采用有限元法求解时靠近边界处误差较大，设置缓冲区，半径为 4 倍线圈半径（200 m），深度为 3 倍线圈半径（150 m），在图 2.3 中为②部分。在地面上方（$z>0$）对应处设置空气区，在图 2.3 中为③部分。另外，在模型外部包裹一薄层，选择作为无穷远域，以模拟无穷远边界条件。

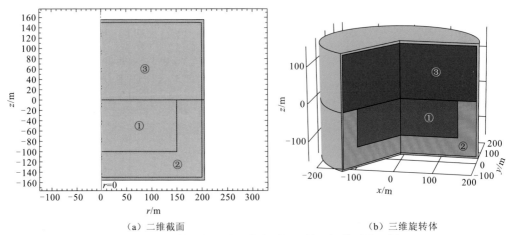

（a）二维截面　　　　　　　　　　　　　（b）三维旋转体

图 2.3　地面核磁共振线圈激发磁场计算几何模型设置图

第二步需进行材料的选取。COMSOL Multiphysics 中具有丰富的材料库可供用户选择，在此对线圈区域添加 "Copper" 材料；对①②区域添加 "Soil" 材料，并对电阻率进行赋值（0.02 S/m），若电阻率或含水量有分层，也在此处添加；对③区域添加 "Air" 材料。

第三步为网格的划分。若网格划分过细，则将耗费大量时间，且对计算机硬件要求过高；若网格划分过于稀疏，则将导致计算精度不足。本小节计算中对非求解域部分采取物理场剖分，精度为较细化；而对求解域采取"扫掠"模式，并添加两次三角网格剖分，以使网格节点尽量满足矩形网格分布，便于后期的差值处理（图 2.4）。

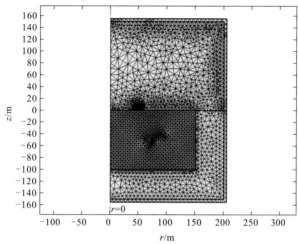

图 2.4　地面核磁共振线圈激发磁场计算网格剖分图

第四步为对物理场的设置。此处应添加"单匝线圈"，选定为线圈截面区域，然后对线圈电流进行幅值。

第五步应对研究进行设置。在频域研究中限定频率值（2 000 Hz）。最终 COMSOL Multiphysics 可以计算出求解域的磁场分量（图 2.5）。通过 COMSOL with MATLAB 接口，可在 MATLAB 中插值提取出求解域内任意坐标的磁场分量。

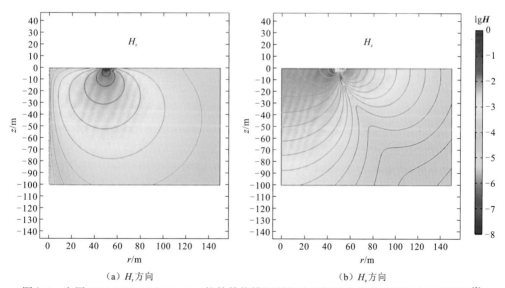

（a）H_r 方向　　　　　　　　　　　　（b）H_z 方向

图 2.5　应用 COMSOL Multiphysics 软件数值模拟所得地面核磁共振激发磁场分量截面图[3]

电流幅值为 1 A，拉莫尔频率为 2 000 Hz，地磁倾角为 60°，地下为均匀介质，电阻率为 50 Ω·m

2.2　磁共振测深正演数值模拟

由于导电介质的电磁阻尼作用，激发场会出现椭圆极化现象，且激发磁场与激发线圈电流之间会出现相位延迟。关于核磁共振激发场椭圆极化现象的详细论述由 Weichman 等[4]给出，下面对其理论进行简要概述。

只有线圈产生的激发场 $\boldsymbol{B}_{\mathrm{T}}^{\perp}$ 与地磁场 $\boldsymbol{B}_{\mathrm{e}}$ 相垂直的分量才能对氢核自旋起作用，即

$$\boldsymbol{B}_{\mathrm{T}}^{\perp} = \boldsymbol{B}_{\mathrm{T}} - (\boldsymbol{b}_{\mathrm{e}} \cdot \boldsymbol{B}_{\mathrm{T}})\boldsymbol{b}_{\mathrm{e}} \tag{2.23}$$

其中

$$\boldsymbol{B}_{\mathrm{T}}^{\perp} = B_{\mathrm{T}}\boldsymbol{b}_{\mathrm{T}}^{\perp} \tag{2.24}$$

$$\boldsymbol{B}_{\mathrm{e}} = B_{\mathrm{e}}\boldsymbol{b}_{\mathrm{e}} \tag{2.25}$$

垂直场复向量 $\boldsymbol{B}_{\mathrm{T}}^{\perp}$ 在与地磁场垂直的平面上，可以展开为 $\boldsymbol{b}_{\mathrm{T}}$ 和 $\boldsymbol{b}_{0} \times \boldsymbol{b}_{\mathrm{T}}^{\perp}$ 两个方向，则

$$\boldsymbol{B}_{\mathrm{T}}^{\perp}(r, \omega_{\mathrm{L}}) = \mathrm{e}^{\mathrm{i}\xi_{\mathrm{T}}(r, \omega_{\mathrm{L}})}[\alpha_{\mathrm{T}}(r, \omega_{\mathrm{L}}) \cdot \boldsymbol{b}_{\mathrm{T}} + \mathrm{i}\beta_{\mathrm{T}}(r, \omega_{\mathrm{L}}) \cdot \boldsymbol{b}_{0} \times \boldsymbol{b}_{\mathrm{T}}] \tag{2.26}$$

经推导，可计算得

$$\begin{cases} \alpha_{\mathrm{T}} = \dfrac{1}{\sqrt{2}}\sqrt{\left|\boldsymbol{B}_{\mathrm{T}}^{\perp}\right|^2 + \left|(\boldsymbol{B}_{\mathrm{T}}^{\perp})^2\right|} \\[2mm] \beta_{\mathrm{T}} = \mathrm{sign}[\mathrm{i}\boldsymbol{b}_0 \cdot (\boldsymbol{B}_{\mathrm{T}}^{\perp} \times \boldsymbol{B}_{\mathrm{T}}^{\perp*})] \times \dfrac{1}{\sqrt{2}}\sqrt{\left|\boldsymbol{B}_{\mathrm{T}}^{\perp}\right|^2 - \left|(\boldsymbol{B}_{\mathrm{T}}^{\perp})^2\right|} \\[2mm] \mathrm{e}^{\mathrm{i}\xi_{\mathrm{T}}} = \sqrt{\dfrac{(\boldsymbol{B}_{\mathrm{T}}^{\perp})^2}{\left|(\boldsymbol{B}_{\mathrm{T}}^{\perp})^2\right|}} \\[2mm] \boldsymbol{b}_{\mathrm{T}} = \dfrac{1}{\alpha_{\mathrm{T}}}\mathrm{Re}(\mathrm{e}^{-\mathrm{i}\xi_{\mathrm{T}}}\boldsymbol{B}_{\mathrm{T}}^{\perp}) \end{cases} \tag{2.27}$$

而 $|\boldsymbol{B}_{\mathrm{T}}^{+}|$ 和 $|\boldsymbol{B}_{\mathrm{T}}^{-}|$ 可以通过如下方式计算，即

$$\begin{cases} |\boldsymbol{B}_{\mathrm{T}}^{+}| = \dfrac{1}{2}(\alpha_{\mathrm{T}} - \beta_{\mathrm{T}}) \\[2mm] |\boldsymbol{B}_{\mathrm{T}}^{-}| = \dfrac{1}{2}(\alpha_{\mathrm{T}} + \beta_{\mathrm{T}}) \end{cases} \tag{2.28}$$

以上是对于激发线圈椭圆极化过程的概述。对于接收线圈，其计算过程完全一样，只需要将计算公式中各个含 T 下标的量换成含 R 即可。

对于磁共振测深，可利用柱坐标系与直角坐标系的转化关系，将 $H(r, \theta, z)$ 写成 $H(x, y,)$ 的形式，再利用矢量关系进行式（2.23）到式（2.28）的计算。图 2.6 即为计算所得线圈激发磁场。计算所用参数有：电阻率为 $50\ \Omega \cdot \mathrm{m}$ 的均匀大地，含水量为 50%，电流 $I = 1\ \mathrm{A}$，拉莫尔频率为 $2\ 000\ \mathrm{Hz}$，铺设在地面的线圈半径为 50 m。从图 2.6 中可以看出，线圈激发磁场长轴从线圈向周边衰减，但西东（W—E）方向呈对称分布，而南北（S—N）方向不对称；线圈激发磁场短轴也有相同规律，但数值较小。线圈激发磁场相位也有西东向对称，南北向不对称的特征。线圈正向及反向激发磁场为磁场长轴与短轴组合的结果。

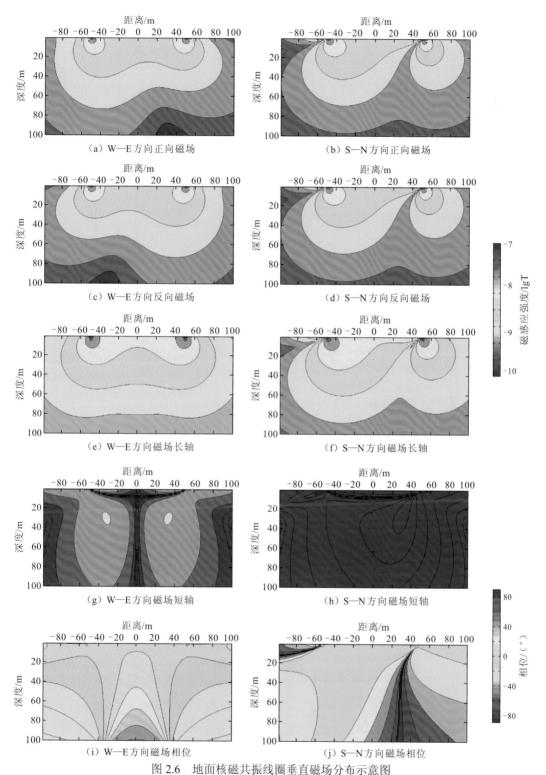

图 2.6   地面核磁共振线圈垂直磁场分布示意图

核磁共振测深接收到的信号初始振幅为

$$E_0 = \omega_L M_0 \int d^3 r f(\boldsymbol{r}) \sin\left(-\gamma \frac{q}{I_0}\left|\boldsymbol{B}_T^+\right|\right) \times \frac{2}{I_0}\left|\boldsymbol{B}_R^-\right| \cdot e^{i(\xi_T + \xi_R)} \times [\boldsymbol{b}_R^\perp \cdot \boldsymbol{b}_T^\perp + i\boldsymbol{b}_0 \cdot \boldsymbol{b}_R^\perp \times \boldsymbol{b}_T^\perp] \qquad (2.29)$$

把含水量单独提取出来，剩下的部分即为某处单位含水量对信号贡献大小的系数，称为核函数，通常把测量所得到的信号写为核函数矩阵与含水量矩阵乘积的形式为

$$e_0 = \boldsymbol{K} \cdot \boldsymbol{w} \qquad (2.30)$$

即

$$\begin{pmatrix} e_0(q_1) \\ e_0(q_2) \\ \vdots \\ e_0(q_i) \\ \vdots \\ e_0(q_I) \end{pmatrix} = \begin{pmatrix} k(q_1, r_1) & k(q_1, r_2) & \cdots & k(q_1, r_j) & \cdots & k(q_1, r_J) \\ k(q_2, r_1) & k(q_2, r_2) & \cdots & k(q_2, r_j) & \cdots & k(q_2, r_J) \\ \vdots & \vdots & & \vdots & & \vdots \\ k(q_i, r_1) & k(q_i, r_2) & \cdots & k(q_i, r_j) & \cdots & k(q_i, r_J) \\ \vdots & \vdots & & \vdots & & \vdots \\ k(q_I, r_1) & k(q_I, r_2) & \cdots & k(q_I, r_j) & \cdots & k(q_I, r_J) \end{pmatrix} \begin{pmatrix} w(r_1) \\ w(r_2) \\ \vdots \\ w(r_j) \\ \vdots \\ w(r_J) \end{pmatrix} \qquad (2.31)$$

其中脉冲矩为 q_i，位置为 $\boldsymbol{r}_j$ 处的核函数 $k(q_i, r_j)$ 的计算方法为

$$k(q_i, r_j) = \Delta V(\boldsymbol{r}_j) \omega_L M_0 \sin\left(-\gamma \frac{q_i}{I_0}\left|\boldsymbol{B}_T^+(\boldsymbol{r}_j)\right|\right) \times \frac{2}{I_0}\left|\boldsymbol{B}_R^-(\boldsymbol{r}_j)\right| \cdot e^{i[\xi_T(\boldsymbol{r}_j) + \xi_R(\boldsymbol{r}_j)]}$$

$$\times [\boldsymbol{b}_R^\perp(\boldsymbol{r}_j) \cdot \boldsymbol{b}_T^\perp(\boldsymbol{r}_j) + i\boldsymbol{b}_0 \cdot \boldsymbol{b}_R^\perp(\boldsymbol{r}_j) \times \boldsymbol{b}_T^\perp(\boldsymbol{r}_j)] \qquad (2.32)$$

式中：$\Delta V(\boldsymbol{r}_j)$ 为 $\boldsymbol{r}_j$ 位置处的网格体积。在地面核磁共振中通常使用柱坐标网格，但在核磁共振超前探测中可使用立方体网格（图 2.7）。

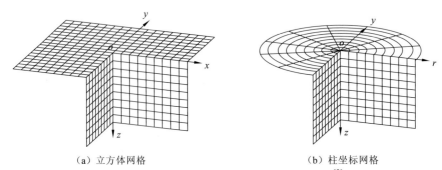

（a）立方体网格　　　　　　　　　　　（b）柱坐标网格

图 2.7　磁共振测深计算中常用网格剖分方式[3]

图 2.8 即为依式（2.32）计算所得地面核磁共振核函数分布图。图 2.9 为依式（2.31）及式（2.24）计算所得地面核磁共振初始振幅和相位随脉冲矩变化的图像。计算所用参数有：电阻率为 50 $\Omega \cdot$m 的均匀大地，地下 25～50 m 含水量为 50%，电流 I 为 1 A，拉莫尔频率为 2000 Hz，地磁倾角为 60° N，铺设在地面的线圈半径为 50 m。从图中可以看出，地面核磁共振核函数大小由线圈向周边衰减，但西东方向呈对称分布，而南北方

向不对称；且随着脉冲矩的增大，核函数分布有向外扩张的趋势。而信号振幅随脉冲矩增大呈先增大后下降的趋势；信号相位变化较为平稳，呈缓慢上升趋势。

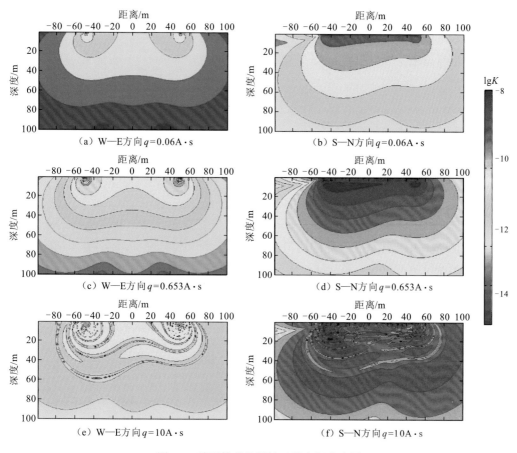

图 2.8　地面核磁共振核函数空间分布图

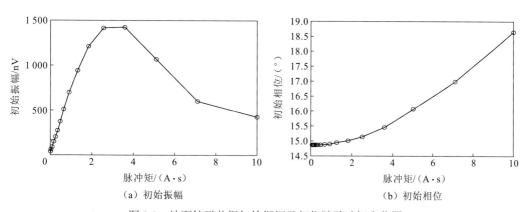

图 2.9　地面核磁共振初始振幅及相位随脉冲矩变化图

2.3 影响因素分析

2.3.1 导电性对磁共振测深的影响

在本节讨论中，以电阻率 ρ（ρ 是电导率 σ 的倒数，即 $\rho = \dfrac{1}{\sigma}$）表征大地的导电性。

大地电阻率值的变化对 NMR 信号有直接影响。由于大地的导电性，激发磁场是一复量，而 NMR 信号也成为复量，需要以振幅、相位参数表示 NMR 信号。不认识导电性对 NMR 信号的影响，必将给核磁共振找水方法的资料反演结果带来很大误差。现在通过数值计算方法，了解地下岩石电阻率变化对 NMR 信号的初始振幅 E_0 和初始相位影响的一般规律。

1. 均匀半空间中一个含水层的 NMR 信号的振幅和相位曲线

图 2.10 是利用上述公式计算的均匀半空间内一个含水层的 NMR 信号的初始振幅、初始相位与激发脉冲矩的关系曲线。研究具有不同电阻率的均匀半空间中，在不同深度处（20～30 m、30～40 m、80～90 m），厚度为 10 m，含水量为 20%的含水层产生的 NMR 信号（E_0、φ_0）与电阻率变化的关系。

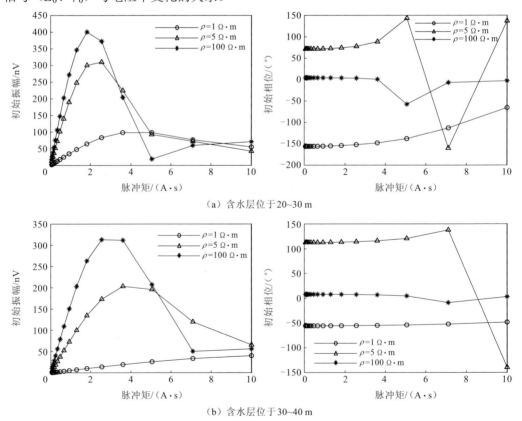

（a）含水层位于 20~30 m

（b）含水层位于 30~40 m

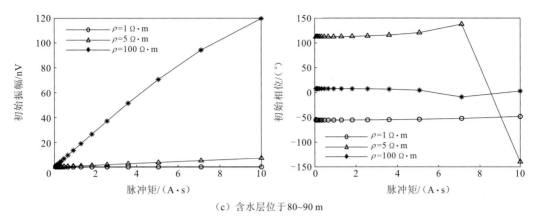

（c）含水层位于80～90 m

图 2.10　均匀半空间中一个含水层的初始振幅及初始相位随脉冲矩变化曲线

计算结果表明，由于均匀半空间介质导电性的影响，NMR 信号的 E_0-q 曲线、φ_0-q 曲线形态发生变化。当含水层分别在 20～30 m、30～40 m 深处[图 2.10（a）、（b）]时，E_0-q 曲线受导电性的影响情况很相似：随着介质导电性变好（岩层的电阻率值由高到低），E_0-q 曲线上的第一个极大值 E_{0max} 由大变小，当岩层电阻率较大时，含水层 NMR 信号的初始振幅 E_0 最大。当岩层的电阻率为 1 Ω·m 时，其 E_{0max} 最小。不仅如此，随着导电性增强，E_0-q 曲线极大值坐标位置发生变化，向 q 值增大方向移动[ρ=1 Ω·m 的 E_0-q 曲线）。而当含水层位于 80 m～90 m 深处时，由于导电性影响，E_0-q 曲线没有出现极大值，要想获得 E_{0max}，必须加大激发脉冲矩。

对比图 2.10（a）、（b）与（c）表明，含水层愈深，岩层的导电性影响愈大，良导层使来自深处含水层的 NMR 信号大大减弱了。

由于介质导电性的影响，即良导层"屏蔽"效应的作用，激发磁场的垂向分量比水平分量减弱了许多。不仅使 NMR 信号的 E_0-q 曲线形态发生畸变，而且导致核磁共振找水方法探测深度和垂向分辨能力降低。

中国地质大学（武汉）核磁共振科研组的研究和国外学者的研究工作均已表明，核磁共振找水方法的探测深度与介质的电阻率有密切关系。这一关系与趋肤深度依赖电阻率的关系相关。对于大约两千多赫兹的频率而言，趋肤深度与电阻率 ρ 之间的关系可写成

$$\delta_0 = 10 \cdot \rho^{1/2} \tag{2.33}$$

当 ρ=1 Ω·m 时，δ_0=10 m；当 ρ=25 Ω·m 时，δ_0=50 m。由图 2.10（a）可见，ρ=1 Ω·m 时由于含水层浅，E_0-q 曲线有极大值出现（有明显的 NMR 信号）；但当含水层变深，ρ=10 Ω·m 时，已观测不到 E_{0max}[图 2.10（c）]

另外，由图 2.10 可见，随着均匀半空间电阻率的变化，φ_0-q 曲线形态也发生变化。当含水层埋深较浅时[图 2.10（a）、（b）]，φ_0-q 曲线形态变化更为复杂些。而含水层埋深较深[图 2.10（c）]，且岩层电阻率稳定时，φ_0 值随脉冲矩增大而变化不大，φ_0 值很稳定。因此，φ_0 值的变化可以指明均匀半空间导电性的变化。

2. 层状大地中两个水平含水层的 NMR 信号的振幅曲线

在分析了均匀半空间岩层导电性对一个含水层的 NMR 信号影响的基础上，不难分析导电性对层状大地中两个含水层的 NMR 信号的影响。在核磁共振找水方法的探测深度范围内，地下存在两个或两个以上的含水层时，在地表观测到的 NMR 信号是各个含水层 NMR 信号的综合贡献。图 2.11 是基于这种原理的正演计算结果，现简要分析层状大地导电性变化对观测到 NMR 信号的振幅曲线影响规律。

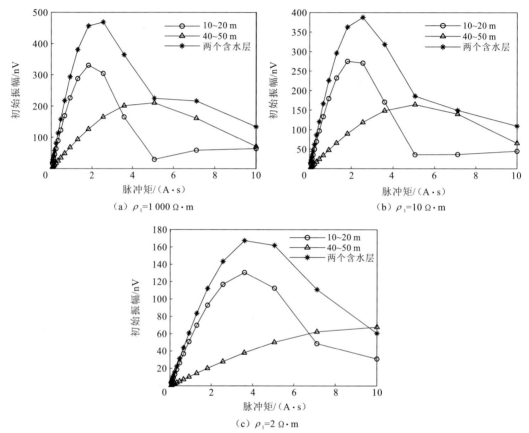

图 2.11　覆盖层不同电阻率情况下两个水平含水层的初始振幅随脉冲矩变化曲线

假设在层状大地中，在 20～30 m 和 40～50 m 深度段有两个含水量为 20% 的水平含水层，在含水层上覆岩层导电性变化的情况下，含水层 NMR 信号的振幅值随激发脉冲矩变化的正演计算结果示于图 2.11。

在图 2.11（a）～（c）中，只对第一含水层的上覆岩层的电阻率 ρ_1 作变化，依次变化为 $1\,000\ \Omega\cdot\text{m}$、$10\ \Omega\cdot\text{m}$、$2\ \Omega\cdot\text{m}$。由图 2.11（a）～（c）可见，当上覆岩层导电性增强（即电阻率值减小）时，计算得到的第一、第二含水层的 NMR 信号和由这两个含水层合成的 NMR 信号均明显减弱。即 NMR 信号的 $E_0\text{-}q$ 曲线的形态发生变化：$E_0\text{-}q$ 曲线的第一个极大值 $E_{0\max}$ 依次减小，而且 $E_{0\max}$ 的坐标位置发生变化，随着导电性增强，横坐标位置向脉冲矩增大的方向移动。

3. 导电性对 NMR 信号影响的几点认识

综上所述，无论是均匀半空间内还是层状大地中的含水层，其产生的 NMR 信号的 E_0-q 曲线和 φ_0-q 曲线均受良导层的影响，就此可以有以下几点认识。

（1）地面核磁共振找水方法的探测深度和垂向分辨率取决于大地电阻率，在有良导层的地方，特别是含水层上方存在良导层，使 NMR 信号衰减（良导层"屏蔽"效应），导致核磁共振找水方法的探测深度降低和垂向分辨率下降。图 2.12 也是用一个模型研究导电性对 NMR 信号影响的数值计算结果，模型是 1 m 厚的含水层，位于导电的半空间内，地磁倾角 $\alpha=60°$，拉莫尔频率 $f_L=2\,000$ Hz 通过计算得到了初始振幅极大值 E_{0max} 与探测深度 h_m 的关系。由图 2.12 可见，1 m 厚水层在不同电阻率（2 Ω·m、10 Ω·m、50 Ω·m、1 000 Ω·m）的半空间内，NMR 信号的 E_{0max} 的随深度的变化情况。换句话说，用图 2.12 所示曲线可以估算在不同电阻率的半空间内探测地下 1 m 厚水层的最大深度。显然，电阻率为 2 Ω·m 的半空间内，1 m 厚水层 E_{0max} 随深度很快衰减，探测到 1 m 厚水层的最大深度在 50 m 左右。由图 2.12 可见，在电阻率大于 50 Ω·m 的半空间内，可探测到 100 m 以上深度的 1 m 厚水层。当然，地面核磁共振找水方法的探测能力，是对于能可靠地观测到核磁共振找水仪阈值以上（NUMIS 的阈值为约 10 nV）的 NMR 信号而言。

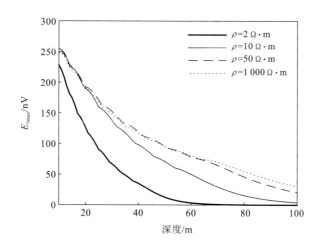

图 2.12　不同电阻率的半空间内 1 m 厚水层的 NMR 信号最大初始振幅随含水层深度变化曲线

（2）在地面核磁共振找水方法的探测深度范围内，当其上覆岩层电阻率为几十欧姆每米或 100 Ω·m 以内时，这类上覆良导层的"屏蔽"效应对深处含水层 NMR 信号影响比对浅部含水层影响大得多（图 2.10），有漏掉深部含水层的风险，因为这种"屏蔽"效应不仅使激发磁场垂直分量明显减弱，且变复杂，而且使质子产生的弛豫磁场也受导电层的影响。

（3）NMR 信号的初始相位灵敏地反映出岩层的导电性。

2.3.2　地磁场对磁共振测深的影响

磁共振测深的理论和实践表明，测区内地磁场强度和地磁倾角变化对 NMR 信号是有影响的。本节以数值计算结果，简要说明这些影响的一般特点。

1.地磁场强度变化对 NMR 信号的影响

由 1.1.2 小节及式（2.29）可知，NMR 信号的初始振幅 E_0 是地磁场强度平方的函数，即 E_0 与地磁场强度平方呈正比。地磁场在世界范围内变化，这种变化明显地改变氢核的磁化强度和拉莫尔频率，特别是在小比例的大测区进行水文地质调查时，应考虑地磁场强度的变化。

在全球范围内，由于地磁场强度在 30 000 nT（赤道附近）到 60 000 nT（南极、北极）变化，会引起 NMR 信号幅值的 4 倍变化。当然，在比较小的测区勘查地下水时，通常认为测区内地磁场是均匀的。当进行大范围的水文地质调查时，必须考虑地磁场变化对 NMR 信号的影响程度。

2.地磁倾角变化对 NMR 信号的影响

地磁场的倾角由两极的 90° 变到赤道的 0°。由于地磁倾角由大到小地变化，使激发磁场的垂直分量 $\boldsymbol{B}_T^{\perp}$ 改变，进而对 NMR 信号就有影响同样，可用数值模拟方法来研究这一影响，图 2.13 是地磁场倾角变化对一个 10 m 厚含水层 NMR 信号影响的数值模拟结果。

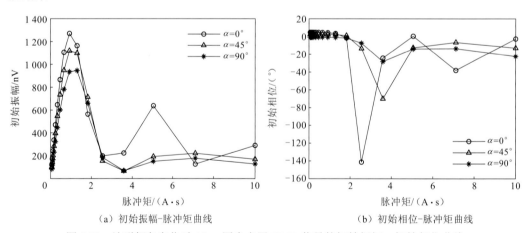

（a）初始振幅-脉冲矩曲线　　　　　　　　（b）初始相位-脉冲矩曲线

图 2.13　地磁倾角变化时 10 m 厚含水层 NMR 信号的初始振幅、初始相位曲线

10 m 厚的含水层位于电阻率 $\rho=100\,\Omega\cdot m$ 的均匀半空间内 10～20 m 深处。用数值模拟方法计算了不同地磁倾角（$\alpha=90°$、$45°$、$0°$）时，NMR 信号的初始振幅和初始相位与激发脉冲矩的关系。由图 2.13（a）可见，地磁倾角由 0° 变化到 90° 时，E_0-q 曲线（实线）的第一个极大值 E_{0max} 有所减小。φ_0-q 曲线也有所变化，表明地磁倾角由 0° 变到

90°时，核磁共振找水方法的探测能力（深度）有所下降。但倾角变化对 NMR 信号影响不如导电性影响敏感。

核磁共振找水方法理论指出，地面核磁共振找水仪的探测能力取决于 NMR 信号初始振幅达到极大值（E_{0max}）时的激发脉冲矩 q 值，q 值对应了一定的探测深度，因此，可计算不同地磁倾角时，E_{0max} 与模型深度 h_m 的关系。选用模型是位于 $500\,\Omega\cdot m$（可略去导电性影响）半空间内的一层 1 m 厚的水层（含水量 $\omega=1$）地磁场强度一定（$\boldsymbol{B}_0=60\,000\,nT$），地磁倾角 α 可变（$0°\leqslant\alpha\leqslant90°$）数值模拟结果示于图 2.14。

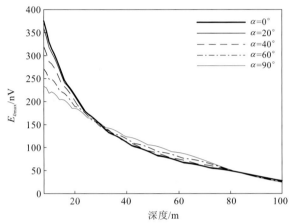

图 2.14　不同地磁倾角时 1 m 厚水层 NMR 信号 E_{0max}-h_m 曲线

由图 2.14 可见，在饱水层位于深度小于 20～25 m 时，NMR 信号初始振幅的极大值 E_{0max} 才对地磁倾角变化（0°、20°、40°、60°、90°）敏感。

全球范围内地磁倾角在很大范围内变化。为了顺利开展地面核磁共振找水工作，应该了解（实地测定或查阅资料）探测区内的地磁倾角。因为在核磁共振找水方法工作中，不仅在核磁共振资料的反演解释过程中（求解矩阵）利用工区的地磁倾角，而且在分析、认识 NMR 信号异常时，地磁倾角资料亦有参考价值。

综上所述，测区地磁倾角变化对 NMR 信号振幅和相位的影响程度比岩层导电性对 NMR 信号的影响弱得多。

2.3.3　局部磁性不均匀体对磁共振测深的影响

在野外实际应用及理论研究中，一般都会把探测空间内的磁场认为是均匀的，但事实并非如此，火山岩地区或玄武岩地区及地层中可能含有铁磁性物质的地区，或者地层中存在局部磁性体时，激发线圈发射的交变电流脉冲作用于这些磁性体上时，会产生电磁响应，造成探测空间内的磁场非均匀，地面接收线圈中接收到的信号实际上是地下含水层的核磁共振信号和地下各种局部导电导磁地质体产生的电磁信号的叠加。因而会对核磁共振信号产生影响，进而对反演结果产生影响，影响确定地下水探测信息[5]。

1.磁性不均匀对磁共振测深信号 T_2^* 的影响

在火成岩或玄武岩地区或是探测范围内有局部磁性体时，造成静磁场的不均匀性，导致地磁场在水平方向或垂直方向存在磁场梯度，磁场梯度直接影响对地下含水层拉莫尔频率的确定。进行数据采集时，垂直梯度的存在会使浅部含水层的拉莫尔频率和深部含水层不同，产生频率漂移现象。

T_2^* 与理想条件下均匀磁场中的自由感应衰减的 T_2 的关系为

$$\frac{1}{T_2^*} = \frac{1}{T_2} + \gamma \frac{\Delta B}{2} \tag{2.34}$$

式中：ΔB 为静磁场的梯度，反映了 $\boldsymbol{B}_0$ 的不均匀性。

2.磁性不均匀对磁共振测深信号振幅的影响

可以看出，局部磁性体的存在将使 ΔB 不为零，在影响核磁共振信号视横向弛豫时间 T_2^* 的同时，还会信号的初始振幅，有

$$E(t,q) = E_0(q)\exp(-t/T_2^*)\cos(\omega_0 t + \varphi_0) \tag{2.35}$$

前面计算了均匀介质中含水层模型的 NMR 信号，当地下介质中含有局部磁性体时，可能使测区内的地磁场不均匀，即磁场的梯度不为零。在野外实际工作中，首先使用质子磁力仪测定工区内的地磁场强度，测定时往往会多点测量，然后选取一个中间值作为工区内的地磁场强度值，然而地磁场水平梯度的存在使得选取的值总会存在一定偏差，由此而换算出的拉莫尔频率也会与地下水的真实拉莫尔频率不匹配，既影响数据采集的质量也影响工作效率；而地磁场垂直方向上的梯度则导致深部含水层的拉莫尔频率与浅部不相同，仪器发射机所发射的脉冲矩大小从浅部至深部逐渐增大但脉冲频率值却固定不变，导致所发射的能量并不能被地下含水层有效吸收，因而不能产生核磁共振现象，对数据的准确采集产生恶劣的影响，同时也影响整个找水工作的准确性与有效性。

2.3.4 地形对磁共振测深的影响

在以往研究中，认为地形倾角较小不会影响核磁共振信号，然而随着研究的深入及实际工作需求，实际遇到的地形不再仅仅是水平均匀的理想地形模型。因此不得不考虑随着地形倾角不断增大会不会对核磁共振信号造成影响，野外采集的原始数据是否需要校正，当原始数据需要做校正时如何校正成为研究必须要面对的问题。地球物理学中部分方法已有相对成熟的地形校正方法和理论，可以减小地形变化带来的影响。研究倾斜地形对地面核磁共振信号的影响规律能更好地推动地面核磁共振技术向前发展，对于提高地面核磁共振方法反演精度和拓展其应用领域具有重要意义。

对于图 2.15 所示倾斜地表模型，假设地面线圈半径 20 m，$\rho_1 \sim \rho_5$ 的电阻率分别为 200 Ω·m、100 Ω·m、200 Ω·m、500 Ω·m 及 1000 Ω·m，其中含水层 1 的顶底埋深分别为 15 m 和 20 m，含水量为 50%；含水层 2 的顶底埋深分别为 35 m 和 50 m，含水量为 50%；改变地形倾向及倾角，正演计算不同地形情况下磁共振测深 E_0-q 曲线如图 2.16 所示。

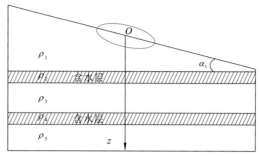

图 2.15　倾斜地表水平岩层及含水层情况下磁共振测深正演计算模型示意图

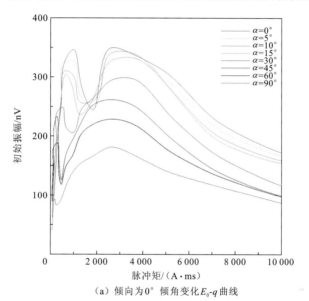

（a）倾向为 0° 倾角变化 E_0-q 曲线

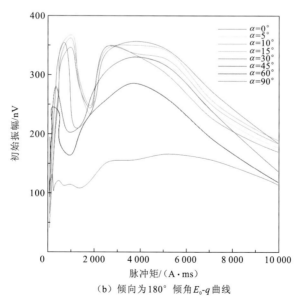

（b）倾向为 180° 倾角 E_0-q 曲线

图 2.16　单斜地形对磁共振测深信号初始振幅的影响[6]

从图 2.16 中可以看出，对于地形倾向为 0° 时，第一个初始振幅极大值往左（即脉冲矩减小的方向）偏移，地形倾角为 0° 时初始振幅最大，地形倾角 90° 时最小。随着角度的增大，初始振幅不断减小，在地形倾角小于 5° 时，偏差较小，对于第二个初始振幅极大值往右偏，在地形倾角小于 15° 时与水平地形相差不大。对于地形为 180° 倾向的地质模型，第一个初始振幅极大值在倾角为 0°～15° 时，初始振幅基本一样，在倾角大于 15° 后，随着角度变大，极大值相差越来越大；对于第二个初始振幅极大值在地形倾角小于 45° 时基本一致，极大值位置也没有太大的变化，当地形倾角增大，差值急剧增大。因此，当单斜地形倾角大于 15° 时，就必须考虑地形的影响。

2.3.5 其他因素对磁共振测深的影响

1. 线圈形状、大小对磁共振测深信号的影响

在地面核磁共振的探测工作中，常见的线圈形状有圆形、方形、"8" 字形等。而 "8" 字形线圈可以由两个不同方向的方形或圆形线圈激发磁场组合而成，因此对比的重点就集中于方形线圈和圆形线圈。其中圆形线圈的激发场计算方法已在前文论述，而方形线圈的激发场可由垂直磁偶极子或水平电偶极子的激发场组合得出。图 2.17 为等面积的圆形回线和方形回线的所对应的核函数截面图。从图中可以看出，两者的差别非常小，且主要集中于靠近线圈的区域；而对于远离线圈的区域，两者核函数基本一致。因此对于一维地面核磁共振测深，圆形线圈是方形线圈的一个相当好的近似。

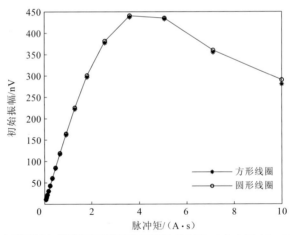

图 2.17 方形回线与等面积圆形回线正演结果对比（含水层 15～35 m 50%）

线圈大小对磁共振测深信号的影响很大。一方面，在相同激发电流的情况下，大回线具有较大的激发磁矩；另一方面，对于相同的交变磁场信号，较大的接收线圈能够产生更大的感应电动势。图 2.18 显示了对于地下 10～20 m 深度，含水量为 50% 的层状含水层，半径 25 m、50 m、100 m 的圆形线圈所接收到的 NMR 信号初始振幅随脉冲矩的变化曲线。从图中可以看出，随着收发线圈半径的增大，磁共振测深信号明显随之增大。

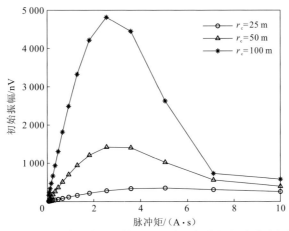

图 2.18　不同半径圆形线圈情况下核磁共振信号初始振幅随脉冲矩的变化曲线

2.脉冲矩对磁共振测深信号的影响

在核磁共振方法野外工作中，向铺在地面上的线圈中通入交变电流脉冲，由 PC 控制脉冲矩的大小来探测地下水的存在，也就是通过由小到大改变脉冲矩值，获得由浅到深含水层 NMR 信号，达到探测不同深度含水层的目的。在实际工作中，由于相同厚度的含水层的 NMR 信号在深度上是类似指数规律衰减，通常选取 16 个从 59 A·ms 到 10 000 A·ms 呈指数分布的脉冲矩。这个脉冲序列具有对数分布的性质，浅密深疏，地面核磁共振方法又属于体积勘探，对浅部的分辨力要好于对深度的分辨力，即对深部的分辨力随深度加大而降低。此外，选择的脉冲矩个数会影响核磁共振方法的野外工作效率及获取的地下含水体信息的可靠性，若选择脉冲矩的个数较多，地质效果无明显改善且会增加工作时间；若选择个数较少，垂向分辨力降低，探测薄水层能力减弱，有可能会漏掉含水层，造成不良的地质效果。

图 2.19 为半径 50 m 的线圈对于 1 m 厚的水层，电阻率 100 $\Omega \cdot$m，地磁倾角 $\alpha = 60°$，拉莫尔频率 $f_{L} = 2\,000$ Hz 情况下，计算得到的初始振幅极大值 E_{0max} 与探测深度 h_{m} 的关系。

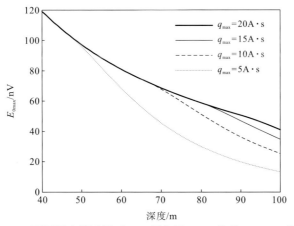

图 2.19　不同最大脉冲矩时 1 m 厚水层 NMR 信号 E_{0max}-h_{m} 曲线

从图中可以看出,随着最大脉冲矩的不断减小,深层含水层的最大初始振幅明显下降,而浅层含水层的最大初始振幅变化不大。因此,最大脉冲矩能够明显影响磁共振测深的探测深度。

2.4 典型模型计算与分析

2.4.1 滑坡模型

结合某滑坡地质条件、钻孔资料以及视电阻率断面图等资料建立滑坡正演地电模型(图 2.20),模型地层总体坡度为 30°,滑坡倾向为正北向的情况,滑带与地表大致平行,滑带附近岩石较为破碎,含水量和孔隙度较高,将滑带及其附近设为含水层。

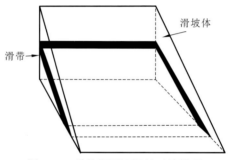

图 2.20 磁共振测深滑坡正演模型

本节计算中将模型简化为一个滑带的情况,将滑坡地电模型地层分为三层:

(1)0～-15 m 主要为黏性土和碎石土,取电阻率为 100 Ω·m;

(2)>-15～-20 m 为含水层,设厚度为 5 m,含水量为 10%,含水层相对为低阻带,设电阻率为 50 Ω·m;

(3)>-20～-50 m 为基岩粉砂质泥岩,电阻率较高取为 200 Ω·m。

在此条件下,正演计算参数为:"8"字形线圈边长为 50 m,拉莫尔频率为 2 138 Hz,地磁倾角为 46°,斜坡坡角为 30°,最大脉冲矩取 10 000 A·ms,地电结构层数为 3 层:0～-15 m,电阻率为 100 Ω·m;>-15～-20 m,电阻率为 50 Ω·m;>-20～-50 m,电阻率为 200 Ω·m。其磁共振测深正演响应信号如图 2.21 所示。在最大脉冲矩 10 000 A·ms 内共模拟采集 16 组 NMR 信号响应点数据。从其绘制的曲线上可以看出,在滑坡体滑带较显著位置即含水层存在的情况下,采用磁共振测深技术可得到较明显的核磁共振信号。

2.4.2 堤坝模型

本小节介绍堤坝渗漏磁共振测深工作模型的建立过程。土石坝是利用坝址附近的土料、石料或土石混合料,经过抛填、碾压或夯实等方法堆筑而成的挡水建筑物。挡水时,

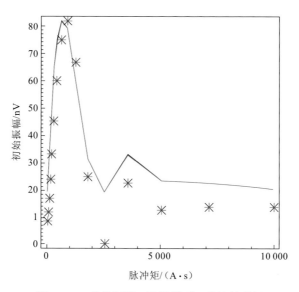

图 2.21　磁共振测深滑坡模型正演计算结果

由于上、下游水位差的作用，水经坝体和坝基的介质之间的孔隙向下游渗透，使水库的水量大量流失，还会引起坝体或坝基产生管涌、流土等渗透变形，导致溃坝事故。

本小节建立坝体渗漏模型如图 2.22 所示，其参数：坝高 20 m，顶宽 4 m，蓄水高度 17 m，坡度 1∶3，坡长 60 m，为简化模型浸润面与背水坡平行，垂直深度取 5.5 m；考虑坝基渗漏，取 20 m 深坝基；浸润面以下介质体积含水量为 10%，浸润面以上为 2%。库水延竖直方向的裂隙带渗漏。裂隙带宽 10 m，为简化模型将裂隙带设置均匀的含水量，体积含水量为 20%。正演模拟半径 5 m 的线圈敷设在坝坡的顶部，线圈位于裂隙正上方，比较裂隙渗漏模型与正常模型的磁共振测深正演信号。正演结果如图 2.23 所示。从图中可以看出裂隙渗漏模型的信号在脉冲矩较小时就比无渗漏的信号强。在脉冲矩 q 为 234 A·ms 是出现一个主波峰，脉冲矩 q 为 918 A·ms 是出现一个次波峰，随后趋于平缓并逐渐向正常堤坝模型的信号靠近。

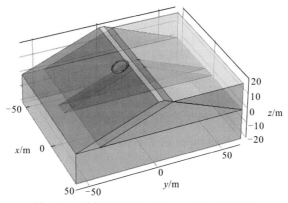

图 2.22　磁共振测深坝体渗漏正演计算模型

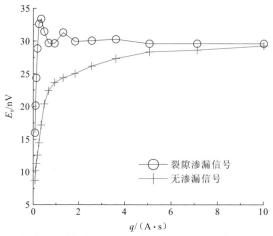

图 2.23　坝体渗漏的磁共振测深信号与正常堤坝模型信号对比图

2.4.3　岩溶模型

依据含水介质的孔隙类型，可将地下水类型划分为孔隙水、裂隙水、岩溶水，各类型地下水在空间上一般表现为复杂的三维体结构。在地下水探测任务中，常常遇到溶洞、古河床、破碎带、接触面等形式的地下富水结构。本节针对岩溶模型进行磁共振测深正演计算，计算条件：线圈半径为 50 m，地磁场强度为 49 500 nT，地磁倾角为 46°。

岩溶一般在灰岩地区大量发育，岩溶水是灰岩地区地下水的主要类型之一。构造一个规则的含水溶洞模型，定义模型半径为 10 m，位于磁共振测深线圈正下方，处于电阻率 $\rho = 1\,000\,\Omega\cdot m$ 的围岩中，分别计算其在不同充水状态和不同埋深情况下的磁共振测深响应。

1. 模型 1

溶洞顶部埋深 30 m，中心埋深 40 m，充满自由水，含水量 $\omega = 100\%$，横向弛豫时间 $T_2 = 1\,000$ ms。其磁共振测深响应可见图 2.24。

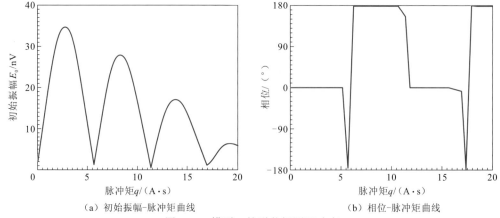

（a）初始振幅-脉冲矩曲线　　　　　　　（b）相位-脉冲矩曲线

图 2.24　模型 1 的磁共振测深响应

由图 2.24 可见，其初始振幅随脉冲矩变化出现多个峰值，第一个峰值出现在 $q=3$ A·s 附近，以第一个峰值为最大，以后峰值逐渐削弱，呈振荡形。相位随初始振幅在 $q=5.5$ A·s 附近发生跳变，先急剧变为-180°，再变为+180°，在 $q=12$ A·s 附近恢复为 0°，但在 $q=17$ A·s 附近再次出现类似突变。

2. 模型 2

溶洞顶部埋深 60 m，中心埋深 70 m，充满自由水，含水量 $\omega=100\%$，横向弛豫时间 $T_2=1\,000$ ms。其磁共振测深响应可见图 2.25。

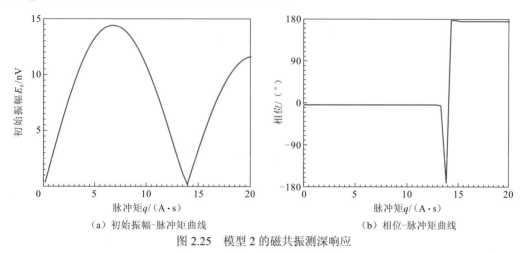

（a）初始振幅-脉冲矩曲线　　　　　（b）相位-脉冲矩曲线

图 2.25　模型 2 的磁共振测深响应

由图 2.25 可见，其初始振幅随脉冲矩出现两个峰值，第一个峰值出现在 $q=7$ A·s 左右，第二个出现在图的最右端，第二峰值较第一个弱。其相位同样出现突变，只是起跳点延迟为 $q=13$ A·s 左右，与模型 1 的相位变化类似。整个响应与模型 1 的磁共振测深响应比较，可以发现，两者变化类似，但较深溶洞的磁共振测深响应相对较浅溶洞的响应延迟，需要更大的脉冲矩才能体现其曲线特征。

3. 模型 3

溶洞顶部埋深 30 m，中心埋深 40 m，上半部充满自由水，含水量 $\omega=100\%$，$T_2=1\,000$ ms；下半部泥质充填，含水量 $\omega=10\%$，$T_2=200$ ms。其磁共振测深响应可见图 2.26。

由图 2.26 可见，其初始振幅随脉冲矩变化出现四个振荡波形，这与图模型 1 的初始振幅响应类似。两个模型的差别只是模型 1 表示溶洞全充水，而这个溶洞模型的下半部充泥质，含水量和弛豫时间均明显缩短。在此影响下，其初始振幅较模型 1 振幅减小，振荡加剧。相位响应也与模型 1 的相位类似，只是没有先突变为-180°。

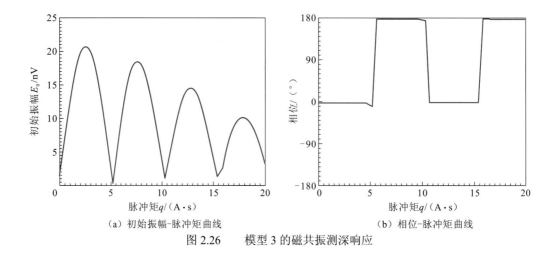

（a）初始振幅-脉冲矩曲线　　　　　　　　（b）相位-脉冲矩曲线

图 2.26　　模型 3 的磁共振测深响应

4. 模型 4

溶洞顶部埋深 60 m，中心埋深 70 m，上半部充满自由水，含水量 $\omega = 100\%$，$T_2 = 1\,000$ ms；下半部泥质充填，含水量 $\omega = 10\%$，$T_2 = 100$ ms。其磁共振测深响应可见图 2.27。

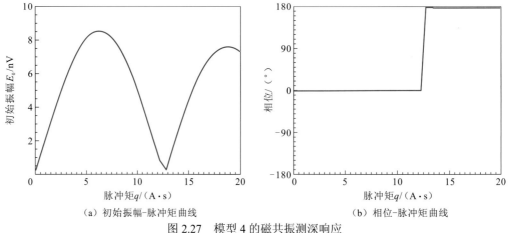

（a）初始振幅-脉冲矩曲线　　　　　　　　（b）相位-脉冲矩曲线

图 2.27　　模型 4 的磁共振测深响应

由图可见，其初始振幅随脉冲矩变化出现两个峰值，与模型 2 的初始振幅响应类似，只是出现峰值对应的脉冲矩稍稍变小、提前，整个初始振幅相对模型 2 变小，这是由于含水量变小且弛豫时间缩短所致。其相位响应与模型 2 的相位变化对比也有同样的情况，只是没有先突变为 $-180°$。

5. 模型 5

溶洞顶部埋深 40 m，中心埋深 50 m，上半部不充水，下半部充满自由水，含水量 $\omega = 100\%$，$T_2 = 1\,000$ ms。其磁共振测深响应可见图 2.28。

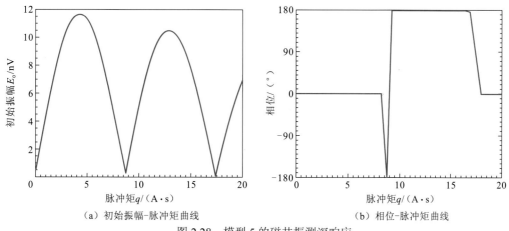

（a）初始振幅-脉冲矩曲线　　　　　　　（b）相位-脉冲矩曲线

图 2.28　模型 5 的磁共振测深响应

由图 2.28 可见，其初始振幅随脉冲矩变化出现振荡，与模型 1 的初始振幅响应类似，但振荡程度相对较弱且整个初始振幅相对较小。同样，相位也与模型 1 的相位响应类似，只是有一个延迟。

6. 模型 6

溶洞顶部埋深 40 m，中心埋深 50 m，上半部不充水，下半部泥质充填，含水量 $\omega =$ 10%，$T_2 = 100$ ms。其地面核磁共振测深响应可见图 2.29。

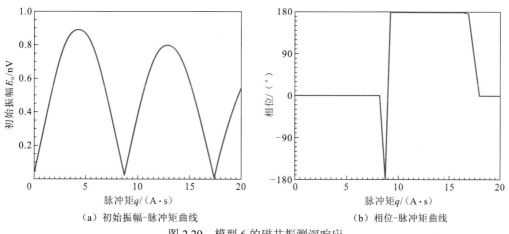

（a）初始振幅-脉冲矩曲线　　　　　　　（b）相位-脉冲矩曲线

图 2.29　模型 6 的磁共振测深响应

由图 2.29 可见，其初始振幅随脉冲矩变化出现振荡，振荡特征与模型 5 的振荡特征基本一致，只是初始振幅变小。相位变化与模型 5 的相位基本一致，无明显差异。

由上面 6 个模型的磁共振测深响应特征，可以总结如下规律。

（1）岩溶的磁共振测深响应曲线均具有较强的振荡性。溶洞埋深越浅，则初始振幅曲线与相位曲线震荡越剧烈。

（2）岩溶埋深较大时，出现第一个振幅峰值需要的脉冲矩比埋深浅的溶洞需要的脉冲矩大，出现相位突变的脉冲矩也有同样规律。

（3）岩溶的磁共振测深响应与同样深度单个水平层状含水层的磁共振测深响应的主要差别是，前者振幅出现多个振荡，而后者只有一个峰值。

2.4.4　冻土水合物

冻土，即温度小于或等于 0 ℃，土壤孔隙中的水分已结成冰，并将土壤（或岩石）冻结所成的坚硬地层。因此，温度是识别冻土最直接的标志。据资料显示，祁连山冻土区最大融化深度为 1.5～5.4 m，整个冻土层厚达 50～70 m，最厚达 95 m。冻土模型设置如表 2.1。

表 2.1　冻土层地球物理模型

深度/m	层名	含水量/%	电阻率/（Ω·m）	T_1^*/ms	T_2^*/ms
0～3.0	覆盖层	5.0	80	600	300
>3.0～12.6	季节性冻土层	2.5	128	400	200
>12.6～106.2	永久冻土层	0.2	2000	50	10
>106.2～150.0	非冻土层	4.0	42	500	350

1. 永久冻土厚度对信号的影响

矩阵参数设置为：基准频率取 2 322 Hz，线圈边长 150 m，地磁倾角为 50°，最小脉冲矩为 60 A·ms，最大脉冲矩取 10 000 A·ms，岩层分为 4 层。岩层深度分别为 0～3 m，含水量为 5%，电阻率为 80 Ω·m，T_1^* 为 600 ms，T_2^* 为 300 ms；3～12.6 m，含水量为 2.5%，电阻率为 128 Ω·m，T_1^* 为 400 ms，T_2^* 为 200 ms；永久性冻土层的上顶界面深度仍设为 12.6 m，使下底界面深度分别为 31.5 m、43.1 m、58.9 m、80.7 m、110.4 m，含水量为 0.2%，电阻率为 2 000 Ω·m，T_1^* 为 50 ms，T_2^* 为 10 ms；最下层含水量 4%，电阻率为 42 Ω·m，T_1^* 为 500 ms，T_2^* 为 350 ms。

如图 2.30 所示，随着底界面深度加大，永久冻土层厚度增加，地面核磁共振信号幅值随之下降。由于在冻土中，水是以固态存在的，核磁共振对其无信号响应。也就是说随着永久冻土厚度的增加，低含水量的范围增大，导致 NMR 信号幅值降低。

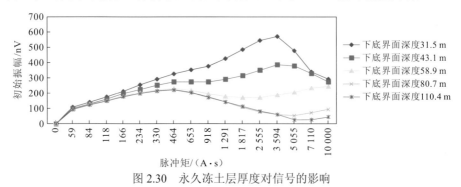

图 2.30　永久冻土层厚度对信号的影响

2.永久冻土埋藏深度对信号的影响

矩阵参数设置为：基准频率取 2 322 Hz，线圈边长 150 m，地磁倾角为 50°，最小脉冲矩 60 A·ms，最大脉冲矩取 10 000 A·ms，岩层分为 4 层。岩层深度分别为 0～3 m，含水量为 5%，电阻率为 80 Ω·m，T_1^* 为 600 ms，T_2^* 为 300 ms。

保持多年冻土层厚度为 93.6 m 不变，利用核磁共振正演软件，改变多年冻土层上顶界面深度分别为 12.6 m、22.6 m、32.6 m、42.6 m，其他参数不变。

如图 2.31 所示，随着永久冻土的埋深增加，相当于季节性冻土厚度增加，对核磁共振有响应的自由水越多，幅值越大。并且核磁共振信号随着永久冻土深度的增加，信号幅值最大值所对应的脉冲矩也依次向后推移。

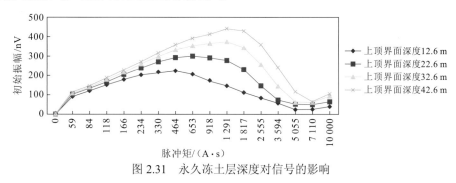

图 2.31 永久冻土层深度对信号的影响

2.5 物 理 试 验

2.5.1 冻土

地球物理场的特征取决于探测目标的性质，地球物理探测以物性差异为基础。无论 NMR 岩心测试分析的未冻水含量、孔渗结构，还是 NML 获取地层物性参数或者对水合物储层进行识别和评估，还是磁共振测深探测冻土结构和水合物，首先要了解冻土及水合物的 NMR 信号响应特征，提出有效的划分和识别标准，推导一套计算含量及孔渗结构的经验公式，从而才能建立有效的模型和总结普遍适用的定律。

在此阐述中国地质大学（武汉）核磁共振科研组近年来关于冻土[7]和地下水被烃类物质污染[8]的物理实验结果，以期为天然气水合物探测和生态环境保护提供基础资料。

1.冻土 NMR 信号响应试验

1）冻土冻结试验

温度是影响冻土层物性结构和水合物稳定性的主控因素，冻土层的厚度、盐分的迁移与孔隙流体的运移，水合物的生成与储存都受温度剧烈的影响。因此，将变温试验放在首位，作为由主到次、由浅入深的摸索和尝试，为后阶段考虑更多的影响因子积累认识和经验。

（1）制作黏土含量分别为 30%、50%、70%，初始含水量都为 15%的样本 M1、M2、M3。保持其干密度、形状大小一样。从 30℃降温至-30℃，在不同温度条件下测量其 NMR 响应特征。

（2）制作黏土含量都为 70%，初始含水量分别为 5%、10%、15%的样本 M4、M5、M6（同 M3）。保持其干密度、形状大小一样。从 30℃降温至-30℃，在不同温度条件下测量其 NMR 响应特征。

由表 2.2 可以看出，随着黏土含量增加，在 0℃以下样本中未冻水含量依次升高。

表 2.2　不同黏土含量冻土冻结 T_2 波峰幅值与未冻水含量表

M1（30%黏土）			M2（50%黏土）			M3（70%黏土）		
温度/℃	波峰幅值/p.u.	未冻水含量/%	温度/℃	波峰幅值/p.u.	未冻水含量/%	温度/℃	波峰幅值/p.u.	未冻水含量/%
30.50	1 319.56	15.00	29.10	1 053.82	15.00	31.00	3 066.09	15.00
22.00	1 360.27	15.00	—	—	15.00	22.40	3 111.71	15.00
13.45	1 520.55	15.00	13.40	1 077.79	15.00	11.00	3 220.78	15.00
7.50	1 551.83	15.00	8.65	1 074.92	15.00	6.05	3 232.49	15.00
0	77.34	0.71	5.20	1 080.68	15.00	2.50	3 250.35	15.00
-3.05	70.77	0.63	0	630.26	8.69	-1.50	1 612.62	7.36
-6.50	64.20	0.56	-5.66	77.74	1.06	-6.70	268.70	1.21
-10.00	47.25	0.40	-9.60	65.44	0.89	-10.60	276.48	1.24
-20.00	44.00	0.35	-14.7	56.05	0.76	-15.00	237.93	1.06
-27.00	40.50	0.31	—	—		-20.40	211.93	0.93

通过分析表 2.2 和图 2.32 可知，在正温区间，随着温度的降低，T_2 波峰幅值缓缓增大，在零度附近时有一个突降，在负温区间随着温度的降低，T_2 波峰幅值缓缓降低并逐渐达到稳定。当冻土土质分选性较好，矿物颗粒以黏土为主时，黏土含量越高，T_2 波峰幅值越大，这是 70%黏土样本 T_2 波峰幅值大于 50%黏土样本的 T_2 波峰幅值的原因。但对于分选性差的冻土，由于矿物颗粒大小不一，原岩土中的孔隙空间大部分被黏土填充，孔隙度减小，这是 30%黏土样本正温区间 T_2 波峰幅值反而大于 50%黏土样本的 T_2 波峰幅值的原因。同时，还可以看到，黏土含量越大，T_2 波峰幅值开始下降的起始温度就越低，趋于稳定的截止温度也越低，在 T_2 时间谱上表现为，黏土含量高的样本 T_2 波峰幅值突变阶段相对黏土含量低的样本 T_2 波峰幅值突变阶段左移。

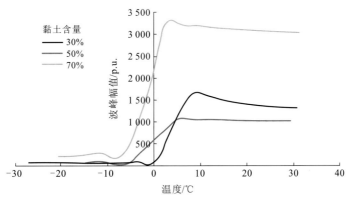

图 2.32　不同黏土含量冻土中 T_2 波峰幅值受温度影响变化图

比较 70%黏土含量 3 个不同含水量样品，随着初始水含量的升高未冻水含量依次降低，可能是低含水量下水分封锁在小孔隙内，高水含量时可能形成喉道孔隙间连通加强，小孔隙冰点比喉道冰点低，在相似温度下，小孔隙对应的未冻水含量高。

通过分析表 2.3 和图 2.33 可知，稍大于 0 ℃之前的正温区间，岩土未冻水含量是不变的，在零度附近时，水开始结冰，未冻水含量突降，随着温度的降低，未冻水含量区域稳定。在温度很低的负温区间，虽然未冻水含量极小，但其含量相对稳定。这是因为岩土冻结过程中，矿物颗粒表面总有一层吸附水（强结合水或分子结合水）不发生相态的变化。并且黏土含量越高，负温区间未冻水含量越高，这说明黏土颗粒对水具有较强吸附作用，能够阻止水的冻结。

表 2.3　不同初始含水量冻土冻结 T_2 波峰幅值与未冻水含量表

M4（5%水）			M5（10%水）			M6（15%水）		
温度/℃	波峰幅值/p.u.	未冻水含量%	温度/℃	波峰幅值/p.u.	未冻水含量/%	温度/℃	波峰幅值/p.u.	未冻水含量/%
29.00	391.87	5.00	30.00	1 628.98	10.00	31.00	3 066.09	15.00
18.60	413.89	5.00	21.40	1 682.80	10.00	22.40	3 111.71	15.00
17.30	429.09	5.00	15.50	1 754.94	10.00	11.00	3 220.78	15.00
7.70	375.66	5.00	7.20	1 704.08	10.00	6.05	3 232.49	15.00
3.20	349.50	5.00	3.10	1 600.93	10.00	2.50	3 250.35	15.00
0	245.32	2.71	0.20	938.97	5.58	−1.50	1 612.62	7.36
−5.00	196.52	2.12	−6.10	232.63	1.33	−6.70	268.70	1.21
−9.60	189.10	2.00	−10.20	233.79	1.37	−10.60	276.48	1.24
−15.60	175.57	1.81	−15.30	226.73	1.33	−15.00	237.93	1.06
−21.50	143.88	1.44	−20.50	176.82	1.88	−20.40	211.93	0.93

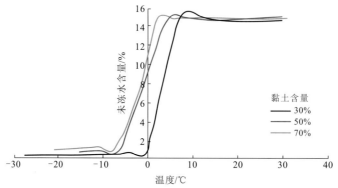

图 2.33　不同黏土含量冻土中未冻水含量受温度影响变化图

从表 2.3 和图 2.34、图 2.35 可以看出，初始含水量越大，信号幅值越大，在零度附近时，信号幅值和未冻水含量下降的速率也越大。初始含水量对信号幅值和未冻水含量突变的起始和截止温度影响不大。在 -8 ℃以后，信号幅值、未冻水含量和弛豫时间表现出和正温区间不同的规律，初始含水量越大，信号幅值越小，横向弛豫时间 T_2 越大。

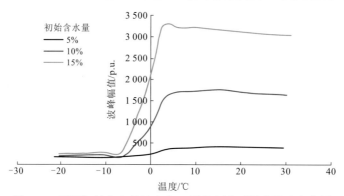

图 2.34　不同初始含水量冻土中 T_2 波峰幅值受温度影响变化图

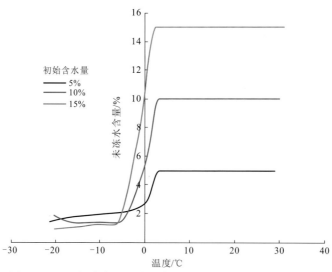

图 2.35　不同初始含水量冻土中未冻水含量受温度影响变化图

结合不同的初始含水量和不同黏土含量可知，信号幅值、未冻水含量在负温区间随着温度降低呈指数衰减。前人开展过大量关于温度与未冻水含量关系的研究[9]，并得到关系式为

$$W_{u} = a\theta_{t}^{-b} + c \qquad (2.36)$$

式中：W_{u} 为未冻水含量×100；θ_{t} 为负温绝对值；a、b 和 c 是经验常数，与地层因素有关。可以借用这个公式来表示 NMR 信号幅值与温度的关系。

2）冻土融化试验

制作初始含水量都是 30%的黏土和沙土样本 M1、M2。保持 25℃恒温，随着时间的推移，对样本进行重复测量，研究其融化过程中 NMR 信号的变化。

在含水量为 30%的情况下，黏土和沙土冻土的 T_2 时间谱出现两个峰值，区分两个幅值的时间点称为 T_2 截止值。T_2 截止值是用来区分束缚水和自由水的重要标志。

对比图 2.36（a）和（b）可以清楚地看到，沙土的 T_2 时间谱相对黏土明显右移，这是因为沙土孔隙较大，颗粒表面亲水粒子少，对水的吸附性小，孔隙中主要是自由水，弛豫机制以自由弛豫为主。黏土的孔隙尺寸小而且吸水性强，30%含水量的黏土以吸附水为主，弛豫机制以表面弛豫为主。

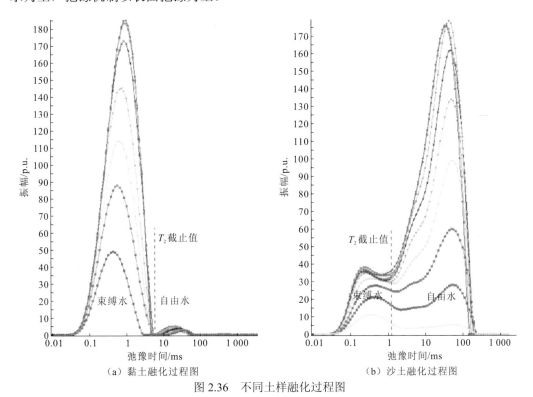

（a）黏土融化过程图　　　　（b）沙土融化过程图

图 2.36　不同土样融化过程图

根据式（2.36）计算出不同温度点的未冻水含量，结果见图 2.37 和图 2.38。

从图 2.37 和图 2.38 可以看出，随着时间的推移，土中的冰晶逐渐融化，信号幅值和未冻水含量逐渐上升，而且无论是信号幅值还是未冻水含量中的束缚水和自由水含量，都

与时间保持相同的规律为

$$Y = -aM^{-t} + b \qquad (2.37)$$

式中：Y 可以表示波峰幅值、波谱面积和未冻水含量等；a 为正常数；$b-a$ 为刚开始测试的含水量；b 为常温下的初始含水量；M 为接近 1 的常数，因此可以近似看成呈线性关系。还可以看出，黏土的 NMR 信号要比沙土衰减快，因此黏土的 M 值要比沙土的大一些。

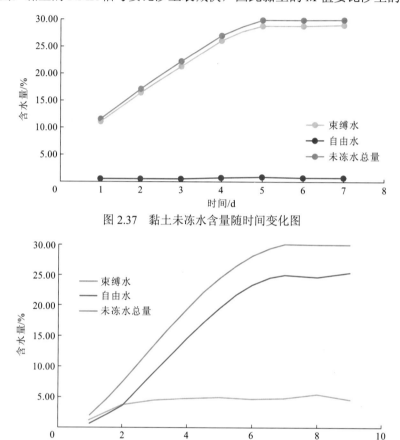

图 2.37　黏土未冻水含量随时间变化图

图 2.38　沙土未冻水含量随时间变化图

对未冻水总量数据进行拟合，可以得到黏土和沙土变化规律的响应参数，见表 2.4。

表 2.4　黏土和沙土融化未冻水含量变化参数表

土质	a	b	M
黏土	8.42	30	0.767 4
沙土	27.99	30	1.276 9

这个试验分析了时间、孔隙度对冻土核磁共振信号的影响规律，通过对 NMR 信号幅值、弛豫时间及核磁共振未冻水含量的定性和定量的综合分析，归纳总结并推导了其内在的关系。

2.5.2　水合物

四丁基溴化铵（tetrabuylammonium bromide，TBAB）是一种常用的天然气水合物的试验替代品，对其进行物性试验研究可以很好地为天然气水合物勘探工作提供可行性评估。本小节利用 TBAB 进行试验冻土对 NMR 信号的影响研究，分析和模拟天然气水合物的物性基础及 NMR 信号特征，推导 TBAB 水合物分解过程中 NMR 响应信号与时间 t 的关系式。这对于 NMR 方法在我国冻土地区进行天然气水合物勘测有着重要的理论意义。设计方案如下：

（1）测量 35% TBAB 水溶液在冻结过程中 NMR 信号的响应特征；

（2）测量 35% TBAB 水溶液在融化过程中 NMR 信号的响应特征；

（3）测量含有和不含有 TBAB 的中砂、粉细砂和泥质样本的 NMR 响应特征。

用蒸馏水和四丁基溴化铵药品（TBAB 含量>99.5%）配制质量分数为 35% 的 TBAB 水溶液。分别用蒸馏水和 TBAB 水溶液配制初始含水量都为 15% 的中砂、粉细砂和泥质样本。

1.方案一

本试验测了 35% TBAB 水溶液在冻结过程中 NMR 信号的响应特征，测量结果见图 2.39。

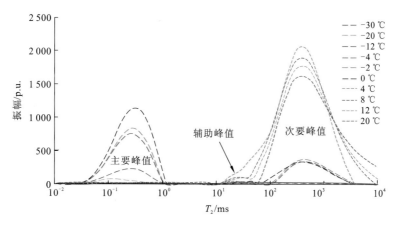

图 2.39　35% TBAB 水溶液冻结 T_2 时间谱

为了便于对比分析，对蒸馏水结冰后的融化过程进行了 NMR 测量，见图 2.40。

从图 2.40 可以看出，冰融化过程只有信号幅值的变化，弛豫时间不发生改变，也不会出现新的波峰。

分析 35% TBAB 水溶液三个波峰的变化规律，绘制峰值和横向弛豫时间 T_2 变化曲线，结果见图 2.41 和图 2.42。

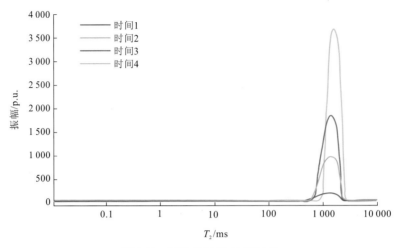

图 2.40　冰融化过程 T_2 时间谱

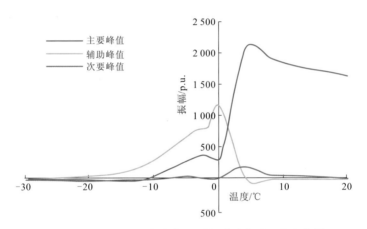

图 2.41　35% TBAB 水溶液 T_2 时间谱峰值随温度变化图

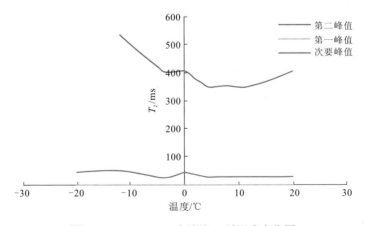

图 2.42　35% TBAB 水溶液 T_2 随温度变化图

从图 2.42 可知，35%TBAB 水溶液的横向弛豫时间 T_2 为 351.72～403.70 ms，而水的横向弛豫时间 T_2 在 1.6 s 左右，说明 TBAB 的加入能够改变水的弛豫性质，使水横向弛豫时间大大缩短。TBAB 水合物稳定状态下的横向弛豫时间 T_2 为 0.248～0.285 ms，且随着温度的降低会进一步缩短，-20 ℃约为 1.41ms，在-30 ℃减小为 0.06 ms，这是水合物的结合水也结冰的缘故。冰的横向弛豫时间 T_2 在-20 ℃约为 2.01 ms，说明在低温状态下，TBAB 水合物的横向弛豫时间 T_2 也短于蒸馏水的 T_2。

从图 2.41 可知，正温区间 2 ℃之前，没有水合物形成，35%TBAB 水溶液的 NMR 信号随温度的降低略微上升；水合物开始形成的温度在 0～2 ℃，等水合物形成，第一波峰幅值增大，到达 0 ℃左右最大，因为形成水合物的过程中结合了大量的自由水，所以第二峰值发生突降；低于 0 ℃之后，随着温度降低，无论是水合物中的结合水还是没有反应完的自由水都逐渐结冰，NMR 信号幅值逐渐减小，并慢慢趋于稳定，达到极小值。

还要说明的是，在 35% TBAB 水溶液 T_2 时间谱中有一个次要波峰，这个波峰可能是有由于四丁基铵根离子中的氢质子产生的，在水溶液中四丁基铵根离子具有很强的活动性，其中包含在丁基中的氢核弛豫要比自由水中的 H 核稍快一些 。随着水合物的生成，次要波峰也逐渐消失，因为次要波峰可以作为判断 TBAB 水合物生成和消失的一个依据。

2. 方案二

在-20 ℃的环境中取出 35% TBAB 水合物样本，置于 26 ℃（温度波动范围±1 ℃）的恒温测量环境中，待水合物边融化边测量，对测量数据进行 T_2 反演，然后按时间顺序进行整理，得到的结果见图 2.43～图 2.45。

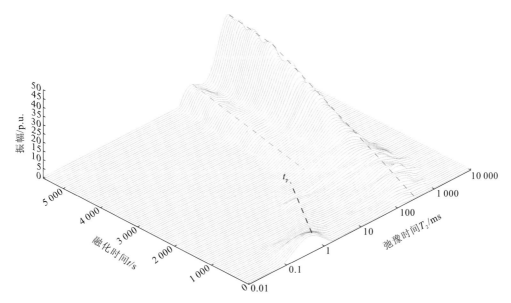

图 2.43　30% TBAB 水合物融化过程 T_2 时间谱

t_p 为时间转折点

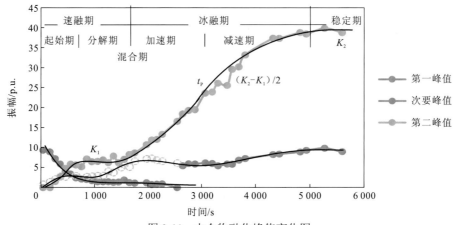

图 2.44　水合物融化峰值变化图

本图对起始期的刻画可能过短，从低温取出水合物样本到开始测量的这个过程，都可以算是起始期

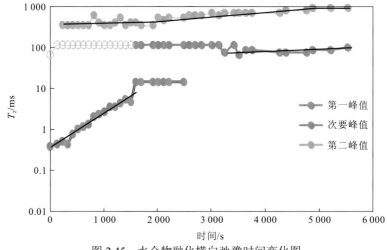

图 2.45　水合物融化横向弛豫时间变化图

1）速融期

速融期即水合物的快速融化阶段，融化时间为 0～1 514.5 s。刚开始，由于水合物突然从低温环境带入高温环境，水合物快速吸收热量升温，冰冻的水合物中的结合水及冰中的水分子开始获取热能，运动性增强，随着时间推移，吸收热量越多，活动性越强，信号越强。如果温度与时间呈线性关系，根据经验公式，那么这种温度变化导致水分子活动性增强引起的核磁共振信号幅值与时间呈指数关系：

$$A_{\mathrm{m}} = -at^{-b} + c \qquad (2.38)$$

式中：A_{m} 为信号幅值；a、b、c 都是正常数，与地层性质、物化环境及水合物与水的物化作用有关。本次试验，通过统计分析，在速融区刚开始阶段，这种机制效果明显，该阶段为起始期。此次试验起始期为 0～518.5 ms。

在温度影响分子活动性的同时，水合物开始快速分解，结合水含量降低，自由水含

量增加，这种由于水合物分解导致结合水 NMR 信号幅值按时间轴呈指数衰减，可以表示为

$$A_{\mathrm{m}} = A_0 \mathrm{e}^{-\beta t} + c \tag{2.39}$$

式中：β 为衰减因子；A_0 为水合物起始幅值。

起始期温度变化和水合物分解共同影响着 NMR 信号的幅值，但式（2.38）要比式（2.39）衰减快很多，也就是分子活动性增强导致的氢核弛豫信号的变化很快达到稳定的极大值，后期阶段以水合物的分解作用为主，该阶段称之为分解期。此次试验的分解期为 518.5～1 514.5 ms。

因此，通过统计和推导速融期的 NMR 信号幅值 A_{m} 与时间 t 的关系可以大致表示为

$$\begin{cases} A_{\mathrm{comb}} = A_{\mathrm{comb0}} \mathrm{e}^{-\beta_1 t} - a_1 t^{-b_1} + c_1 \\ A_{\mathrm{orga}} = A_{\mathrm{orga0}}(1 - \mathrm{e}^{-\beta_1 t}) - a_2 t^{-b_2} + c_2 \qquad 0 \leqslant t \leqslant 1\,514.5\,\mathrm{ms} \\ A_{\mathrm{free}} = A_{\mathrm{free0}}(1 - \mathrm{e}^{-\beta_1 t}) - a_3 t^{-b_3} + c_3 \end{cases} \tag{2.40}$$

式中：A_{comb}、A_{orga}、A_{free} 分别代表结合水 H（第一峰值）、有机物 H（次生峰值）、自由水 H（第二峰值）的幅值；β_1 为与水合物性质、微观物化环境及水合物分子与水分子的物化作用有关的常数，在宏观上与 TBAB 与水混合的比例有关；a_1、a_2、a_3 分别为结合水中的 H、有机物中的 H、自由水中的 H 随温度变化弛豫信号变化的加权值；b_1、b_2、b_3 为三种信号衰减速率基准值，与温度、物化环境和粒子自身性质有关；c_1、c_2、c_3 为稳定后的极值。

这个阶段，三种氢质子产生的横向弛豫时间 T_2 没有变化，第一波峰的横向弛豫时间约为 0.43 ms，次生波峰的横向弛豫时间约为 2.14 ms，第二波峰的横向弛豫时间 T_2 约为 351.12 ms，这个值和 35% TBAB 溶液的横向弛豫时间为 351.72 ms 是非常相近。进一步说明了这个时候发生了水合物的分解从而产生自由水。

2）冰融期

冰融期的 $t = 1\,514.5～4\,883.5\,\mathrm{ms}$，这个阶段，以冰的融化为主，自由水的含量不断增加，自由水中 TBAB 的浓度不断减小，信号幅值不断增强。这个时期水合物结合水分解殆尽，这个阶段冰分解产生的自由水信号和丁基中氢核产生的信号幅值随时间的变化满足逻辑斯谛方程，用公式可以表示为

$$\begin{cases} A_{\mathrm{comb}} \approx 0 \\ A_{\mathrm{orga}} = K_{\mathrm{orga}}(1 + \mathrm{e}^{-\beta_2 t})^{-1} + K_{\mathrm{orga1}} \qquad 1\,514.5\,\mathrm{ms} < t \leqslant 4\,883.5\,\mathrm{ms} \\ A_{\mathrm{free}} = K_{\mathrm{free}}(1 + \mathrm{e}^{-\beta_3 t})^{-1} + K_{\mathrm{free1}} \end{cases} \tag{2.41}$$

式中：K_{orga1} 和 K_{free1} 分别为水合物完全融化，冰未开始融化时，四丁基胺根离子氢核与自由水中氢核产生的 NMR 信号幅值趋于稳定的极大值；K_{orga} 和 K_{free} 分别为信号变化的基础值；β_2、β_3 分别表示次生波峰和第二波峰的增长因子，它们与分子性质和自由水中水合物浓度有关。

依据第二峰值变化的快慢，可将冰融期分为加速期和减速期。冰开始融化时，因为冰含量大，单位时间融化生成的自由水多，所以信号加速增长；冰融化后期，冰含量少，

单位时间内融化产生的水少，自由水信号幅值增长速度放缓。自由水和四丁基胺根离子中氢核弛豫时间的大小都与 TBAB 浓度有关，浓度的变化规律是一样的，因此第一峰值和第二峰值在冰融区变化的整体趋势一致，只是两者随浓度变化机理和规律不一样。

有一点要说明的是，水合物分解完全和冰开始融化并没有完全的时间界限，也就是分解期后期和加速期的前期可能同时有水合物分解和冰融化。笔者将这个时期称为混合期。第二波峰峰值在混合期先增大后减小，可能是因为水合物分解使自由水水中四丁基胺根离子浓度变大，而冰的融化使自由水水中四丁基胺根离子浓度减小，刚开始前者占主导地位，但是随着仅有的一点水合物分解殆尽，后者开始起主导地位。

从数值上看，冰融期次生波峰和第二波峰所对应的弛豫时间的变化和信号幅值的变化服从相同的规律，只是基数和加权参数不一样罢了。所以，完全可以套用信号幅值的公式，只是基底和参数需要重新计算。

至于融化期第一波峰即结合水的弛豫时间变化规律，从图 2.45 中，可以很清楚地看出在 y 轴为对数坐标时几乎呈线性分布，这个时期的第一波峰弛豫时间可以表示为

$$T_2 = -a\mathrm{e}^{-\alpha_0 t} + b \qquad (2.42)$$

式中：$\mathrm{e}^{-\alpha}$ 为基底，本次试验 e^{α} 很接近 10；a 为加权系数；b 为初始值，本次试验约为 0.38。

这里特别要强调第一波峰完全消失，次生波峰开始显著的时刻，笔者称之为转折时间点 t_p，这个时间次生波峰和第二波峰达到各自增长速率变化的转折点，且幅值满足关系 $K_w=(K_2-K_1)/2$，K_1、K_2 分别表示冰融期开始和结束时的信号幅值，t_p 点的性质可以作为判断水合物有无的重要标志。

3）稳定期

稳定期时冰融化完全，自由水中 TBAB 浓度也趋于稳定，弛豫时间和信号幅值都趋于稳定，此时信号幅值只与温度、粒子之间的物化作用强度及物质自身的含氢指数及性质有关，可将之归纳为

$$\begin{cases} A_{comb} = 0 \\ A_{orga} = f_1(\omega_p, T, \chi) \qquad 4\,883.5\,\mathrm{ms} < t < \infty \\ A_{free} = f_2(\omega_p, T, \chi) \end{cases} \qquad (2.43)$$

式中：ω_p 为水合物浓度；T 为温度；χ 为粒子自身性质和相互作用。

此时，第二峰值所对应的弛豫时间为 932.60 ms，远大大于 35% TBAB 水溶液 350～400 ms 的弛豫时间，这说明，TBAB 含量越高，TBAB 水溶液弛豫时间越短。当然，实验过程中可能挥发损失了一部分 TBAB，这个含量的绝对数目已经不能保证。

总结以上规律，水合物融化的 NMR 信号可以表示为

$$\begin{cases} T_{2comb} \approx -K_{comb}(1+\mathrm{e}^{-\alpha_1 t}) \\ T_{2orga} \approx K_{orga}(1+\mathrm{e}^{-\alpha_2 t})^{-1} \\ T_{2free} \approx K_{free}(1+\mathrm{e}^{-\alpha_3 t})^{-1} \end{cases} \qquad (2.44)$$

$$\begin{cases} A_{comb} = A_{comb0}e^{-\beta_1 t} - \alpha_1 t^{-b_1} + c_1 \\ A_{orga} = [A_{orga0}(1-e^{-\beta_1 t}) - \alpha_2 t^{-b_2} + c_2](1+e^{-\beta_2 t})^{-1} \\ A_{free} = A_{free0}[(1-e^{-\beta_1 t}) - \alpha_3 t^{-b_3} + c_3](1+e^{-\beta_3 t})^{-1} \end{cases} \qquad (2.45)$$

式中：α_1、α_2 和 α_3 分别为结合水、有机物、自由水所对应的基底系数。

根据 $e^{-\beta t}$ 和 t^{-b} 衰减的快慢不同及数值是趋于稳定的程度，可以将融化时期分为三个时期：速融期（水合物分解期）、冰融期（冰晶融化期）和稳定期，这与从 NMR 响应幅值变化曲线的角度划分区间的结果是一致的。

上面讨论了 TBAB 水合物融化过程的 NMR 信号响应特征，并借助核磁共振技术，分析了 TBAB 水合物融化过程的相态变化，上面推导的公式虽然只针对 TBAB 水合物，而且时间点也不绝对，但可以作为识别水合物及计算水合物和水含量的一个参考模式。

3. 方案三

接下来，将水合物溶液和水分别与岩土混合，制成含有水和水合物的样本，制样的过程和样本规格本小节前面已经讲述，测量结果见图 2.46。

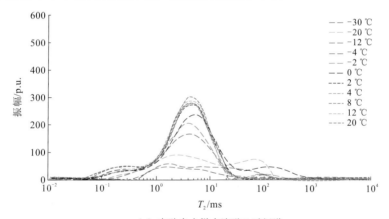

（a）中砂含水样本冻融 T_2 时间谱

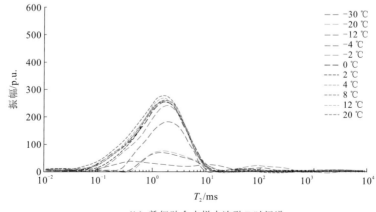

（b）粉细砂含水样本冻融 T_2 时间谱

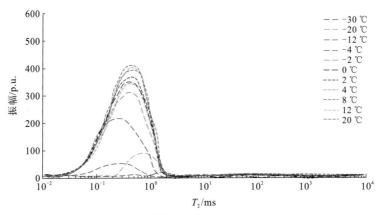

（c）泥质含水样本冻融T_2时间谱

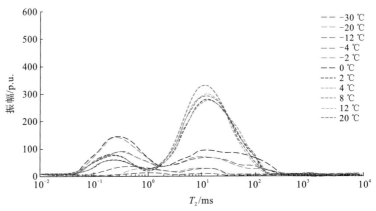

（d）中砂含水合物样本冻融T_2时间谱

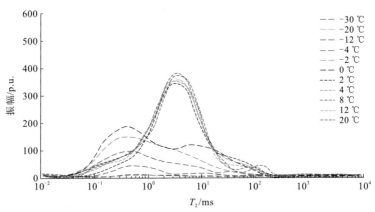

（e）粉细砂含水合物样本冻融T_2时间谱

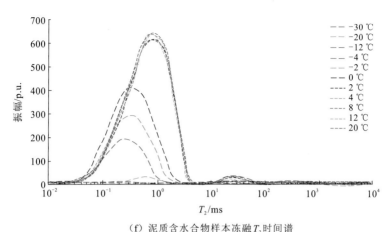

（f）泥质含水合物样本冻融 T_2 时间谱

图 2.46　不同岩性含水和水合物样本冻融 T_2 时间谱

图 2.46 的（a）、（b）、（c）分别为初始含水量为 20%的中砂、粉细砂、泥质含水样本，冻土冻结过程中 NMR 响应信号反演所得 T_2 时间谱与温度的关系图。图 2.46 的（d）、（e）、（f）分别为用浓度为 35%的 TBAB 溶液配置的，初始含水量都为 20%的中砂、粉细砂、泥质水合物样本的冻融过程的 T_2 时间谱。借鉴前面研究冻土和水合物的一些经验，分别对各样本信号进行简单的分析。

从图 2.46 可知，对于同样的含水量土壤颗粒成分越大，主峰信号波峰面积越小，横向弛豫时间越长；同时颗粒越大，时间谱随温度变化的幅度也越大，横向弛豫时间的变化也越大，这说明大的孔隙有利于水合物的生成，换句话说水合物的生成需要一定程度的孔隙度和渗透率。

中砂含水样本具有三个波峰[图 2.46（a）]，从左往右分别为束缚水、自由水及裂隙中可以流动的水产生的信号，孔隙中以自由水为主，波峰面积约占整体波峰面积 80%，但随着温度的降低，自由水占比降至 50%以下，说明自由水受温度的影响更大。自由水所主导的横向弛豫时间约为 4.64 ms，束缚水所主导的横向弛豫时间约为 0.25 ms，裂隙水所主导的横向弛豫时间为 65.79～114.98 ms，地面核磁共振的野外采集系统的死区时间约为 30 ms，因此地面核磁共振所接收的信号主要来源于裂隙中可以自由流动的水的弛豫信号和一些自由水还没有衰减完全的信号的叠加。当然核磁共振分析仪和核磁共振测井装置死区时间在小于 0.002 ms 时，是可以接收到束缚水的弛豫信号的。

中砂含水合物样本[图 2.46（d）]初始信号幅值强于中砂含水样本，因为 TBAB 使溶液含氢量增加了，其横向弛豫时间也由原来的 4.64 ms 增加到 14.17 ms。可见在岩样中与在液体中，TBAB 对水的横向弛豫时间的改变规律是相反的，这可能是因为物化条件的改变。当温度达到 0℃时，含水合物样本的束缚水波峰迅速增强，自由水和裂隙水的波峰迅速减小，可见在这个温度点形成了水合物，随着温度进一步降低，三个波峰逐步减小直至接近极小值。

粉细砂含水样本[图 2.46（b）]，主波峰面积略大于中砂，只有一个主波峰，主要由自由水产生，或者说粉细砂束缚水含量微小，而且粉细砂颗粒成分较复杂，自由水和束缚水的横向弛豫时间没有绝对的区别，融合成一个波峰。大横向弛豫时间段的小波峰占比极小，约为 2%～3%，说明可以流动的裂隙水含量极其微小，但随着温度降低其占未冻水比重接近 7%，这可能是测量时水蒸气在试管和样本表面液化的结果。

粉细砂样本加入 TBAB 后[图 2.46（e）]，信号幅值增加，横向弛豫时间由原来的 1.75 ms 增加到 4.04 ms。在 0 ℃左右，其横向弛豫时间迅速缩短，从之前的 4.04 ms 减小到 0.38 ms。从图上来看，可以说，出现了第二个波峰，而且两个波峰没有绝对的界限。随着温度的降低，信号幅值接近稳定的极小值。

泥质含水样本[图 2.46（c）]只有一个波峰（另外一个极其微小的波峰只占波峰面积的 1.2%左右，可以看成测量误差或是试管壁水雾的影响），由束缚水产生，横向弛豫时间约为 0.50 ms，比中砂和粉细砂小得多。

泥质样本加入 TBAB 后[图 2.46（f）]，样本横向弛豫时间增大到 0.87 ms，可见颗粒越小，TBAB 对含水土壤横向弛豫时间的改变量越小。

将不同样本信号特征归纳出一张表格（表 2.5），可以清晰看出他们的变化规律。

表 2.5 不同含水样本加 TBAB（35%）前、后 NMR 信号变化表

样本	不含 TBAB 横向弛豫时间/ms	含 TBAB 横向弛豫时间/ms	横向弛豫时间改变幅度/%	不含 TBAB 信号幅值	含 TBAB 信号幅值	信号改变幅度/%
纯水	>1 000	351.12	-90.25	>1 277.32	1 618.36	9.57
中砂	4.64	14.17	205.39	286.44	338.08	18.03
粉细砂	1.75	4.04	130.86	268.09	383.51	43.05
泥质	0.50	0.87	74.00	384.78	657.07	70.77

从表 2.5 可以归纳 4 个结论：①TBAB 在纯溶液中使水的横向弛豫时间减小，但在岩土样中反而使横向弛豫时间变长；②无论是在纯溶液还是在岩土样本中，TBAB 都会使样本 NMR 信号增强；③同样含水量，样本土质颗粒越大，横向弛豫时间越长；④样本中加入 TBAB 后弛豫时间和信号幅值都会增大，但样本土质颗粒越大，横向弛豫时间增加幅度越大，弛豫时间改变幅度却越小。

前面已经分析过了土质、黏土含量对 NMR 信号的影响特征，关于岩性对冻土 NMR 信号的影响规律这里是一个很好的佐证，但由于规律一致，在此就不再重复了。

利用地面核磁共振技术探测冻土区天然气水合物时，往往以找水的模型和计算方式反演地层的含水量、孔隙度和渗透系数。下面以泥质样本为例，分析一下以找水模式计算水合物样本含水量和水合物含量的误差及规律。

还是借鉴前面的利用峰值面积、峰值大小和峰值占比求取未冻水含量的经验，以不含 TBAB 样本 20%初始含水量为基准，分别计算样本不同温度点的未冻水含量，然后计算把水合物当成水计算的未冻水含量的误差。

从表 2.5 可以看出，同样 20%的初始含水量，在样本中加入 TBAB，然后误将水合物当成水计算未冻含水量，误差率可达 138%。类推，在同样含水量的不饱和的两个地层中，一个地层由于流体运移有水合物生成，一个没有水合物，那么利用找水模型计算含水量，其结果将出现很大的差异，而且差异随温度的降低，从正误差降到负误差。与

标准地层对比不同温度下的差异变化规律可能成为识别水合物的一种途径。

如果将计算所得含水量运用于孔隙度和渗透率的计算，将使误差进一步扩大。

从图 2.47 可以看出，无论是信号幅值，还是主峰面积，正温区间含 TBAB 样本 M6 的信号数值都要大于不含 TBAB 样本 M5，但水合物形成后，M6 的值迅速下降，在-4 ℃ 以后，M5 的值普遍大于 M6。对于横向弛豫时间，负温区间 M5、M6 的横向弛豫时间 都有一个先降后升的过程，但一致保持 M5 的横向弛豫时间大于 M6。这些信息是识别 水合物的显著标志。

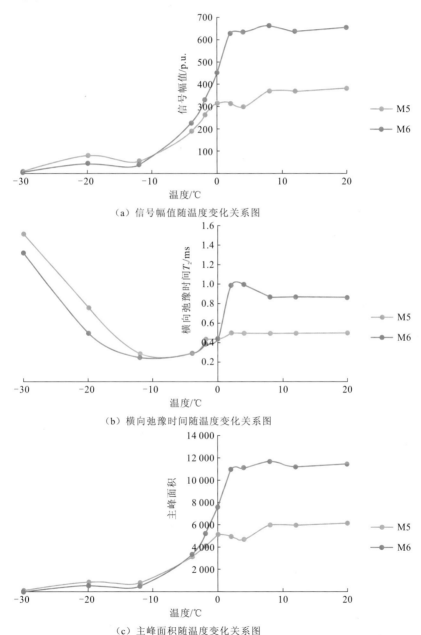

（a）信号幅值随温度变化关系图

（b）横向弛豫时间随温度变化关系图

（c）主峰面积随温度变化关系图

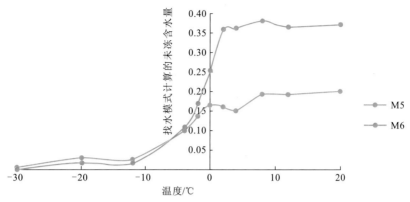

（d）计算未冻含水量随温度变化关系图

图 2.47　含水和含 TBAB 土样 NMR 信号对比图

此外，可以看出，无论 M5 还是 M6，信号幅值、主峰面积在负温区间都呈指数衰减，保持规律如

$$W_{\mathrm{u}} = a\theta^{-b} \tag{2.46}$$

式中：θ 是负温绝对值；a、b 与水合物、地层的性质、环境等有关的常数，而且含水合物样本 a 和 b 更大。

中砂、粉细砂样本都有和泥质相同的规律，这里就不再累述。但中砂和粉细砂的横向弛豫时间在水合物生成后在横向弛豫时间较短的位置出现第二峰值，这成为判断水合物有无的 NMR 信号最重要的标志。

总结冻土水合物的 NMR 物性试验，可以得出 6 点结论。

（1）冻土层 NMR 信号具有低幅值，短横向弛豫时间的特点，冻土层 NMR 信号计算出的含水量和孔隙度偏低，这是判断冻土界限和位置的经验和直接标准。

（2）冻土随温度的降低 NMR 信号幅值呈指数衰减降低，根据标准地层标定结果，可以利用 NMR 信号特征反算冻土地层温度的。

（3）如果在粒径大、孔隙度渗透率高的冻土地层的 T_2 谱中发现了横向弛豫时间很短的波峰且具有一定幅度，很可能这些是有水合物中的结合水产生的，可以将之作为识别水合物最明显的标志。

（4）含水合物地层相对于不含水合物的标准地层，超低温下（远低于水合物形成温度）水合物地层信号幅值、横向弛豫时间明显较短，但随着温度升高，两者的差异会减小，甚至反转。正温区间含水合地层信号幅值和横向弛豫时间已经明显大于含水地层。这种动态机制，通过连续的对标准地层和实际地层的对比观察，可以察觉。

（5）对于高饱和度的含水合物地层，水合物在分解和生成的过程中，可发现信号幅值和横向弛豫时间满足逻辑斯谛方程，这是其他地层所不具有的性质，而且转折时间点 t_{p} 的特殊性质值得注意。

（6）含水合物地层，应用找水原理和计算模型计算出来的 NMR 未冻含水量和孔隙度在负温区间要小于标准地层，在正温区间要大于标准地层。而且计算误差的变化规律是中间小，两端大。

2.5.3　有机污染物

烃类物质（汽油、柴油）是否有核磁共振信号呢？如果有，那么烃类物质和水之间的核磁共振参数又有哪些差异性呢？为此，设计了以下物性试验。物性试验是为了证明水和地下水烃类污染物之间物理性质（弛豫时间）差异性的，物性差异是识别地下水烃类污染物的前提。除此之外物性试验还考虑了弛豫时间的影响因素，即多孔介质的孔隙度对流体弛豫时间的影响规律。

核磁共振测深方法利用的是不同物质原子核弛豫特性差异产生的 NMR 响应，而流体在多孔介质中的弛豫时间会受到多孔介质孔隙度的影响，即在实地采集数据时获取的视纵向弛豫时间 T_1^* 和视横向弛豫时间 T_2^* 都是流体在地层孔隙中的弛豫时间。为了与实际的测量相符合，试验中测量的弛豫时间，必须保证不同的流体处在孔隙度相同的多孔介质中。同时也设计了一组试验，以孔隙度为变量，来证明多孔介质的孔隙度对流体弛豫时间的影响规律。由于地下水烃类污染物的主要成分是汽油和柴油，所以试验中分别测量了这两种物质的弛豫时间。方案设计如表 2.6 所示。

表 2.6　物性试验方案设计

物质名称	介质的孔隙度	饱和度	视纵向弛豫时间 T_1^*/ms	视横向弛豫时间 T_2^*/ms	实验序号
水	纯水	饱和			1
水	介质 1				2
水	介质 2				3
水	介质 3（介质 1、介质 2、介质 3 的孔隙度是依次递增的）				4
汽油					5
柴油					6
水＋汽油					7
水＋柴油					8
汽油＋柴油					9
水＋汽油＋柴油					10

表 2.6 中所示的介质 1、介质 2、介质 3 即为多孔介质，其孔隙度是依次递增的，除试验 1 是纯水外，每一个试验都让流体充满多孔介质的所有孔隙，表中空白的部分即为待测的变量——视横向弛豫时间 T_2^* 和视纵向弛豫时间 T_1^*。

（1）将试验 1、2、3、4 进行对比，可得出多孔介质孔隙度对流体两个弛豫时间（视

纵向弛豫时间 T_1^*、视横向弛豫时间 T_2^*）的影响规律。

（2）将试验 4、5、6、9 进行对比，可得出在孔隙度相同的多孔介质中，水和烃类物质弛豫时间的相对关系。

（3）将试验 4、7、8、10 进行对比，可得出含水的多孔介质，当烃类物质加入后其两个弛豫时间的变化规律。

本次试验地点是中国科学院武汉分院岩土力学研究所的磁共振测深实验室，所使用的仪器是 PQ001 核磁共振分析仪，该仪器主要由射频单元（NM2020）、磁体单元（NM2022）、工控机和谱仪系统（NM2023）、温控单元（NM2024）组成。硬件上体现为三个相对独立的机柜（或部件）：工控机、磁体柜和显示器（图 2.48）。

图 2.48　PQ001 核磁共振分析仪

整个 PQ001 核磁共振分析仪的工作原理可简单地描述如下：在计算机的（脉冲序列）控制下，直接数字频率合成器（direct digital synthesizer，DDS）产生满足共振条件的射频信号，在波形调制信号的控制下调制成所需要的方波，并送到射频功放系统进行功率放大，再经发射线圈发射并激励样品产生核磁共振现象。在信号采样期间，射频线圈接收到核磁共振信号，该信号经前置放大器放大后送入模数转换器（analog-to-digital converter，ADC）进行模数转换，将转换好的采样数据送入计算机进行相应处理就可得到核磁共振信号的谱线。

横向弛豫时间 T_2 的测量是通过 CPMG（Carr-Purcell-Meiboom-Gill）脉冲序列来完成的，纵向弛豫时间 T_1 的测量是通过反转恢复（inversion recovery，IR）序列来完成的。IR 序列由反转脉冲（180 度脉冲）和读出脉冲（90 度脉冲）两部分组成。180 度脉冲与90 度脉冲之间有一个时间间隔 D_1，为了测量 T_1，需要反复进行 IR 试验，并且每次试验都需要使用不同的 D_1 值。而每改变一次 D_1，将得到一个信号的最大幅值。利用不同 D_1得到的幅值来描述样品的纵向弛豫曲线，其形状由样品的 T_1 值所决定。为了准确描述样品的纵向弛豫曲线，D_1 的变化范围应该从接近零值的位置一直到使纵向磁化矢量完全弛

豫的 D_1 值。通常情况下，T_1 值的 5 倍可以使纵向磁化矢量恢复到平衡状态的 99%左右。

试验步骤（图 2.49）：

（a）土样风干过筛

（b）土样基本物性测试

（c）配备土样

（d）制备环刀样

图 2.49　试验土样制备过程工作照

（1）试样的准备，将取回的土样进行风干，过 0.5 mm 的筛，准备土样 3.5 kg；

（2）进行土样基本物性试验的测试，初始含水量，密度实验；

（3）配备初始含水量为 9.7%的土样 3.0 kg，测试含水量，密封，静置一夜；

（4）制备核磁共振用的环刀样，控制三种干密度分别为 1.2 g/cm^3, 1.4 g/cm^3, 1.6 g/cm^3 的土样，环刀尺寸：内径约 45 mm，高度约 20 mm。

计算制备各种干密度所需的试样质量，计算公式如下

$$m = (1 + 0.01w)\rho_\alpha V_L \tag{2.47}$$

式中：m 为所需的试样质量；w 为土样的初始含水量，这次使用的土样的初始含水量为 9.7%；ρ_α 为所需试样的干密度；V_L 为环刀的内部容积。已知此次使用的土样的比重（土颗粒和水的密度之比）为 2.72，即可算出制备的试样的孔隙度，计算公式如下

$$P_n = 1 - \rho_\alpha / \eta_0 \tag{2.48}$$

式中：P_n 为所制备的试样的孔隙度；ρ_α 为所制备试样的干密度；η_0 为此次使用的土样的密度。此次试样制备的各种参数见表 2.7。

表 2.7　试样制备表

试验编号	饱和物质类型	环刀编号	环刀内径/mm	环刀高度/mm	试样干密度/(g/cm³)	试样质量/g	孔隙度/%
1	整体水	—	—	—	—	—	—
2	水	42	45.2	20.1	1.6	56.45	0.410
3	水	44	45.2	20.0	1.4	49.25	0.484
4	水	46	45.0	20.1	1.2	42.24	0.557
5	汽油	49	45.2	20.2	1.2	42.58	0.557
6	柴油	36	45.1	20.2	1.2	42.32	0.557
7	水+汽油	37	45.1	20.2	1.2	42.46	0.557
8	水+柴油	38	45.1	20.2	1.2	42.53	0.557
9	汽油+柴油	39	45.1	20.0	1.2	42.16	0.557
10	水+汽油+柴油	41	45.2	20.1	1.2	42.47	0.557

试样饱和：

（1）将试样制备表格中试验编号为 2、3、4 的试验土样进行编号，并抽真空饱和 4 h，完成后注水漫过试样顶部，将其浸泡一夜；将试样制备表格中试验编号为 5 的试验土样进行编号，并抽真空饱和 4 h，完成后注入汽油漫过试样顶部，将其在汽油中浸泡一夜；进行试验编号为 1、2、3、4 的核磁共振试验，测定弛豫时间；

（2）将试样制备表格中试验编号为 6 的土样进行编号，并抽真空饱和 4 h，完成后注入柴油漫过试样顶部，将其浸泡在柴油中一夜；将试验内容表格中试验编号为 7 的土样进行编号，并抽真空饱和 4 h，完成后注入水和汽油溶液漫过试样顶部，将其在两种溶液中浸泡一夜；进行试验编号为 5、6 的核磁共振试验，测定弛豫时间；

（3）将试样制备表格中试验编号为 8 的土样进行编号，并抽真空饱和 4 h，完成后注入水和柴油，漫过试样顶部，将其在两种溶液中浸泡一夜；将试验内容表格中试验编号为 9 的土样进行编号，并抽真空饱和 4 h，完成后注入汽油和柴油的混合溶液漫过试样顶部，将其在混合溶液中浸泡一夜；进行试验编号为 7、8 的核磁共振试验，测定弛豫时间；

（4）将试样制备表格中试验编号为 10 的土样进行编号，并抽真空饱和 4 h，完成后注入水、汽油和柴油三种溶液漫过试样顶部，将其在三种溶液中浸泡一夜；进行试验编号为 9、10 的核磁共振试验，测定弛豫时间。

本次试验总共测试了 10 个样品的弛豫时间，10 个样品分三组，第一组是整体水和水在三种不同孔隙度的多孔介质中的弛豫时间的对比，分析多孔介质的孔隙度对流体弛豫时间的影响规律；第二组是水、汽油、柴油、汽油+柴油混合在相同孔隙度的多孔介质中的弛豫时间的对比，分析水和烃类污染物的弛豫时间的相对关系；第三组是水、水+汽油、水+柴油、水+汽油+柴油混合物在相同孔隙度的多孔介质中的弛豫时间的对比。

每个样品的试验结果为弛豫时间的一个分布，即 T_1 和 T_2 的分布。横轴代表的是弛豫时间，通常认为 T_1 分布、T_2 分布峰点位置对应的是某种成分的视弛豫时间，即 T_1^* 和 T_2^*，纵轴代表的是各个成分的 NMR 信号强度，该强度间接反映各个成分的含量。

1. 多孔介质的孔隙度对弛豫时间的影响规律

第一组是整体水和水在三种不同孔隙度的多孔介质中的弛豫时间的对比，分析多孔介质的孔隙度对流体弛豫时间的影响规律。

首先分析横向弛豫时间 T_2（图 2.50），因为整体水的 NMR 信号相对于介质中的水的 NMR 信号要强很多，所以将纯水的 NMR 信号先除以 10，然后放在相同的坐标下画图，进行对比分析。

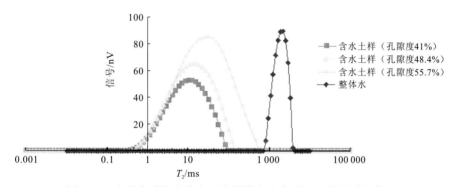

图 2.50 多孔介质的孔隙度对流体横向弛豫时间 T_2 的影响规律

横轴代表的是弛豫时间，弛豫时间分布峰点位置对应的是某种成分的平均弛豫时间。从图 2.50 可知：整体水的视横向弛豫时间 T_2^* 要远大于水在多孔介质中的视横向弛豫时间；整体水的 NMR 信号缩小 10 倍后与多孔介质中的水的 NMR 信号处在同一个数量级，说明纯水的 NMR 信号远大于水在多孔介质中 NMR 信号，这和 NMR 信号与含水量呈正比是对应的；同时可看出在多孔介质中，随着孔隙度的增加，水在多孔介质中的视横向弛豫时间 T_2^* 也在增加，说明同一流体在多孔介质中的视横向弛豫时间 T_2^* 是随着孔隙度的变大而变大的；孔隙度越大，含水量越大，NMR 信号也随之变大，这和 NMR 信号与含水量呈正比是对应的。

多孔介质中表面弛豫的基本原理是由 J. Korringa、D. O. Seevers 及 H. C. Torrey 三个人提出的，这个模型叫 KST 模型[10]，是以他们三人姓氏的第一个字母命名的。其中 H. C. Torrey 曾经是麻省理工学院 E. M. Purcell 小组的成员。KST 模型的结果表明，岩石中包含着许多孔隙。对于距离固-液界面相对较远的孔隙中央水分子而言，其弛豫时间理应和整体水（bulk）的弛豫时间相同，用 T_{1B} 来表示。然而在接近界面处，对于距离界面一定距离 h_b 的一层水里的分子来说，因为受到界面上可能存在的顺磁性格点的影响，其弛豫时间应该取另外一个新的数值 T_{1S}，S 代表孔隙面积。观测到的纵向弛豫时间 T_1 应该是整体水的弛豫和接近界面处的一层水分子的弛豫相互作用的结果，由此可得

$$\frac{1}{T_1} = \frac{1}{T_{1B}} + \frac{h_b S_p}{V_B} \cdot \frac{1}{T_{1S}} = \frac{1}{T_{1B}} + \frac{V_S}{V_B} \cdot \frac{1}{T_{1S}} \qquad (2.49)$$

式中：S_p 是孔隙的表面积；V_B 是孔隙体积（液体的全部体积）；V_S 是贴近孔隙界面一层液体的体积；V_S/V_B 可以看成是一个权重系数。这个模型将观测到的纵向弛豫时间 T_1 和表面积-体积比率之间建立起一种明显的关系，可以通过这个关系来估算地层的渗透率。以一个简单的模型来进行数值计算，假设孔隙是球形的，球的半径为 R，以式（2.49）进行计算，取 $T_{1B}=1\,000$ ms、$T_{1S}=60$ ms、$h_b=1$ mm，则可以画出弛豫时间随着球体半径变化的曲线（图 2.51）。从图 2.51 可知，随着孔隙半径的增大，弛豫时间也在增大，但是弛豫时间的增大会有一个极限值，即整体水的弛豫时间。这个规律同时适合纵向弛豫时间 T_1 和横向弛豫时间 T_2。

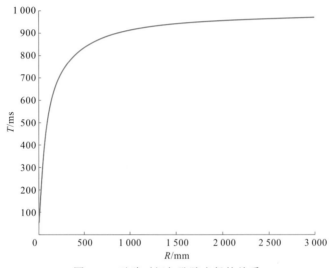

图 2.51　弛豫时间与孔隙半径的关系

由简单的球形模型推向复杂的多孔介质，多孔介质的孔隙越大，流体在其中的弛豫时间也就越大，多孔介质的平均孔隙度越大，则平均弛豫时间也就越大。

结合上面的试验结果，随着孔隙度的增加，水在多孔介质中的视横向弛豫时间 T_2^* 也在增加，并且纯水的横向弛豫时间 T_2 远大于孔隙水的视横向弛豫时间 T_2^*，这个正好与计算结果相吻合。

试验结果和结算结果相吻合，即流体在多孔介质中的平均弛豫时间随着多孔介质的平均孔隙度的增大而增大。

2.水和烃类物质的弛豫时间的对比

第二组是分别含水、汽油、柴油、汽油+柴油一比一混合物试样的试验，目的是分析水和烃类物质弛豫时间的差异性，当然前提条件是 4 个土样的平均孔隙度是一样的（平均孔隙度均为 55.7%）。

首先分析横向弛豫时间 T_2，见图 2.52。

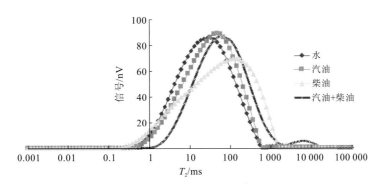

图 2.52　平均孔隙度相同时水和烃类物质的横向弛豫时间 T_2 的对比

从图 2.52 可知：

（1）在多孔介质中，烃类物质是有 NMR 信号的。

（2）在平均孔隙度相同的多孔介质中，水和烃类物质的 T_2^* 存在一定的差异，水的视横向弛豫时间相对来说最小，汽油的其次，柴油的最长，而汽油+柴油一比一混合时其视横向弛豫时间介于两种油的视横向弛豫时间之间，即烃类物质的视横向弛豫时间大于水的视横向弛豫时间。

图 2.53 是在平均孔隙度相同的多孔介质中，水和烃类物质（汽油、柴油、汽油+柴油一比一混合物）的纵向弛豫时间 T_1 的对比。

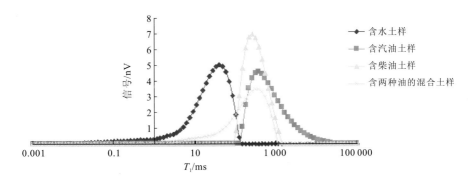

图 2.53　平均孔隙度相同时水和烃类物质的纵向弛豫时间 T_1 的对比

从图 2.53 可知：

（1）在多孔介质中，烃类物质是有 NMR 信号的。

（2）在平均孔隙度相同的多孔介质中，水和烃类物质的视纵向弛豫时间 T_1^* 存在一定的差异，水的视纵向弛豫时间相对来说最小，柴油的其次，汽油的最大，两种油一比一混合时的平均纵向弛豫时间介于两种油的视纵向弛豫时间之间，即烃类物质的视纵向弛豫时间大于水的视纵向弛豫时间。

（3）在平均孔隙度相同时，水的视纵向弛豫时间与烃类物质的视纵向弛豫时间的差异性比较大，结合图 2.52 可知，这种差异性比视横向弛豫时间的差异性要明显好得多，在该孔隙度的介质中水的视纵向弛豫时间是 40 ms，烃类物质的视纵向弛豫时间是 300 ms 左右。

3.烃类物质对水弛豫时间的影响

第三组是分别含水、水+汽油、水+柴油、水+汽油+柴油一比一混合物试样的试验，目的是分析烃类物质对水的弛豫时间的影响规律，当然前提条件是 4 个土样的平均孔隙度是一样的（平均孔隙度均为 55.7%）。

特别说明一下，因为选择的土样具有亲水性，而且水和烃类物质不能混溶，所以在制作含有水和烃类物质的土样时，是先将烃类物质注入真空器中，让土样在烃类物质中浸泡一会儿，然后再注入水，注入水后，水和烃类物质会分层，水在下层，烃类物质在上层，让水和烃类物质各浸没土样一半，这样就可以保证多孔介质中同时含有水和烃类物质。

首先分析横向弛豫时间 T_2，如图 2.54 所示。

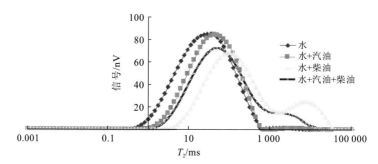

图 2.54　烃类物质对水的横向弛豫时间 T_2 的影响规律

从图 2.54 可知，在平均孔隙度相同的多孔介质中，含水、烃类物质试样的视横向弛豫时间 T_2^* 都要大于只含水试样的视横向弛豫时间，特别是含水、汽油和柴油的试样，其视横向弛豫时间是最大的，即含水的多孔介质中加入烃类物质后，其视横向弛豫时间会增大。

图 2.55 为分别含水、水+汽油、水+柴油、水+汽油+柴油一比一的混合物的试样的纵向弛豫时间 T_1 的测量结果。

从图 2.55 可知，在平均孔隙度相同的多孔介质中，含水、烃类物质试样的视纵向弛豫时间 T_1^* 都要大于只含水试样的视纵向弛豫时间，特别是含水、汽油和柴油的试样，其视纵向弛豫时间是最大的，即当含水的多孔介质中加入烃类物质时，其视纵向弛豫时间会增大。

结合图 2.54 可知，含水的多孔介质中加入烃类物质后其视纵向弛豫时间增大的幅度比视横向弛豫时间增大的幅度要大些。

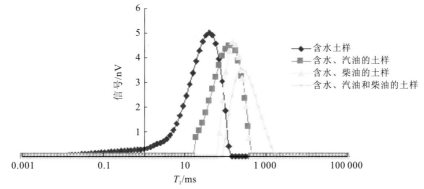

图 2.55　烃类物质对水的纵向弛豫时间 T_1 的影响规律

通过本试验，可以得出以下结论：

（1）整体水的视横向弛豫时间 T_2^* 要远大于水在多孔介质中的视横向弛豫时间；

（2）整体水的 NMR 信号缩小到原来的 1/10 后与多孔介质中的水的 NMR 信号处在同一个数量级，说明纯水的核磁共振信号远大于水在多孔介质中 NMR 信号，这和 NMR 信号与含水量呈正比是对应的；

（3）随着孔隙度的增加，水在多孔介质中的视横向弛豫时间 T_2^* 也在增加，说明同一流体在多孔介质中的视横向弛豫时间 T_2^* 是随着孔隙度的变大而变大的；

（4）结合 KST 模型，可以得出多孔介质的孔隙越大，流体在其中的弛豫时间也就越大，多孔介质的平均孔隙度越大，视弛豫时间也就越大。这个规律同时适合纵向弛豫时间 T_1 和横向弛豫时间 T_2；

（5）孔隙度越大，含水量越大，NMR 信号也随之变大，这和 NMR 信号与含水量呈正比是对应的；

（6）在平均孔隙度相同时，水和烃类物质的视横向弛豫时间 T_2^* 存在一定的差异，水的视横向弛豫时间相对来说最小，汽油的其次，柴油的视横向弛豫时间最长，而汽油和柴油一比一混合时其视横向弛豫时间介于两种油的平均横向弛豫时间之间；

（7）在平均孔隙度相同时，水和烃类物质的视纵向弛豫时间 T_1^* 存在一定的差异，水的视纵向弛豫时间相对来说最小，柴油的其次，汽油的最大，两种油一比一的混合物的视纵向弛豫时间介于两种油的视纵向弛豫时间之间；

（8）在平均孔隙度相同时，水的视纵向弛豫时间与烃类物质的视纵向弛豫时间的差异性比较大，结合图 2.52 可知，这种差异性比视横向弛豫时间的差异性要明显好多，在该孔隙度的介质中水的视纵向弛豫时间是 40 ms，烃类物质的视纵向弛豫时间是 300 ms 左右；

（9）在平均孔隙度相同时，含水和烃类物质试样的视横向弛豫时间 T_2^* 都要大于只含水试样的视横向弛豫时间，特别是含水、汽油和柴油的试样，其视横向弛豫时间是最大的，即当含水的多孔介质中加入烃类物质时，其视横向弛豫时间会增大；

（10）在平均孔隙度相同时，含水和烃类物质试样的视纵向弛豫时间 T_1^* 都要大于只含水试样的视纵向弛豫时间，特别是含水、汽油和柴油的试样，其视横向弛豫时间是最大的，即当含水的多孔介质中加入烃类物质时，其视纵向弛豫时间会增大；

（11）含水的多孔介质中加入烃类物质后其视纵向弛豫时间增大的幅度比视横向弛豫时间增大的幅度要大些；

（12）影响视弛豫时间的因素有两个：一个是多孔介质的平均孔隙度，另一个是多孔介质中所含流体的类型。

参 考 文 献

[1] 王鹏. 均匀地电条件下地面核磁共振三维正演[D]. 武汉: 中国地质大学(武汉), 2007.

[2] 曹昌祺. 地面导线环的辐射电阻[J]. 地球物理学报, 1978, 21(1): 76-88.

[3] 李凡. 基于核磁共振测深的煤矿巷道超前探反演研究[D]. 武汉: 中国地质大学(武汉), 2016.

[4] WEICHMAN P B, LAVELY E M, RITZWOLLER M H. Theory of surface nuclear magnetic resonance with applications to geophysical imaging problems[J]. Physical review e statistical physics plasmas fluids and related interdisciplinary topics, 2000, 62(1): 1290-1312.

[5] 吴云. 磁性不均匀对 SNMR 信号的影响及克服方法研究[D]. 武汉: 中国地质大学(武汉), 2013.

[6] 周明. 单斜地形对核磁共振信号的影响研究[D]. 武汉: 中国地质大学(武汉), 2018.

[7] 汤克轩. 冻土水合物核磁共振物性试验与研究[D]. 武汉: 中国地质大学(武汉), 2015.

[8] 彭望. SNMR 探测地下水烃类污染物的可行性分析[D]. 武汉: 中国地质大学(武汉), 2014.

[9] 徐学组, 王家澄, 张立新.冻土物理学[M]. 北京: 科学出版社, 2001: 1-2.

[10] KORRINGA J, SEEVERS D O, TORREY H C. Theory of spin pumping and relaxation in systems with a low concentration of electron spin resonance centers[J]. Physical review, 1962, 127(4): 1143-1150.

第3章 磁共振测深数据处理

数据处理是地球物理应用与理论研究的重要内容。与其他探测地下水的传统地球物理方法相比，磁共振测深方法的主要优点是可以直接测量由水中氢核弛豫产生的 NMR 信号。通过改变激发脉冲矩可以完成对不同深度的测量，对采集的 NMR 信号进行数据处理，提取出关键参数（初始振幅 E_0、视横向弛豫时间 T_2^*、纵向弛豫时间 T_1、初始相位 φ_0），为后期定量反演提供有力保证[1]。在不打钻的情况下，就可以揭示地下水的赋存状态（含水层数，各含水层的埋深、厚度和含水量）和提供含水层的平均孔隙度等信息。

MRS 方法探测到的 NMR 信号属于 nV 级，易受到环境电磁(electromagnetic, EM)噪声的干扰，因而在实际工作中存在信噪比低的问题。虽然在野外测量时，会采取一系列的压制干扰的手段，但是在采集 NMR 信号时，还是会受到自然干扰和人文干扰带来测量误差的影响。

本章针对 NMR 信号特征，介绍现行数据处理流程，分析不同电磁噪声的特征以及压制电磁噪声的方法和关键参数的提取。

3.1 磁共振测深方法信号处理概述

1996 年法国地质矿产调查局 IRIS 公司推出第一代地面核磁共振单通道仪器 NUMIS。对于单通道仪器，磁共振的激发和信号采集都是通过单个线圈进行的，可以使用各种形式的滤波来压制噪声，尤其是针对工频谐波噪声。随着地面核磁共振多通道仪器 NUMIS^{Poly} 和 GMR 的推出，可以使用更复杂的噪声消除技术提高方法的效率，并克服了部分单通道滤波的缺点。

3.1.1 噪声压制方法的发展

目前，针对核磁共振测深方法信号噪声的压制方法，国内外已经开展了大量的研究工作。最早期利用多次采集数据进行叠加来提高信噪比，利用多点圆滑压制随机噪声；在野外实际工作常利用"8"字形线圈减少噪声的干扰；Legchenko 和 Vaua[2]采用区块对消法、正弦对消法和陷波滤波器等方法对工频谐波噪声进行压制。随着多通道仪器的推出，研究的热点转向更为复杂和精细化的压制噪声方法。针对尖峰噪声，Strehl 等[3]2006年提出基于小波硬阈值变换法；Dalgaard 等[4]2012 年提出中位数的绝对偏差法（median absolute deviation，MAD）；万玲等[5]2016 年提出能量运算法；Larsen 等[6]2016 年提出尖峰建模法（model-based subtraction of spikes）。针对工频谐波噪声，周欣[7]2009 年将小波分析应用到 NMR 信号的数据中，取得一定的效果；Dalgaard 等[8]2012 年提出多道维纳滤波（multichannel Wiener filtering）；Müller-Petke 和 Costabel[9]2014 年提出自适应噪声压制。由于多道接收常被用来接收 NMR 信号进行多维探测，且效果好坏取决于多道采集噪声的相关程度，Larsen 等[10]2013 年提出模型去噪法（model-based removal）。针对随机噪声，Dalgaard 等[11]2016 年提出的新的叠加准则；林婷婷等[12]2018 年提出分段时频峰值滤波法。同时还有些学者将经验模态分解法（empirical mode decomposition，EMD）和独立成分分析（independent component analysis，ICA）应用到 NMR 信号数据处理中。

面对复杂多变的噪声情况，每一种方法都有其针对性和局限性，大量研究者正在努力寻找更好更精确的解决办法，提高 NMR 信号的信噪比。

3.1.2 磁共振测深方法信号处理流程

目前，国内外磁共振测深方法多使用多通道仪器，本小节主要以此为例介绍去噪流程。对于磁共振测深方法使用的多通道仪器，主线圈用于磁共振的激发和信号采集，参考线圈和主线圈的激发、采集间隙仅测量噪声。由于参考线圈的噪声记录和主线圈的噪声记录有着较高的相关性，通过适当的信号处理手段，可利用参考线圈中记录的噪声压制主线圈中的噪声，而不压制 NMR 信号。

研究表明，磁共振测深方法信号经常被电器设备等的突然放电造成非常大的尖峰噪声污染，在进行噪声去除之前必须先去除尖峰噪声。工频谐波噪声的来源主要是电力线、变压器等用电设备，在磁共振测深方法中影响范围最广，影响程度最大。工频谐波噪声的压制方法也是现在国内外研究的重点和热点，本章 3.3 节也将详细介绍几种效果较好的方法。在去除尖峰噪声和工频谐波噪声后，磁共振测深方法信号仍然被随机不相关的噪声污染，可通过多次重复采集的数据进行叠加取平均值处理，能抑制随机噪声。最后，通过对滤波后的信号取包络线提取 NMR 信号的关键参数。

磁共振测深方法信号的处理流程如图 3.1 所示。

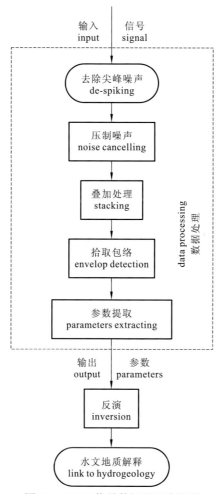

图 3.1　NMR 信号数据处理流程图

3.2　电磁噪声类型及特征

实际进行磁共振测深观测时，来自地下水弛豫产生的 NMR 信号非常小。原始的磁共振测深方法接收到的信号是来自地下水的 NMR 信号和来自环境的电磁噪声源的信号组合而成。电磁噪声包括尖峰噪声（自然的来自闪电等，人为的来自静电放电等）、来自环境工频谐波噪声和背景随机噪声(低水平的环境噪声和接收系统电子器件噪声)。通常，噪声的幅值远高于 NMR 信号的幅值，为了准确地获取真实的 NMR 信号，必须对噪声的类型和特征进行充分的了解。

3.2.1 电磁噪声类型

根据噪声的来源进行分类，主要可以分为自然噪声和人文噪声。

1）自然噪声

雷电电磁脉冲：雷电发生时电流可达到 10^6 A，云和地面间的感应电场可到 10 kV/m，其频率从几赫兹到 100 MHz 以上。

天体噪声：是指由宇宙射线和太阳黑子的电磁辐射而产生的噪声。天体噪声的频率一般在 GHz 数量级以上，如太阳黑子活动时，将产生比平稳期高数千倍的噪声。

静电放电：是指由人体和设备上积累的静电通过电晕或火花的方式释放掉。静电放电可产生强大的瞬间电流和电磁脉冲，属于脉冲宽带干扰，其频谱成分从直流一直到中频段。

2）人文噪声

大型输电线路、变电站和变压器等：如果在工区附近有高压线（特别是距离高压线在几百米以内），核磁共振找水仪接收到的信号将会受到极其严重的污染。若不停电或者采取措施，干扰可达几万纳伏甚至更大，使找水工作无法进行。

工厂、居民用电：有工厂、有居民居住的地方就有电，虽然民用电电压较低（只有220 V），但其电流很大。因此，在工区附近有居民用电时，会给信号的采集带来很大的噪声，是 NMR 信号采集的主要干扰源。

通信设施：主要包括电话线、电缆等。这些通信设备未被使用时对核磁共振信号采集并无影响，但一旦被使用，其电流也会对 NMR 信号采集产生较大干扰，成为主要干扰源。

3.2.2 电磁噪声特征

根据噪声的特征进行分类，主要可以分为尖峰噪声、工频谐波噪声和随机噪声（表 3.1）。

表 3.1　磁共振测深方法电磁噪声特征分类[13]

噪声类型	噪声来源	噪声特征
尖峰噪声	大型电气设备的脉冲、太阳磁暴、雷暴和任何物体突然放电	时域上的分布和幅度具有偶然性和随机性，并且幅度大于或远大于信号幅度；频域上频率不固定，且频谱分布范围广
工频谐波噪声	电力线、发电机和变电器等	基于 50 Hz 整倍数正弦基波的总和，但其振幅和相位相互独立
随机噪声	接收仪器的电子回路，自然环境中的随机干扰	白噪声具有稳定的功率谱密度和均匀的频率分布，且在电子回路中最常见，有色噪声频带较宽，功率谱密度无规律

1）尖峰噪声

尖峰噪声短脉冲噪声，最常见的是来自太阳磁暴、雷暴或任何物体突然放电。具有发生时间随机，持续时间短，影响强烈的特点。短暂的放电引起带通滤波器的脉冲激发，随后产生近指数衰减[14]。图 3.2 是甘肃某地远离人居区观测到的信号，主线圈记录的尖峰噪声和参考线圈记录的形态和出现时间较为一致，幅值由于线圈尺寸不同呈线性关系。

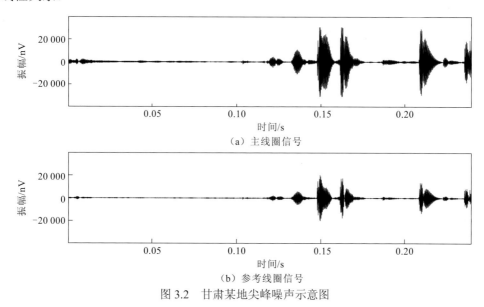

（a）主线圈信号

（b）参考线圈信号

图 3.2　甘肃某地尖峰噪声示意图

2）工频谐波噪声

工频谐波噪声主要由高压输电线、变压器和其他用电设备产生。由于非线性负载的广泛使用，在居民区的工频谐波干扰较为严重[15]。是以基频 50 Hz 或 60 Hz 整数倍的振幅和相位相互独立的正弦波的组合，基波频率会有一定的偏差，但偏差通常小于 0.1 Hz。图 3.3 是山东聊城某地居民区观测到的信号，从时域曲线看不出指数衰减趋势，NMR 信号被工频谐波淹没；从频谱曲线可以看出在 50 Hz 的整倍数都有个尖峰，且在拉莫尔频率附近幅值较大，这是由于采集系统在拉莫尔频率附近预设了宽度 150 Hz 的带通滤波器。工频谐波噪声是影响磁共振测深测量最主要的因素，其压制方法也是国内外研究的重点，本章第 3.3 节也将着重介绍。

3）随机噪声

随机噪声主要来源于接收系统电子电路随机噪声或自然环境中的随机噪声。是由各种不可预知因素综合作用而成，没有统一的规律，在统计特征上具有随机性。主要包括高斯白噪声、有色噪声、宽带噪声和窄带噪声。图 3.4 是选取甘肃某地远离居民区观测到的信号，且此时尖峰噪声干扰较小。此采集点混入了部分较小的工频谐波噪声，综合时域和频域可以看出随机噪声，随机性强，频谱混乱无规律可循。

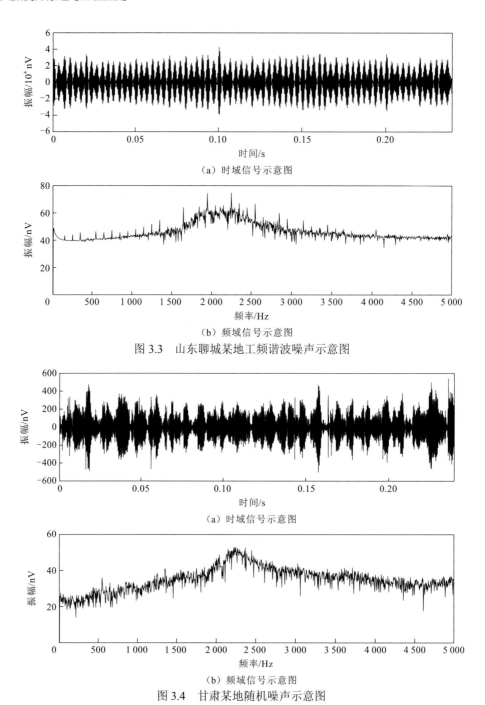

（a）时域信号示意图

（b）频域信号示意图

图 3.3 山东聊城某地工频谐波噪声示意图

（a）时域信号示意图

（b）频域信号示意图

图 3.4 甘肃某地随机噪声示意图

　　噪声在一天中的变化并不是完全随机的，根据地区的不同，会呈现不同的变化规律。以 2012 年 6 月青藏高原无人区的毕洛错工区为例，图 3.5 为使用磁共振测深采集到的自然噪声的日变情况，从图中可以看出，早上刚开始测量时，噪声的平均能量较小，在中午 12:00 左右达到第一个峰值，在晚上收工时的噪声又非常大。目前对于白噪声和自然噪声通常采用叠加的方法进行压制。

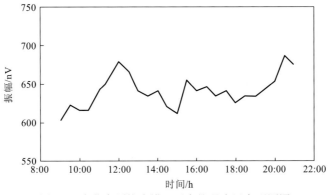

图 3.5　青藏高原毕洛错工区自然噪声日变观测图

3.3　噪声的压制方法

在磁共振测深方法测量过程中压制噪声提高信噪比的几种常见方法有：①减少干扰源；②改变天线形状；③滤波方法；④叠加方法。其中，第③点和第④点是本节介绍的重点。

（1）减少干扰源。大的干扰源应该尽量避开，比如高压线、居民区。一般来说，在采集信号时要停电，如果不停电，找水工作就有可能无法顺利进行。

（2）改变天线的形状[11]。由于方形天线铺设方便、快捷，实测的时候铺设形状与理论形状比较相符，因此野外采集一般使用方形天线。但是当野外干扰较强的时候，一般将天线形状改为抗干扰能力较强的"8"字形，如图 3.6 所示，天线形状改变之后，经过调整之后可将干扰值减小到原来的 1/20，但是其勘探深度仅为原来的 1/2。改变天线形状是常用的克服干扰、提高信噪比的方法之一。

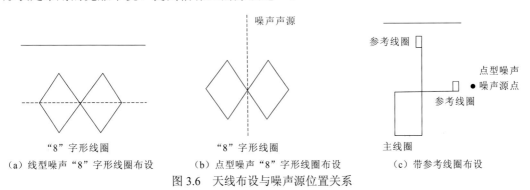

（a）线型噪声"8"字形线圈布设　　（b）点型噪声"8"字形线圈布设　　（c）带参考线圈布设

图 3.6　天线布设与噪声源位置关系

（3）滤波方法。设置滤波器，根据有效信号和噪声之间频率的不同达到压制噪声，突出有效信号，提高信噪比的作用。

（4）叠加方法。干扰噪声中的随机部分的值在零值上下摆动，因此只要对信号进行重复测量并叠加，就能使随机噪声的正负值相互抵消，接收到的信号就能加强，从而提高了信噪比。在干扰较大的时候，叠加次数适当的增加是有帮助的，但是叠加次数并不适合无限制地增加。主要有两个原因：一是叠加次数过大使采集时间变长，影响施工的效率；二是根据统计学原理，叠加达到一定次数之后，持续增加叠加次数对去噪效果提升不大。具体叠加原理和几种改进的叠加方式详见 3.3.2 小节。

3.3.1 滤波方法

通过远离噪声源和改变天线的形状虽然能够降低部分噪声，但是改善程度有限。通过 3.2 节的介绍，了解噪声的来源和特征，针对其特征采取不同的策略进行处理，以期达到提高信噪比的目的。本小节主要介绍压制尖峰噪声的中位数的绝对偏差法，单通道压制工频谐波噪声的陷波滤波、模型去噪法和全相位模型估计法，多通道压制工频谐波噪声的最小均方（least mean square，LMS）自适应滤波。

1. 中位数的绝对偏差法

中位数的绝对偏差法是一个自动识别尖峰噪声并去除的算法。首先利用非线性能量算子（non-linear energy operator，NEO）对尖峰噪声进行识别，对于离散时间序列 $s(k)$，NEO 定义为

$$\varphi[s(k)] = s^2(k) - s(k-1)s(k+1) \tag{3.1}$$

式中：k 为第 k 次采样。

NEO 的目的是在应用阈值标准之前预先强调尖峰。一旦 NEO 强调尖峰峰值，就必须定义适当的阈值标准，为了确定基于整体性的阈值，其阈值由中位数的绝对偏差法确定。对于离散时间序列 $s(k)$，MAD 定义为

$$MAD = \text{median}_i\{|s_i - \text{median}_j\{s_j\}|\} \tag{3.2}$$

式中：j 表示给定点的数据集合，与 i 相关的中位数取自刚修改的集合。MAD 的主要优点在于其对异常值的敏感度远低于方差，因此可以非常稳定地测量信号的变化情况，而不受到尖峰噪声的影响。

从图 3.7 可以看出，尖峰脉冲噪声的幅值高于信号幅值两倍以上且出现的无规律性发生。通过 MAD 处理后可以看出大的尖峰脉冲噪声被剔除，但是小的尖峰噪声还有残留。

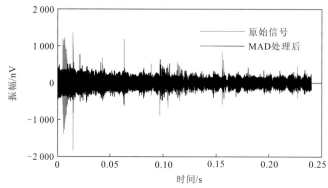

图 3.7 某地 MAD 压制尖峰噪声效果图

2. 陷波滤波

陷波滤波（notch filtering）是一种可以有效降低电力线产生的 50 Hz 或 60 Hz 电磁干扰的滤波技术，它是地面核磁共振测深中最为常用和有效的去噪方法。陷波滤波器指的是一种可以在某一个频率点迅速衰减输入信号，以达到阻碍此频率信号通过的滤波效果。从通过信号的频率范围的角度讲，陷波滤波器属于带阻滤波器的一种，只是它的阻带非常狭窄。

二阶无限脉冲响应（infinite impulse response，IIR）陷波滤波器，其转移函数 $H(Z)$ 为

$$H(Z) = a_1 + a_2 Z^{-1} + a_3 Z^{-2} / b_1 + b_2 Z^{-1} + b_3 Z^{-2} \qquad (3.3)$$

式中：a_1、a_2、a_3、b_1、b_2 和 b_3 均为实数，由 $[b, a] = \text{iirnoctch}(w_0, b_w)$ 确定，其中 w_0 为陷波点频率位置；b_w 为陷波器带宽。

图 3.8 陷波器幅频响应和相位响应以及陷波滤波器频率域处理效果，可以看出拉莫尔频率的有用信号也被滤除了一些，因此滤波器阻带大小的选择很关键，当阻带过小时可能会滤除有用 NMR 信号，当阻带过大时不能很好地压制工频谐波噪声。图 3.9 可以看出通过选取适当的阻带大小和陷波点位置可以很好地压制工频谐波噪声。

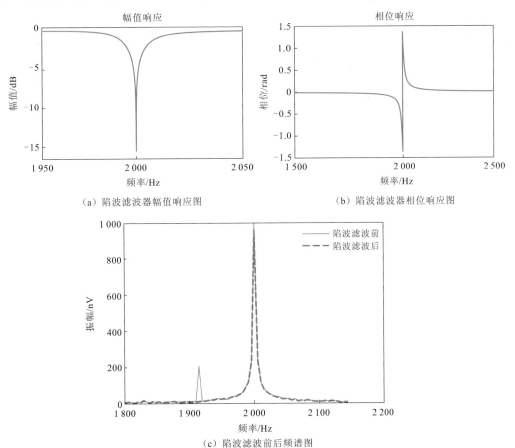

（a）陷波滤波器幅值响应图　　　　　（b）陷波滤波器相位响应图

（c）陷波滤波前后频谱图

图 3.8　阻带 20 Hz 陷波滤波器及滤波前后频域模拟效果

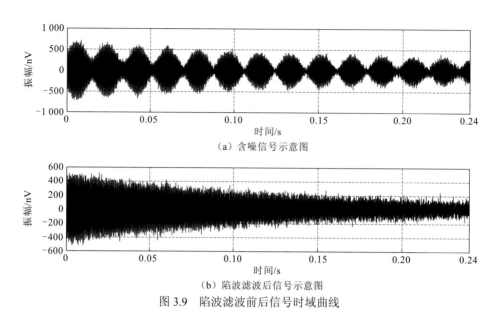

（a）含噪信号示意图

（b）陷波滤波后信号示意图

图 3.9　陷波滤波前后信号时域曲线

3.模型去噪法

模型去噪法（model-based removal）是 Larsen 等[10]2013 年提出方法。将工频谐波噪声建模为

$$h_p(k) = \sum_m A_m^p \cos\left(2\pi m \frac{f_0}{f_s} k + \varphi_m^p\right) \tag{3.4}$$

式中：f_0 是工频谐波的基波频率；f_s 是采样频率；A_m^p 和 φ_m^p 是 m 次谐波分量的幅值和相位，m 为谐波阶次，通常 $1 \leqslant m \leqslant 100$，p 指主线圈；$k$ 为第 k 次采样。

由于确定 f_0、A_m^p 和 φ_m^p 是一个非线性优化问题，通过标准化改写余弦项简化问题为

$$A_m \cos\left(2\pi m \frac{f_0}{f_s} k + \varphi_m\right) = \alpha_m \cos\left(2\pi m \frac{f_0}{f_s} k\right) + \beta_m \sin\left(2\pi m \frac{f_0}{f_s} k\right) \tag{3.5}$$

式中：变量所代表为

$$A_m = \sqrt{\alpha_m^2 + \beta_m^2} \tag{3.6}$$

$$\tan \varphi_m = -\frac{\beta_m}{\alpha_m} \tag{3.7}$$

改写后，唯一的非线性参数是 f_0。事先已知 f_0 的值被约束到 50 Hz 附近的很窄的范围内，求解式（3.8）的二阶范数的最小值，可以采取最小二乘法对 f_0 进行搜索，找到最优解，然后构建谐波模型，得到去除工频谐波噪声的 NMR 信号。

$$\left\| E_{\text{obs}} - h_p(f_k) \right\|_2 \to \min \tag{3.8}$$

从图 3.10 看出通过扫频的方式可以找出基频的值，位于凹陷处。但由于扫频的精度限制不能完全接近基频，存在一定的误差，在处理高阶谐波时误差会增大。通过图 3.11 可以看出模型去噪法能够很好地压制工频谐波干扰，滤波后 NMR 信号呈指数规律衰减，

无失真现象，相较陷波滤波在自动化和压制效果上都有很大的提高。但其面对实际环境
下复杂多谐波源时效果一般。

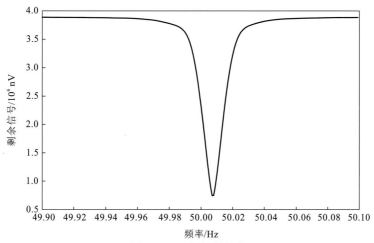

图 3.10　工频基频搜索

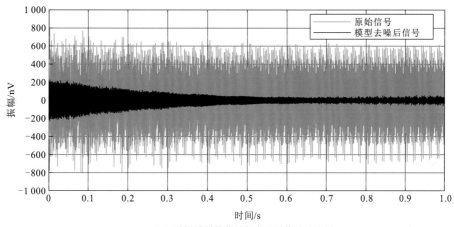

（a）时间域原始信号与去噪后信号对比图

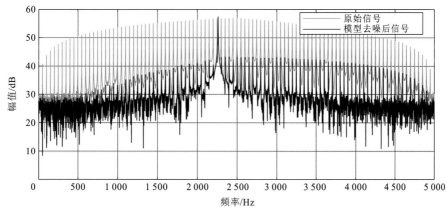

（b）频率域原始信号与去噪后信号对比图

图 3.11　模型去噪法去噪效果图

4.全相位模型估计法

全相位模型估计法（all-phase model estimation method），借鉴电力系统谐波检测方法，选取其中精度最高的全相位时移相位差频谱校正法，与谐波建模相结合。建模原理与模型去噪法相同，下面介绍全相位时移相位差频谱校正法的基本原理。

输入数据每段都有 $2N$-1 个采样点，第一段 $x(n)$ 数据 n 属于[$-N$+1, N-1]区间中，第二段数据 $x_0(n)$ 相对第一段 $x(n)$ 时移 L 个采样点后开始取值，$x_0(n)$ 可以表示为式（3.9），取数位置见图 3.12。

$$x_0(n) = e^{j[\omega(n+L)+\theta_0]}, \quad n \in [-N+1, N-1] \tag{3.9}$$

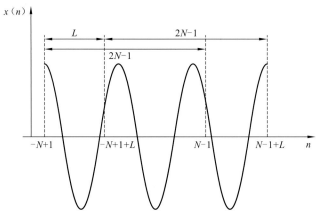

图 3.12　全相位时移相位差中两段数据的取数位置

对第一段数据做全相位快速傅里叶变换（fast Fourier transformation，FFT），可以得到频谱最大值处谱序号 k_1，可得 k_1 处最大值谱线的幅值和相位为[16]

$$\alpha_1 = |Y_1(k_1)| \tag{3.10}$$

$$p_1 = \varphi_{Y_1}(k_1) \tag{3.11}$$

再对第二段数据做全相位 FFT，同样可以得到频谱最大值处谱序号 k_2，同上可得最大值谱线的幅值和相位，由于时移前后两段数据都是 N 点的 FFT，他们的最大值谱序号是相同的，$k_2 = k_1$。

$$\alpha_2 = |Y_2(k_1)| \tag{3.12}$$

$$p_2 = \varphi_{Y_2}(k_1) \tag{3.13}$$

可知，第一段数据的全相位 FFT 的相位为 θ_0，即理论值相位为

$$p_1 = \theta_0 \tag{3.14}$$

而时移后第二段数据全相位 FFT 的相位值为

$$p_2 = \theta_0 - \omega^* L \tag{3.15}$$

从而有相位差为

$$\Delta\varphi = p_1 - p_2 = \omega^* L = 2\pi k_0 L / N \tag{3.16}$$

式中：ω^* 为谐波频率；k_0 为与 ω^* 有关的常数。

从式（3.16）看出，相位差$\Delta\varphi$与延时L个数呈正比，但从观测的角度来看，p_1和p_2的范围是有限的，只能由主谱值的虚部和实部的比值取反三角函数得到，从而下式恒成立，即

$$-\pi\leqslant p_1\leqslant\pi,\ -\pi\leqslant p_2\leqslant\pi\ \Rightarrow\ -2\pi\leqslant p_1-p_2\leqslant 2\pi \tag{3.17}$$

则观测到的相位差与实际值可能存在差异，将这种现象称为"相位模糊"，为了消除这种现象，要对观测到的相位差值进行补偿。具体方法如下：

$$\Delta\varphi = p_1 - p_2 - 2\pi k_1 L / N = 2\pi L(k_0 - k_1) / N \tag{3.18}$$

本书为了简化滤波器，设定延时L值的大小为特殊值"N"，则式（3.18）中就等于$2\pi L(k_0 - k_1)$，为2π的整数倍，即没有必要考虑"相位模糊"，精确的相位估值就由式（3.16）确定。频率估值为

$$\widehat{\omega}^* = \omega^* - 2\pi k_1 / N \tag{3.19}$$

根据全相位 FFT 的线性性质，幅值为A_m的复指数序列的主谱线上的双窗全相位 FFT 谱幅值为

$$|Y(k_1)| = A_m \, | \, F_g(k_1\Delta\omega - \omega^*)|^2 \tag{3.20}$$

从而双窗全相位 FFT 幅值校正公式为

$$\widehat{A}_m = \frac{|Y(k_1)|}{|F_g(k_1\Delta\omega - \widehat{\omega}^*)|^2} \tag{3.21}$$

在得到频率估计值$\widehat{\omega}^*$后，可求得主谱线处的频率偏移值为$k_1\Delta\omega - \widehat{\omega}^*$，代入到式（3.21）可求得幅值估计值。

利用全相位模型估计法进行仿真实验结果如[图 3.13（a）]所示。可以看出全相位模型估计法能够很好地压制工频谐波干扰，滤波后 NMR 信号呈指数规律衰减，无失真现象，相较陷波滤波在自动化和压制效果上都有很大的提高，同时在滤波精度上要强于模

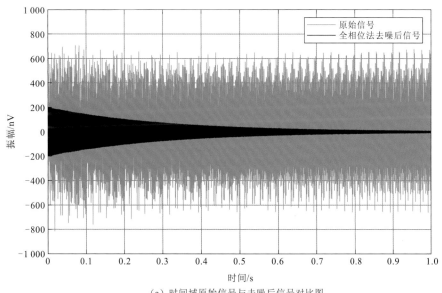

（a）时间域原始信号与去噪后信号对比图

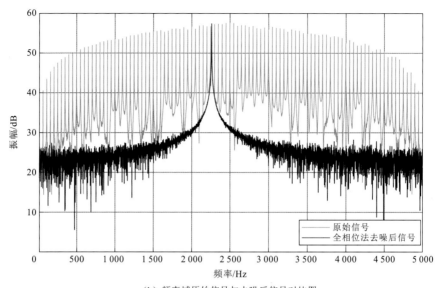

（b）频率域原始信号与去噪后信号对比图

图 3.13　全相位模型估计法去噪效果图

型去噪法。可针对多谐波噪声源进行处理，该方法可以在不需要参考道的情况更为准确地提取出工频谐波噪声，为多通道磁共振二维甚至三维探测提供新的数据处理思路。

5. 最小均方自适应滤波

自适应滤波器的基本构成见图 3.14，主要包括三个模块。

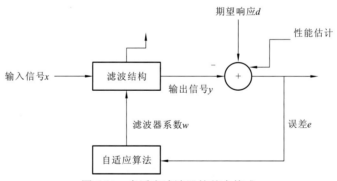

图 3.14　自适应滤波器的基本构成

（1）滤波结构：滤波结构用来处理输入信号，产生输出信号，根据输入和输出的关系来决定是否为线性的。其参数可以用自适应算法进行调整。

（2）性能估计：一般用自适应滤波器的输入和期望的响应去估计性能及滤波质量。

（3）自适应算法：自适应算法可以根据滤波器的误差向量和性能估计来修正滤波器的参数。

自适应滤波器的目的就是找到一组最优解，使得滤波器达到最佳估计值。这个最优解也即最佳性能的滤波器权系数。

在数字信号领域中，自适应滤波器有多种应用领域。其中，自适应滤波器去噪模型的基本结构见图 3.15。

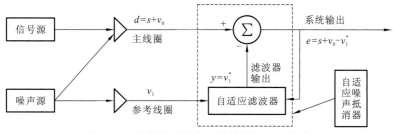

图 3.15　自适应滤波器去噪模型的基本结构

v_1 为参考线圈接收到的纯噪声信号；s 为有效信号；v_0 为主线圈接收到的噪声信号；v_1^* 为经过自适应滤波器

滤波后的输出信号

在去噪应用上，自适应滤波器的算法处理输入的参考信号，经过自适应滤波器的输出 y 与期望响应 d 的差值作为误差 e，误差用作自适应滤波器参数调整的参考[17]。其中，参考信号是参考道接收到的一组可以视为纯噪声干扰的信号，是一种不可预测的信号但是却以某种相关关系存在于基本信号中的一组信号。在去噪应用中，其最根本的目的就是从基本信号中减去噪声信号以改善基本信号的信噪比。在磁共振测深的领域中，基本信号是主线圈信号，参考信号是参考线圈接收到的信号，一般被视为纯噪声信号。

最小均方算法以瞬时误差平方代替均方误差，来获取较为简单的、瞬时的性能估计。下面介绍 LMS 算法的推导过程及性能分析。

以瞬时误差平方代替均方误差，则新的梯度估计为

$$\nabla e^2(n) = \frac{\partial e^2(n)}{\partial w(n)} = -2e(n)\frac{\partial e(n)}{\partial w(n)} = -2e(n)x(n) \tag{3.22}$$

$$
\begin{aligned}
E_x\left[\nabla e^2(n)\right] &= 2E_x\left[e(n)x(n)\right] \\
&= 2E_x\{[d(n)-y(n)]x(n)\} \\
&= 2E_x\left[d(n)x(n)-x(n)x^{\mathrm{T}}(n)w(n)\right] \\
&= 2[\boldsymbol{R}w-\boldsymbol{P}] \\
&= \nabla E\left[e^2(n)\right]
\end{aligned}
\tag{3.23}
$$

式中：$E_x[\cdot]$ 为期望，$\boldsymbol{R}$ 为 $x(n)$ 的自相关矩阵；$\boldsymbol{P}$ 为 $x(n)$ 与 $d(n)$ 的互相关矩阵。

由式（3.22）可以知道新的梯度估计是无偏估计，是可行的，因此权值的更新值可以写成：

$$w(n+1) = w(n) - \frac{\mu_s}{2}\nabla e^2(n) = w(n) + \mu_s e(n)x(n) \tag{3.24}$$

式中：μ_s 为滤波器权系数更新过程中的迭代步长。

综上，线性自适应滤波器 LMS 算法可以简述为以下几步。

（1）给定 n 时刻的输入矩阵 $x(n)=[x(n),x(n-1),\cdots,x(n-L_{\mathrm{f}}+1)]^{\mathrm{T}}$，$n$ 时刻的期望响应

$d(n)$，L_f 表示抽头数，也即滤波器阶数。

（2）计算线性滤波器输出 $y(n) = w^{\mathrm{T}}(n)x(n)$。

（3）估计误差 $e(n) = d(n) - y(n)$。

（4）调整滤波器参数 $w(n+1) = w(n) + \mu e(n)x(n)$。

其中，前三步为滤波过程，第四步为自适应过程。可以看出，LMS 算法中不需要求相关矩阵的逆运算。

重写式（3.24），得

$$
\begin{aligned}
w(n+1) &= w(n) + \mu(n)[d(n) - x^{\mathrm{T}}(n)w(n)]x(n) \\
&= [\boldsymbol{I} - \mu x(n)x^{\mathrm{T}}(n)]w(n) + \mu x(n)d(n)
\end{aligned}
\tag{3.25}
$$

式中：$\boldsymbol{I}$ 为单位矩阵。

对上式求平均，而且 $x(n)$ 和 $w(n)$ 不相关，可得

$$
E[w(n+1)] = (\boldsymbol{I} - \mu R)E[w(n)] + \mu P \tag{3.26}
$$

比较可知，LMS 算法的 $E[w(n)]$ 和最速下降法的 $w(n)$ 拥有相同的变化规律。但是在 LMS 算法中，权值不是严格按照理论最优的收敛轨迹也即负梯度方向收敛，因此 LMS 算法的解并不是理论最优维纳解，但是可以看成是在维纳解附近的随机极小偏差。

利用 LMS 算法对磁共振测深实测信号进行处理，结果如图 3.16 所示。可以发现自适应可以一定程度地弥补陷波滤波器在拉莫尔频率附近无法得到很好的滤波结果这一局限性。它能够压制部分谐波噪声，但是部分 NMR 信号被压制。

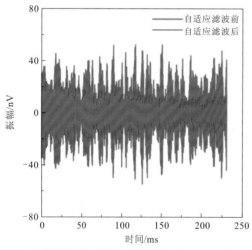

（a）原始信号与自适应滤波后信号对比图（时间域）

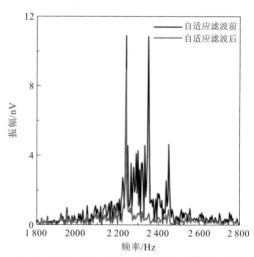

（b）原始信号与自适应滤波后信号对比图（频率域）

图 3.16　LMS 自适应滤波器去噪效果图

3.3.2　叠加方法及叠加准则

3.3.1 小节介绍了对单次测量数据进行滤波处理提高信噪比的方法。磁共振测深方法是通过多次重复采集，本小节将利用叠加方法对多次重复观测数据进行处理，达到提高信号信噪比和压制噪声的目的。

1.叠加方式

由于随机噪声的存在，使得信噪比较低，通常采用叠加的方式，能够有效地压制随机噪声。假设单次采集的信号为 s_i，噪声为 n_i，N_c 次采集的信号之和为

$$\sum_{i=1}^{N_c} s_i = N_c \cdot s \tag{3.27}$$

噪声的强度可以用均方根来衡量。当噪声为随机信号时，进行 N 次采集的噪声强度之和为

$$\sqrt{\sum_{i=1}^{N_c} n_i^2} = \sqrt{N_c} \cdot n_{N_c} \tag{3.28}$$

式（3.27）和式（3.28）中，s 和 n_{N_c} 分别代表 N_c 次采集后信号和噪声的平均幅值。这样 N 次信号叠加后的信号比为

$$\mathrm{SNR} = \frac{N_c \cdot s}{\sqrt{N_c} \cdot n_{N_c}} = \sqrt{N_c} \cdot \frac{s}{n_{N_c}} \tag{3.29}$$

式中：$\dfrac{s}{n_{N_c}}$ 是叠加之前的信噪比。因此，采用叠加方式处理后，使得信噪比提高了 $\sqrt{N}$ 倍。

这种简单的叠加方式存在很大的局限性。通过增加叠加次数来提高信噪比，这样会增加测量的时间成本，导致仪器的工作效率降低。为了提高叠加效果，下一部分将介绍改进的统计叠加方式，在不仅能更好地压制随机噪声，同时还能剔除部分尖峰噪声。

2.统计叠加准则

统计叠加方式既可以压制随机噪声，也可以将部分尖峰噪声剔除。统计学中将尖峰噪声视为粗大误差，为了判断某一列数据中是否含有粗大误差，除了传统的叠加方法，通常采用了几种基于统计学的叠加判别准则，分别是 3σ 准则、罗曼诺夫斯基准则以及格罗布斯准则。下面分别介绍这几种相关准则，为了方便对比，均选用了青藏高原地区某地实测信号进行研究，分别选取了本身信号形式较为理想的第 16 个脉冲矩和 NMR 信号受很大程度影响的第 5 个脉冲矩作为样本。

1）3σ 准则

3σ 准则又称为拉依达准则，是目前最常用、最简单的粗大误差判别准则，适用于测量次数充分大（一般上百次）的测量列。测量次数较少时，这种判别方法可靠性不高，只是一种近似的准则。因为 3σ 准则优点是使用简便，不需要查表，所以在要求不高时经常使用判别方法：对于某一测量列，如果发现某一次测量残余误差满足以下公式，即

$$|x_i - \bar{x}| = |v_i| > 3\sigma = 3\left|\sqrt{\frac{\sum_{i=1}^{N_c} v_i^2}{N_c - 1}}\right| \tag{3.30}$$

则存在粗大误差，应剔除。

在 $n \leqslant 10$ 的条件下，用 3σ 准则剔除粗大误差成功率不高。因此最好在测量次数充

分大的情况下，才使用该判别准则。

利用 3σ 准则对实测数据进行处理结果如图 3.17 和图 3.18 所示。可以看出，第 16 脉冲矩，对于幅值极大的尖峰噪声，3σ 准则还是能起到有效的剔除效果。而对于与信号差值相对较小的毛刺，该准则筛选的效果有限，处理过后的信号依然存在许多较大毛刺。对于少量尖峰，筛选后的值与原值差距不大，其剔除效果不明显，由于信号本身质量较好，处理后的效果还是较为理想。而对第 5 脉冲矩，该准则的效果差了很多，在原信号受干扰较大的情况下，筛选粗差的能力有限，可能是由于测量次数较少，3σ 理想的测量次数在 100 次以上，而叠加次数只有 28 次，σ 的值并不能准确反映信号的特征。

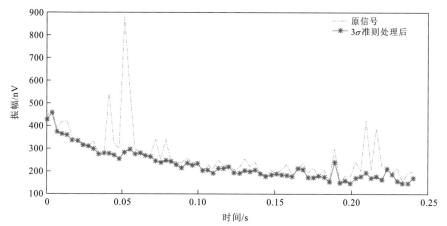

图 3.17 第 16 个脉冲矩 3σ 准则处理前后对比图

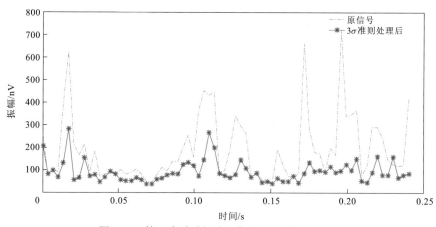

图 3.18 第 5 个脉冲矩 3σ 准则处理前后对比图

2）罗曼诺夫斯基准则

罗曼诺夫斯基准则又称 t 检验准则，当测量次数较少时，按 t 分布的实际误差分布范围来判别粗大误差较为合理。其特点是首先从测量列中剔除一个可疑的测得值，按 t 分布检验被剔除的测得值是否含有粗大误差。该判别准则适用于测量次数较少，单精度要求较高的数列。在测量次数很少时，t 检验准则仍能保持很高的精度。该准则要求处理数据不超过 30 个。

如对某数据做多次等精度测量，有 $x_1, x_2, x_3, \cdots, x_{N_c}$。

认为其某测得值 x_j 是可疑数据，将其从数据列中剔除，计算剔除后的平均值为

$$\bar{x} = \frac{1}{N_c - 1} \sum_{i=1}^{N_c} x_j \qquad (3.31)$$

并求得数据列的标准差（不包括 $v_j = x_j - \bar{x}$）为

$$\sigma = \sqrt{\frac{\sum_{i=1}^{N_c} v_i^2}{N_c - 2}} \qquad (3.32)$$

根据测量次数 N_c 和选取的显著度 α_c，即可查表得 t 分布的检验系数 $K_e(N_c, \alpha_c)$。若

$$|x_j - \bar{x}| > K_e \sigma_s \qquad (3.33)$$

则认为测得值 x_j 含有粗大误差，将 x_j 剔除，否则认为 x_j 不含有粗大误差，应予保留。之后，利用上述步骤判别该信号点下一个测量数据。

经过罗曼诺夫斯基准则筛选后的信号见图 3.19 和图 3.20，可以看出，第 16 脉冲矩较大的尖峰噪声全部被剔除，信号基本呈指数衰减形式。对于一些小的毛刺，该准则也

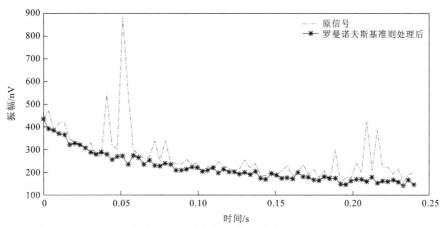

图 3.19　第 16 个脉冲矩罗曼诺夫斯基准则筛选前后对比图（$\alpha_c = 0.05$）

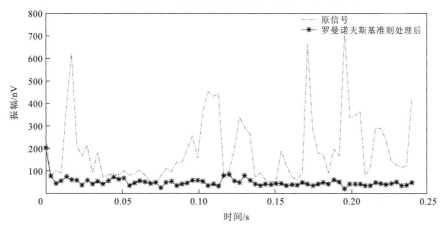

图 3.20　第 5 个脉冲矩罗曼诺夫斯基准则筛选前后对比图（$\alpha_c = 0.05$）

能对其进行良好的筛选作用。而在较为复杂的第 5 脉冲矩，该准则的效果更明显地体现出来，经过筛选后，不仅巨大的尖峰被剔除，信号也恢复成接近指数衰减的形式，考虑到罗曼诺夫斯基准则的适用范围，用此准则来对样本数据（28 次叠加）的数据进行叠加判别能够取得较为理想的效果。

3）格罗布斯准则

适用于测量次数少的情况。$N_c = 20 \sim 100$ 时，判别效果较好。如对某数据做多次等精度测量，有 $x_1, x_2, x_3, \cdots, x_{N_c}$。计算其平均值、残余差、标准差如

$$\bar{x} = \frac{1}{N_c}\sum x_i, \quad v_i = x_i - \bar{x}, \quad \sigma = \sqrt{\frac{\sum v^2}{N_c - 1}} \qquad (3.34)$$

次数为 N_c；将测量值按照从小到大排列：$x_{(1)}, x_{(2)}, x_{(3)}, \cdots, x_{(N_c)}$，找到最小值 $x_{(1)}$ 和最大值 $x_{(N_c)}$。令 $g_{(1)} = \dfrac{x_{(1)} - \bar{x}}{\sigma}$，确定显著度 α_c，查表得到临界比较值 $g_0 = (N_c, \alpha_c)$，若 $g_{(1)} \geqslant g_0 = (N_c, \alpha_c)$，则认为数据列含有粗大误差。

经过格罗布斯准则筛选后的信号见图 3.21 和图 3.22，可以看出，无论是对于第 16 脉冲矩还是第 5 脉冲矩，利用格罗布斯准则都取得了较好的效果，特别是第 5 脉冲矩，粗大误差被剔除，本来复杂无章的信号经过该准则筛选后接近了指数衰减的形式，但仍有极少突出的大值存在信号中。

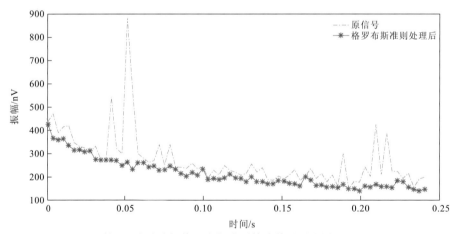

图 3.21　第 16 个脉冲矩格罗布斯准则筛选前后对比图（$\alpha_c = 0.05$）

磁共振测深方法测量时的叠加次数一般不会大于 64 次，因此，根据各种叠加准则的适用范围，3σ 准则一般不被采用，叠加次数在 30 次以内时，多使用 t 检验准则，$30 \sim 100$ 次时，使用格罗布斯准则进行粗大误差的剔除。

需要注意的是，各准则都是人为拟定的，直到现在并没有统一的规定。此外，所有准则又是以数据按正态分布为前提的，当偏离正态分布时，判断的可靠性将受到影响，特别是测量次数很少时更不可靠。因此，对待粗大误差，除从测量结果中及时发现和利用剔除准则鉴别外，更重要的是要提高工作人员的技术水平和工作责任心。另外，要保证测量条件的稳定，防止因环境条件剧烈变化而产生的突变影响。

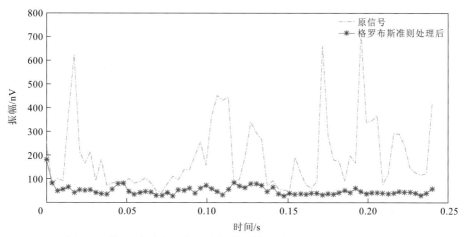

图 3.22　第 5 个脉冲矩格罗布斯准则筛选前后对比图（$\alpha_c = 0.05$）

3.4　关键参数的提取

对采集的 NMR 信号进行数据处理，提取出关键参数（初始振幅 E_0、视横向弛豫时间 T_2^*、纵向弛豫时间 T_1、初始相位 φ_0），为后期定量反演提供有力保证。这些参数变化直接反映出地下含水层的赋存状态和特征见表 1.4。下面分节介绍相关提取方法。

3.4.1　零时外延

目前，地面核磁共振找水仪在发射和接收之间存在间歇时间（dead time），由于间歇时间的存在，导致地面核磁共振找水仪不能直接测量自由感应衰减信号（即 NMR 信号）的初始振幅 $E_0(q)$，$E_0(q)$ 由于接收系统不可避免的间歇时间而被"丢失"。即实际测量的并不是 $E_0(q)$，而是激发脉冲终止后到测量开始时刻的自由感应衰减信号 $E(t, q)$。

自由感应衰减信号的包络线呈指数规律衰减，实际测量是在 $t(\tau_p + \tau_d \leqslant t \leqslant \tau_p + \tau_d + \tau$，其中 τ_p、τ_d 和 τ 分别时激发脉冲的持续时间、"死区"时间和 NMR 信号的记录长度）时间内进行的。

在信噪比良好的情况下，观测到的 NMR 信号呈指数规律衰减，依次可以确定含水层的平均横向弛豫时间 T_2^* 和开始测量时刻的信号振幅 $E(\tau_p + \tau_d, q) = E(q)$。为了得到激发脉冲终止时刻 $t = 0$ 时刻的 NMR 信号 $E_0(q)$，必须对观测到的 NMR 信号衰减曲线进行零时外延[10]。因为 $E_0(q)$ 值的大小，直接影响反演结果 [$E_0(q)$ 值与含水量呈正比关系]。

例如，如果得到一组数据：q_i、$E_m = (q_i)$ 和 T_m，$q_i(i = 1, 2, \cdots, I)$、E_m、T_m 分别为激发脉冲矩（I 值与 q 的个数相同）、激发脉冲矩终止后某个时刻的自由感应衰减信号振幅和信号衰减时间。假定 T_m 的离散是测量误差引起的，那么可以利用上述数据求出某个脉冲矩的视横向弛豫时间 T_2^*（单位 ms）为

$$T_2^* = \frac{\sum_{m=1}^{M} E_m^2}{\sum_{m=1}^{M} \frac{E_m^2}{T_m}} \tag{3.35}$$

式中：E_m（$m=1, 2, \cdots, M$）是 M 个时刻分别对应的 E 值，然后用外延法来确定用来求解反问题的一组初始振幅数据为

$$E_{0i} = E_{0i}(q_i) = E_i \cdot e^{t_e/T_2^*} \tag{3.36}$$

式中：E_i 为接收机接收到的第 i 个激发脉冲矩的自由感应衰减信号振幅；t_e 为外延（推）时间，ms，$t_e < \tau_d + \tau_p/2$，t_e 应接近激发脉冲的终止时间；$E_{0i}(q_i)$ 为第 i 个激发脉冲矩的 NMR 信号的初始振幅。

3.4.2　线性拟合及非线性拟合

Legchenko 和 Valla[2] 2003 年利用线性拟合计算信号的振幅，过程为

$$\lg S(t) = \lg(|I(t) + iQ(t)|) = \lg E_0 - \frac{t}{T_2^*} + \varepsilon_L(t) \tag{3.37}$$

式中：$\varepsilon_L(t)$ 是由两个正交分量拟合后的噪声，经过变换后的曲线是与时间变量有关的直线，可用最小二乘直线拟合即可求得 E_0 和 T_2^*。同样，为了提取初始相位 φ_0 和接收频率 f_r，可进行变换如下：

$$A(t) = \arg[I(t) + iQ(t)] = 2\pi \cdot \partial f_r \cdot t + \varphi_0 + \varphi_{\varepsilon(t)} \tag{3.38}$$

式中：$\varphi_{\varepsilon(t)}$ 是拟合变换后的相位噪声；可用最小二乘线性拟合求得 φ_0 和 ∂f_r，接收频率 $f_r = f_0 + \partial f_r$。因为噪声的存在使得关键参数的提取都会存在一定的误差，所以提高信噪比对参数的提取意义重大。

为了减小噪声的影响，可采用基于最小均方差的非线性拟合，定义目标函数为

$$\left\{ \sum_k [x(t_k) - x_c(t_k)]^2 + \sum_k [y(t_k) - y_c(t_k)]^2 \right\} \to \min \tag{3.39}$$

式中：$x_c(t) = E_0 \cos(2\pi \cdot \partial f_r \cdot t + \varphi) \exp\left[\frac{-t}{T_2^*}\right]$，$y_c(t) = E_0 \sin(2\pi \cdot \partial f_r \cdot t + \varphi) \exp\left[\frac{-t}{T_2^*}\right]$。

非线性拟合提取参数，基于最小均方差准则，使得拟合误差达到最小。

参 考 文 献

[1] 潘玉玲，张昌达. 地面核磁共振找水理论与方法[M]. 武汉：中国地质大学出版社，2000: 1.

[2] LEGCHENKO A, VALLA P. Removal of power-line harmonics from proton magnetic resonance measurements[J]. Journal of applied geophysics, 2003, 53(2/3): 103-120.

[3] STREHL S. Development of strategies for improved filtering and fitting of SNMR-signals [D]. Berlin: Technical University of Berlin, 2006.

[4] DALGAARD E, AUKEN E, LARSEN J J. Adaptive noise cancelling of multichannel magnetic resonance

sounding signals[J]. Geophysical journal international, 2012, 191(1): 88-100.

[5] 万玲, 张扬, 林君, 等. 基于能量运算的磁共振信号尖峰噪声抑制方法[J]. 地球物理学报, 2016, 59(6): 2290-2301.

[6] LARSEN J J. Model-based subtraction of spikes from surface nuclear magnetic resonance data[J]. Geophysics, 2016, 81(4): 1-8.

[7] 周欣. 小波分析在 SNMR 信号去噪中的应用研究[D].武汉: 中国地质大学(武汉), 2009.

[8] DALGAARD E, AUKEN E, LARSEN J J. Adaptive noise cancelling of multichannel magnetic resonance sounding signals[J]. Geophysical journal international, 2012, 191(1):99-100.

[9] MÜLLER-PETKE M, COSTABEL S. Comparison and optimal parameter setting of reference-based harmonic noise cancellation in time and frequency domains for surface-NMR[J]. Near surface geophysics, 2014, 12(2):199-219.

[10] LARSEN J J, DALGAARD E, AUKEN E. Noise cancelling of MRS signals combining model-based removal of powerline harmonics and multichannel Wiener filtering[J]. Geophysical journal international, 2013, 196(2): 828-836.

[11] DALGAARD E, MÜLLER-PETKE M, AUKEN E. Enhancing SNMR model resolution by selecting an optimum combination of pulse moments, stacking, and gating[J]. Near surface geophysics, 2016, 14(3): 243-253.

[12] 林婷婷, 张扬, 杨莹, 等. 利用分段时频峰值滤波法抑制磁共振全波信号随机噪声[J]. 地球物理学报, 2018, 61(9):3812-3824.

[13] 林君, 段清明, 王应吉. 核磁共振找水仪原理与应用[M]. 北京: 科学出版社, 2010: 1.

[14] MÜLLER-PETKE M, YARAMANCI U. Improving the Signal-to-noise Ratio of Surface-NMR Measurements by Reference Channel Based Noise Cancellation[C]//Near Surface 2010-16th EAGE European Meeting of Environmental and Engineering Geophysics. [S.l.]:[s.n.], 2010.

[15] TIAN B, JIANG C, HAO H, et al. Simulation study of variable step-size LMS algorithm in frequency domain for de-noising from MRS signal[C]//2011 International Conference on Electric Information and Control Engineering. [S.l.]:[s.n.], 2011: 4472-4475.

[16] 黄翔东, 王兆华. 全相位时移相位差频谱校正法[J]. 天津大学学报, 2008(7): 815-820.

[17] 占嘉诚. 核磁共振信号参考道去噪方法研究[D].武汉: 中国地质大学(武汉), 2019.

第4章　磁共振测深反演

　　与探查地下水的传统地球物理方法相比，地面核磁共振方法的主要优点是有直接测量由水中氢核产生的 NMR 信号的能力。通过改变激发脉冲矩就可完成一系列对应不同深度的测量，然后对采集的 NMR 信号进行数据处理和反演解释，不打钻就可以揭示地下水的赋存状态（含水层数，各含水层的深度、厚度和含水量）和提供含水层的平均孔隙度的信息。因此，地面核磁共振找水方法是直接找水的物探新方法。

　　反演问题在地球物理学中占有特殊的地位。地球物理学所研究的对象大多在地球内部，而人类目前可能获得的关于地球的信息大都来源于地球表面，仅有少量的信息来自极其有限的地下空间（如钻井、坑道），因此人们对地球的认识主要还是通过对有限的观测资料进行反演而获得。磁共振测深作为一种探测地下水的地球物理方法，其同样遵循了"由表及里"的思想，即通过地面接收到的核磁共振信号来反演地下含水体的深度、含水量等参数。

4.1　磁共振测深反演基本理论

磁共振测深反演的目的是将观测到的地球物理数据转换成水文地质参数，即通过对 NMR 信号的反演获得地下各含水层的深度、厚度、含水量和平均孔隙度等水文地质参数，同时圈定找水远景区或提供出水井井位，或用于区分其他物探找水方法的异常性质，或与传统找水物探方法配合用以区分水质、监测污染等。

磁共振测深的反演方法主要分为三大类（图 4.1）。

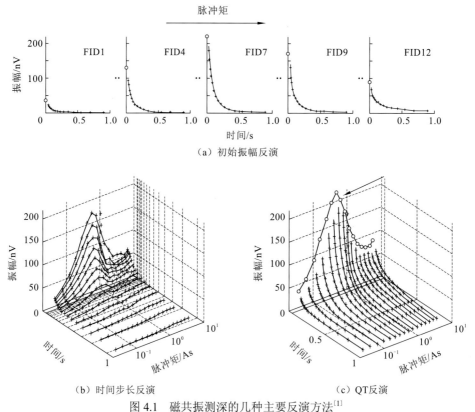

（a）初始振幅反演

（b）时间步长反演　　　　　　　　　　（c）QT反演

图 4.1　磁共振测深的几种主要反演方法[1]

FID1 为第一个脉冲矩激发后所接收到的 FID 信号，依此类推

（1）初始振幅反演：该方法假设弛豫是单指数衰减的。对于每个脉冲矩，由仪器测得的 NMR 信号经单指数拟合得到 $t = 0$ 时刻的初始振幅 E_0，再由 E_0-q 数据反演得到地下含水量的分布。

（2）时间步长反演：时间步长反演的基本思想是将测量数据按一定时间步长分为不同的 E_0-q 曲线，然后反演得到不同时间节点所对应的含水量分布 $W(z,t)$。在这里，含水量分布可由单指数或多指数两种方法反演得出。

（3）QT 反演：QT 反演即为脉冲矩-时间反演，该方法利用全部测量数据直接反演地下含水量及 T_2^* 分布 $W(z, T_2^*)$。采用多指数拟合的物理实质在于 NMR 信号是地下具有不同孔隙性质的地层中水所产生信号的叠加；而且即使信号全部来自同一地层，因介质孔隙分布的变化，弛豫性质也会产生变动。

需要特别指出的是，NMR 信号为复信号，但在实际测量中，信号虚部或相位的可靠性较低，在反演过程中一般不能被直接利用。因此在初始振幅反演时，仅使用信号的幅值；在 QT 反演时，要采用经相位和频率修正后的信号实部。也有学者对使用复信号进行地面核磁共振反演进行过尝试[2]，如果能够将信号虚部加入反演，那么将提高反演的精度。但因仪器状态切换时造成的相位扰动难以精确量化，导致这方面的研究遇到很大困难。

作为一种地球物理方法，磁共振测深在反演过程中也不可避免地会出现反演多解性的问题。如图 4.2 所示，对于地下一定深度的含水层，较厚的低含水量含水层所产生的核磁共振信号与较薄的高含水量含水层所能贡献的核磁共振信号相差很小，在一定的噪声干扰下已不能被磁共振测深仪器所分辨，因此在反演时将出现多解性问题。在实际工作中可合理选择脉冲矩以及线圈的组合方式，尽量减弱反演多解性的影响。

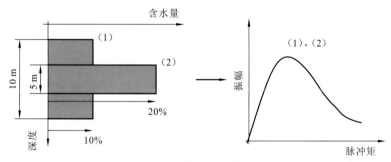

图 4.2　磁共振测深含水量反演多解性示意图

在反演算法方面，不同学者提出了诸多思路。戴苗等[3]将改进的模拟退火算法应用于地面核磁共振的反演中，并证实该方法在覆盖层电阻率变化较大的情况下效果稳定；Weng 等[4]应用奥卡姆反演法进行了地面核磁共振的一维反演；近年来，一些学者也将磁共振测深与 TEM 或其他电法的联合反演进行了研究。另外，因为 NMR 信号相位与地下导电性较敏感，也有学者对应用地面核磁共振反演地下介质的电阻率进行了研究[5]。

4.2　吉洪诺夫正则化反演法

目前磁共振测深反演中应用较为成熟和广泛的是利用共轭梯度法求取吉洪诺夫（Tikhonov）泛函最小值的方法。其中吉洪诺夫泛函的形式为[6]

$$M_\lambda(n(z)) = \| Kn(z) - E_0 \| + \lambda \| n(z) \| \tag{4.1}$$

式中：K 为核函数；$n(z)$ 为需要反演求解的地下含水量分布；E_0 为初始振幅；λ 为正则化参数。正则化参数 λ 对反演的精度及噪声的压制水平有重大影响。

共轭梯度法的基本思想是将共轭性与最速下降方法相结合，利用已知点处的梯度构造一组共轭方向。沿着这组方向而不是负梯度方向去搜索目标函数极小点，根据共轭方向的性质，共轭梯度法具有二次终止性。采用共轭方向去搜索极小点，必须在第一步搜索时取得最速下降方向，否则就不能在有限的迭代中达到极小点。共轭梯度法就是基于这种思想对函数极小点进行逐步搜索的。

在用共轭梯度法求式（4.1）最小值时，尤其是通过泰勒级数展开后得到的近似二次型函数，通常有限次迭代不能达到极小点。对于 n 次不能收敛的情况，采用"重新开始"的办法，即令第 n 步迭代的结果为新的初始点重新开始，以达到最终收敛。综上所述，用共轭梯度法求式（4.1）最小值需要给定一个初始的含水量值和正则化参数，这两个参数的选择与反演结果的真实性有很大关系。因此，利用正则化法反演地面核磁共振数据时，需要结合先验信息和数据的噪音水平合理选择。一般情况下，正则化参数的大小和NMR 信号的信噪比呈正比关系。

NUMIS 即采用吉洪诺夫正则化的经典最小二乘反演方法，对于每个地面核磁共振测深点的一组 NMR 信号实测数据由计算机自动地确定一个解。垂向分层层数与激发脉冲矩的个数一样多，对于 100 m 直径的圆天线，其典型值为 16 层（因为常采用 16 个脉冲矩进行工作）。

这种反演算法可使由下述两项之和构成的损失函数最小：第一项是实测数据和理论曲线之间的剩余均方差，以此建立平滑的约束；第二项是两相邻的含水层参数之间的均方差，以此建立平滑的约束。具体操作步骤如下：

（1）确定和计算用于反演的矩阵。在资料反演之前，必须根据勘查区的测量条件和测量技术参数，计算形成一个矩阵，该矩阵涉及勘探地区的以下参数：线圈的形状和大小、频率、当地地磁总场的倾角、要求探测的最大深度（该参数对深度的分辨率和计算时间取决于线圈的尺寸和探测目标的深度）。大地的电阻率模型可以是均匀半空间或层状大地。大地电阻率将影响探测的深度。这是因为当大地导电时，激发场随深度变化衰减。如果大地电阻率估计不正确，那么所计算出的深度就会含有 30%的误差。由 NUMIS 测量给出的初始相位，可以帮助了解大地导电性的情况。NUMIS 配置的软件中提供了一些预先设置的矩阵文件。若 NUMIS 软件中没有需要的矩阵，则要根据 NUMIS 设备提供的计算矩阵的程序进行计算，为反演做好技术准备。

（2）准备数据文件。准备好用于反演的包括 NUMIS 实测数据在内的数据文件，根据数据文件调出实测数据或从软盘读入 PC。

（3）使用反演软件进行反演。确定与反演有关的参数并输入计算机（图 4.3），其中有：信号长度、滤波的时间常数（5～40 ms）和正则化参数等。

（4）磁共振测深成果图。可根据工作需要绘制和提供有关图件。磁共振测深方法的主要成果图有：①直方图，包含含水量直方图、T_2^* 或 T_1^* 直方图（图 4.4）；②二维断面图或二维成像，包含含水量二维断面等值线图（图 4.5）或 T_2^* 或 T_1^* 二维成像（图 4.6）；③导水系数平面等值线图（图 4.7）；④三维成像图等；⑤资料综合解释图。

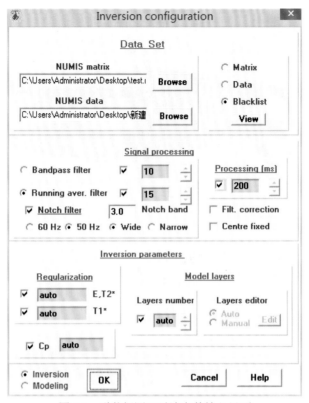

图 4.3　磁共振测深反演参数输入界面

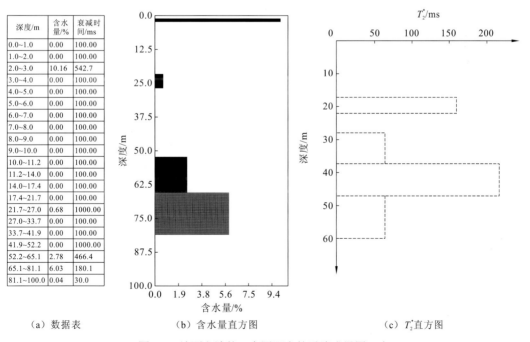

深度/m	含水量/%	衰减时间/ms
0.0~1.0	0.00	100.00
1.0~2.0	0.00	100.00
2.0~3.0	10.16	542.7
3.0~4.0	0.00	100.00
4.0~5.0	0.00	100.00
5.0~6.0	0.00	100.00
6.0~7.0	0.00	100.00
7.0~8.0	0.00	100.00
8.0~9.0	0.00	100.00
9.0~10.0	0.00	100.00
10.0~11.2	0.00	100.00
11.2~14.0	0.00	100.00
14.0~17.4	0.00	100.00
17.4~21.7	0.00	100.00
21.7~27.0	0.68	1000.00
27.0~33.7	0.00	100.00
33.7~41.9	0.00	100.00
41.9~52.2	0.00	1000.00
52.2~65.1	2.78	466.4
65.1~81.1	6.03	180.1
81.1~100.0	0.04	30.0

（a）数据表　　　　　　　（b）含水量直方图　　　　　（c）T_2^*直方图

图 4.4　地面方法的一个测深点的反演成果图、表

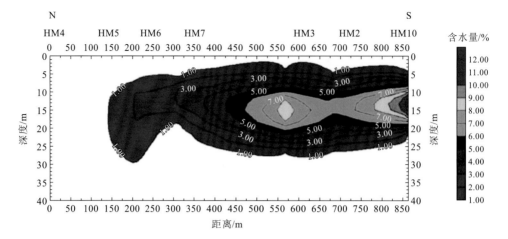

图 4.5　磁共振测深方法的某剖面的含水量断面等值线图

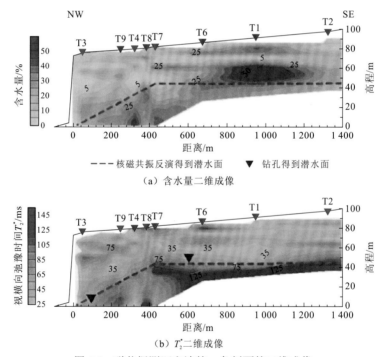

（a）含水量二维成像

-------核磁共振反演得到潜水面　▼ 钻孔得到潜水面

（b）T_2^*二维成像

图 4.6　磁共振测深方法的一条剖面的二维成像

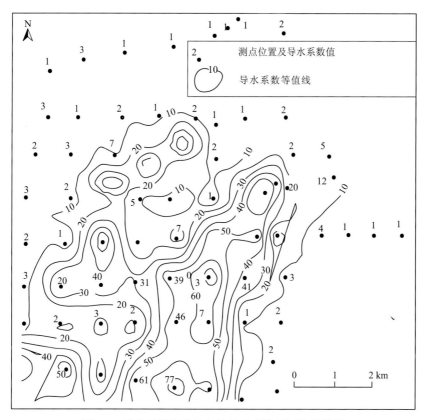

图 4.7　磁共振测深方法某地导水系数平面等值线图

4.3　基于奇异值分解的广义反演法

基于奇异值分解的广义反演法具有原理简单、不需要迭代或计算偏导数矩阵的优点，因此可以提升反演的速率。除此之外，它还能提供模型分辨率矩阵、数据分辨率矩阵等丰富的辅助信息[7]。

核磁共振测量所得到的信号 $\boldsymbol{d}$ 可写为[5]

$$\boldsymbol{d} = \boldsymbol{K} \cdot \boldsymbol{m} + \boldsymbol{n} \tag{4.2}$$

式中：$\boldsymbol{m}$ 为地下含水量模型向量；$\boldsymbol{n}$ 为噪声向量；$\boldsymbol{K}$ 为核函数矩阵，计算方法如

$$\boldsymbol{K} = \omega_{\mathrm{L}} \int \mathrm{d}^3 r M_{\mathrm{N}}^{(0)} \sin\left(-\gamma \frac{q}{I_0} \left| \boldsymbol{B}_{\mathrm{T}}^{+}(\boldsymbol{r}) \right| \right)$$

$$\times \frac{2}{I_0} \left| \boldsymbol{B}_{\mathrm{R}}^{-}(\boldsymbol{r}) \right| \cdot \mathrm{e}^{\mathrm{i}[\zeta_{\mathrm{T}}(\boldsymbol{r},\omega_{\mathrm{L}}) + \zeta_{\mathrm{R}}(\boldsymbol{r},\omega_{\mathrm{L}})]} \tag{4.3}$$

$$\times [\hat{b}_{\mathrm{R}}^{\perp}(\boldsymbol{r},\omega_{\mathrm{L}}) \cdot \hat{b}_{\mathrm{T}}^{\perp}(\boldsymbol{r},\omega_{\mathrm{L}}) + \mathrm{i}\hat{b}_0 \cdot \hat{b}_{\mathrm{R}}^{\perp}(\boldsymbol{r},\omega_{\mathrm{L}}) \times \hat{b}_{\mathrm{T}}^{\perp}(\boldsymbol{r},\omega_{\mathrm{L}})]$$

通过对地下含水量模型及测量所采用脉冲矩的离散化，核函数可以写为一个 $I \times J$ 阶的矩阵，即

$$\begin{pmatrix} k_1(q_1) & k_2(q_1) & \cdots & k_j(q_1) & \cdots & k_J(q_1) \\ k_1(q_2) & k_2(q_2) & \cdots & k_j(q_2) & \cdots & k_J(q_2) \\ \vdots & \vdots & & \vdots & & \vdots \\ k_1(q_i) & k_2(q_i) & \cdots & k_j(q_i) & \cdots & k_J(q_i) \\ \vdots & \vdots & & \vdots & & \vdots \\ k_1(q_I) & k_2(q_I) & \cdots & k_j(q_I) & \cdots & k_J(q_I) \end{pmatrix} \tag{4.4}$$

对于一维地面核磁共振来说有

$$k_{ij} = k_j(q_i) = \int_0^L K(q_i, z) b_j(z) \mathrm{d}z \tag{4.5}$$

$$L = \sum_{j=1}^{J} \Delta z_j, \quad b_j = \begin{cases} 1, & z_j \leqslant z < z_{j+1} \\ 0, & z < z_j, z \geqslant z_{j+1} \end{cases} \tag{4.6}$$

所以，NMR 信号 $\boldsymbol{d}$ 可以表示为

$$\begin{pmatrix} d(q_1) \\ d(q_2) \\ \vdots \\ d(q_i) \\ \vdots \\ d(q_I) \end{pmatrix} = \begin{pmatrix} k_1(q_1) & k_2(q_1) & \cdots & k_j(q_1) & \cdots & k_J(q_1) \\ k_1(q_2) & k_2(q_2) & \cdots & k_j(q_2) & \cdots & k_J(q_2) \\ \vdots & \vdots & & \vdots & & \vdots \\ k_1(q_i) & k_2(q_i) & \cdots & k_j(q_i) & \cdots & k_J(q_i) \\ \vdots & \vdots & & \vdots & & \vdots \\ k_1(q_I) & k_2(q_I) & \cdots & k_j(q_I) & \cdots & k_J(q_I) \end{pmatrix} \begin{pmatrix} m(\Delta z_1) \\ m(\Delta z_2) \\ \vdots \\ m(\Delta z_j) \\ \vdots \\ m(\Delta z_J) \end{pmatrix} + \begin{pmatrix} e_n(q_1) \\ e_n(q_2) \\ \vdots \\ e_n(q_i) \\ \vdots \\ e_n(q_I) \end{pmatrix} \tag{4.7}$$

而对于二维及三维核磁共振勘探，则要将核函数按照所需网格划分，并排序。

利用奇异值分解的方法，可以将核函数矩阵 $\boldsymbol{K}$ 分解为

$$\boldsymbol{K} = \boldsymbol{U}_r \cdot \boldsymbol{S}_r \cdot \boldsymbol{V}_r^{\mathrm{T}} \tag{4.8}$$

式中：$\boldsymbol{S}_r$ 是由 $\boldsymbol{K}^{\mathrm{T}}\boldsymbol{K}$ 或 $\boldsymbol{K}\boldsymbol{K}^{\mathrm{T}}$ 之 r_a 个非零特征值的正根组成的对角线矩阵，且按照降序排列；r_a 为核函数矩阵 $\boldsymbol{K}$ 的秩；$\boldsymbol{U}_{r_a}$ 为矩阵 $\boldsymbol{K}\boldsymbol{K}^{\mathrm{T}}$ 之 $I \times r_a$ 阶特征向量矩阵，$\boldsymbol{V}_{r_a}$ 为矩阵 $\boldsymbol{K}^{\mathrm{T}}\boldsymbol{K}$ 之 $J \times r_a$ 阶特征向量矩阵，且它们都是半正交矩阵。

核函数矩阵 $\boldsymbol{K}$ 满足 Penrose 条件的自然逆，即广义逆即为

$$\boldsymbol{K}_L = \boldsymbol{V}_{r_a} \cdot \boldsymbol{S}_{r_a}^{-1} \cdot \boldsymbol{U}_{r_a}^{\mathrm{T}} \tag{4.9}$$

利用核函数的广义逆矩阵，可以由核磁共振实测数据反演得到地下含水量的模型

$$\boldsymbol{m}^{\mathrm{est}} = \boldsymbol{K}_L \cdot \boldsymbol{d} \tag{4.10}$$

式中：est 为模型含水量估计。

但是在实际反演的过程中，核函数矩阵的特征值分布往往相差悬殊。而其中小的特征值对重建观测数据作用微乎其微，将他们去掉也不会影响观测数据的重建精度；但另一方面，小的特征值对模型参数的构制影响极大。所以为取得良好反演结果，通常需要对特征值进行适当改造，即

$$\boldsymbol{K}_L^* = \boldsymbol{V}_r \cdot \boldsymbol{f}^{(1)} \cdot \boldsymbol{f}^{(2)} \cdot \boldsymbol{S}_r^{-1} \cdot \boldsymbol{U}_r^{\mathrm{T}} \qquad (4.11)$$

$$f_i^{(1)} = \begin{cases} 1, & i \leqslant k_t \\ 0, & i > k_t \end{cases} \qquad (4.12)$$

$$\boldsymbol{f}_i^{(2)} = \frac{s_i^2}{s_i^2 + \lambda^2} \qquad (4.13)$$

式中：k_t 为截断门槛，即要保留的特征值个数；λ 为正则化参数。

正则化参数 λ 对反演的精度及噪声的压制水平有重大影响。而 L 曲线法是确定正则化参数的一种有效方法。L 曲线法是指用对数尺度描述拟合误差$\|Kw{-}E\|_2$ 与模型平滑度 $\|w\|_2$ 随 λ 变化的对比曲线，然后根据对比结果来确定正则化参数的方法。L 曲线的特征是曲线成明显的大写字母 "L" 字形，而其拐点所对应的值即可被认为是合适的正则化参数。图 4.8 展示了利用 L 曲线法选取合适的正则化参数的过程。对于该点情况，合适的正则化参数应位于 L 形曲线的拐点处，约 5×10^{-8} 左右。

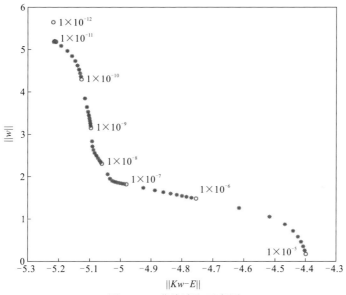

图 4.8 L 曲线选取示意图

为验证广义反演法在不同噪声情况下的反演效果，现设置一维含水层模型如表 4.1 所示。

表 4.1 一维含水层模型含水量分布表

层数	深度/m	含水量/%
1	0～10	0
2	10～20	40
3	20～35	0
4	35～50	70
5	50 以下	0

在线圈半径为 50 m,地下电阻率为 50 Ω·m,地磁倾角为 60°,拉莫尔频率为 2 000 Hz,线圈电流为 1 A,共测量 16 个脉冲矩的情况下得到的地面核磁共振信号,并分别加以不同大小的白噪声,使信噪比分别为 100、50、20、10、5 及 1,然后利用前文所述 L 曲线及折中曲线的原理选取适当的正则化参数及截断门槛,反演得到地下的含水量分布。反演结果如图 4.9 所示。从图中可以看出,当噪声水平较低时,基于奇异值分解的广义反演法能够很好地反演出含水量的真实情况;而随着信噪比的降低,反演效果逐渐变差,但仍能反映出含水层的大致位置。

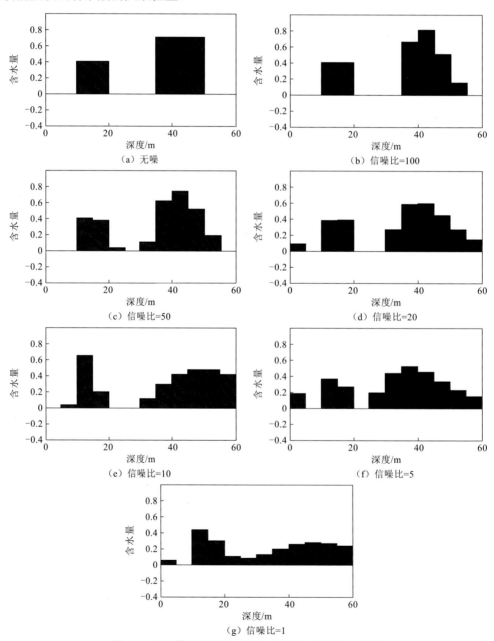

图 4.9 不同信噪比情况下广义反演法反演效果对比图

4.4　模拟退火法

1953 年，Metropolis 等[8]提出了模拟退火算法（simulated annealing method）最早的思想。1983 年，Kirkpatrick 等[9]成功地将退火思想引入到组合优化领域，它是基于 Monte-Carlo 迭代求解策略的一种随机寻优算法，其出发点是基于物理中固体物质的退火过程与一般组合优化问题之间的相似性。模拟退火算法起源于统计热力学，该算法主要是针对金属冶炼过程中升温和降温过程的研究，模拟实际降温过程和固体加温过程主要使用的是数学方法，先将固体加热使之升温到一定的温度，然后再逐渐冷却。固体内部全体分子字高温时呈现为无序状态，此时的能量达到最大值。同时，随着固体温度的降低，将降低内部分子的活跃度，分子会逐渐趋于有序状态。在常温时将达到某一基态，此时固体内部全体分子的能量最小。在冷却时，速度不能太快，否则亚玻璃体和非晶体等会形成。研究证实，冷却后晶体状态，是系统能量极小状态；亚玻璃体的状态，是系统能量局部极小。把最优化问题的目标函数设置为物理系统的能量，能量最小状态是系统的最优状态。在最优化过程之中，一个重要的系数是温度。在地球物理资料的反演中引入退火原理，称之为模拟退火法。

近年来，在地球物理资料的反演问题中，模拟退火法已被广泛地应用，并取得了令人瞩目的一些成果，该方法已成为一种非常重要的非线性反演方法。

（1）设置正演模型的全体系数，同时指定各个系数的取值区间，在指定的取值区间中随机选取一组初始模型系数 m_0 为当前最优点，计算相应的目标函数值 $P(m_0)$；

（2）设置 $T=T_0$ 为模拟退火法的初始温度；

（3）利用特定的方式，在前模型的基础上随机产生一个新模型 m，并计算新目标函数值 $P(m)$ 以及目标函数增量 $\Delta P = P(m) - P(m_0)$；

（4）若 $\Delta P < 0$，则将新模型 m 作为当前最优点；若 $\Delta P > 0$，则以概率 $p = \exp(-\Delta P / T)$ 置 T 为当前温度，新模型 m 为当前最优点。当模型被接受时，置 $m_0 = m$；

（5）将温度 T 缓慢降低；

（6）重复进行步骤（2）至（5），直到满足循环次数要求，则将当前最优点的模型参数值输出，结束计算。

用模拟退火法反演地球物理资料仍然存在收敛于局部极小的问题，但概率比其他非线性反演方法要小。与其他非线性反演相比，模拟退火法不依赖于初始模型的选择，同时在反演过程中不需要计算雅可比矩阵。因此，在各种地球物理资料的反演中都有许多成功的实例。

把一含水层模型分别置入电阻率为 10 000 Ω·m 的高阻介质和电阻率为 2 Ω·m 的导电介质中进行反演试验，为了让合成数据更符合野外实际情况，在理论观测数据中均添加了强度为 15 nV 的高斯随机噪声。反演结果如图 4.10 所示，不管是导电模型还是高阻模型，采用模拟退火算法均能获得比较理想的反演结果。把该反演结果和采用奇异值分解所得到的反演结果进行了对比，当含水层位于高阻介质中时，奇异值分解和改进的模拟退火算法均能获得比较好的反演结果，但是当含水层位于导电介质中时，奇异值分解的反演结果在浅层出现了假的含水层，而且漏掉了主要的含水层信息，很明显，反演结果已经不正确了，使用奇异值分解反演地面核磁共振数据具有一定的局限性，而采用改进的模拟退火算法反演地面核磁共振数据则不存在这方面的问题。

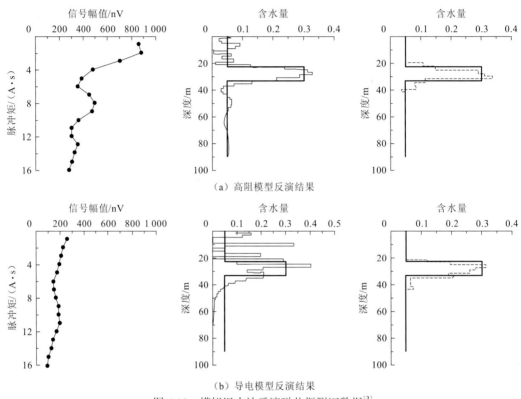

图 4.10　模拟退火法反演磁共振测深数据[3]

4.5　QT　反　演

核磁共振测井及实验室核磁共振技术指出，每一地层中探测到的 NMR 信号可视为不同孔隙产生的弛豫信号叠加。根据磁共振表面弛豫扩散理论，孔隙内流体的弛豫时间与孔隙大小以及形状密切相关，较小孔隙对应信号的弛豫时间短，反之，较大孔隙对应信号的弛豫时间长。由上述分析可知，地面磁共振信号应具有多指数特性。在考虑多指数衰减的情况下，磁共振测深的正演计算可写为形式如下

$$d(q,t) = \int K(\boldsymbol{r},q)m(\boldsymbol{r},T_2^*)\mathrm{e}^{-t/T_2^*}\mathrm{d}T_2^*\mathrm{d}\boldsymbol{r} \tag{4.14}$$

在一维反演情况下，上式可转化为

$$d(q,t) = \int K(z,q)m(z,T_2^*)\mathrm{e}^{-t/T_2^*}\mathrm{d}T_2^*\mathrm{d}z \tag{4.15}$$

通过对地下含水层深度及弛豫时间的分层，可以将式（4.15）写为矩阵形式为

$$
\begin{bmatrix}
d(q_1,t(1)) \\
d(q_2,t(1)) \\
\vdots \\
d(q_l,t(1)) \\
d(q_1,t(2)) \\
\vdots \\
d(q_l,t(S_N))
\end{bmatrix}
$$

$$
=
\begin{bmatrix}
K(z_1,q_1)e^{-t(1)/T(1)_2^*} & K(z_2,q_1)e^{-t(1)/T(1)_2^*} & \cdots & K(z_{k_l},q_1)e^{-t(1)/T(1)_2^*} & K(z_1,q_1)e^{-t(1)/T(2)_2^*} & \cdots & K(z_{k_l},q_1)e^{-t(1)/T(n)_2^*} \\
K(z_1,q_2)e^{-t(1)/T(1)_2^*} & K(z_2,q_2)e^{-t(1)/T(1)_2^*} & & K(z_{k_l},q_2)e^{-t(1)/T(1)_2^*} & K(z_1,q_2)e^{-t(1)/T(2)_2^*} & & K(z_{k_l},q_2)e^{-t(1)/T(n)_2^*} \\
\vdots & & & & & & \vdots \\
K(z_1,q_l)e^{-t(1)/T(1)_2^*} & K(z_2,q_l)e^{-t(1)/T(1)_2^*} & \cdots & K(z_{k_l},q_l)e^{-t(1)/T(1)_2^*} & K(z_1,q_l)e^{-t(1)/T(2)_2^*} & \cdots & K(z_{k_l},q_l)e^{-t(1)/T(n)_2^*} \\
K(z_1,q_1)e^{-t(2)/T(1)_2^*} & K(z_2,q_1)e^{-t(2)/T(1)_2^*} & & K(z_{k_l},q_1)e^{-t(2)/T(1)_2^*} & K(z_1,q_1)e^{-t(2)/T(2)_2^*} & & K(z_{k_l},q_1)e^{-t(2)/T(n)_2^*} \\
\vdots & & & \vdots & & & \vdots \\
K(z_1,q_l)e^{-t(S_N)/T(1)_2^*} & K(z_2,q_l)e^{-t(S_N)/T(1)_2^*} & \cdots & K(z_{k_l},q_l)e^{-t(S_N)/T(1)_2^*} & K(z_1,q_l)e^{-t(S_N)/T(2)_2^*} & \cdots & K(z_{k_l},q_l)e^{-t(S_N)/T(n)_2^*}
\end{bmatrix}
\begin{bmatrix}
S_N(z_1,T(1)_2^*) \\
S_N(z_2,T(1)_2^*) \\
\vdots \\
S_N(z_{k_l},T(1)_2^*) \\
S_N(z_1,T(2)_2^*) \\
\vdots \\
S_N(z_{k_l},T(n_T)_2^*)
\end{bmatrix}
$$

$$(4.16)$$

式中：S_N 为每次测量的离散采样数；n_T 为 T_2^* 在反演时的分层数；l 为脉冲矩总个数；k_l 为对地下深度的分层数。

下面我们设立理论模型如下：激发-接收线圈采用直径为 96 m 的圆形线圈；地磁场强度 48 000 nT，地磁倾角为 60°；地下电阻率分布为：0～5 m 深度为 1 000 Ω·m，5~20 m 为 200 Ω·m，15～25 m 为 90 Ω·m，25～150 m 为 110 Ω·m；采用分布在 0.01～18 A·s 的 24 个脉冲矩进行激发。而含水量及 T_2^* 分布由图 4.11 所示。

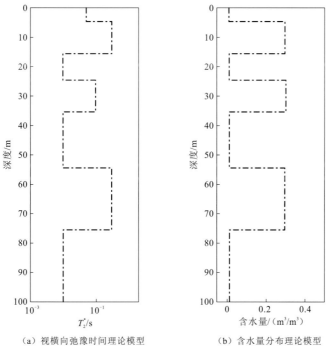

（a）视横向弛豫时间理论模型　　　　（b）含水量分布理论模型

图 4.11　视横向弛豫时间及含水量分布理论模型

对于上述理论模型，我们利用式（4.15）进行正演计算，结果如图 4.12（a）所示。我们对正演得到的 NMR 信号包络线添加了 5 nV 高斯白噪声，随后分别应用初始振幅反演及 QT 反演进行反演计算，结果如图 4.12（b）及（c）所示。从图中可以看出，采用初始振幅反演方法无法提取出各含水层的视横向弛豫时间信息，而 QT 反演则可以同时给出各含水层含水量及视横向弛豫时间的分布情况。同时，初始振幅反演对深层含水层的含水量估计略微偏高，而 QT 反演的结果则更为准确。

Muller-Petke 等[10]研究发现，QT 反演具有更高的分辨率。但因为全部测量数据一般包括 15～20 个脉冲矩，并且每个脉冲矩内，采样频率高达数万赫兹，所以反演数据量过大。所以有学者采用积分降低采样率的方法来减少反演的数据量，在保持信号弛豫特征不变的条件下适量的降低数据空间大小。也有学者建议采样应该在频域内进行。而在 T_2^* 维度上，有学者采用平滑反演的方法，但这样对计算机性能要求较高；有的学者采用单指数拟合；也有学者将地下介质简化为大—中—小孔隙的结构，将 T_2^* 分为三段进行反演。值得注意的是，根据 Grunewald 等[11]的研究，在某些情况下，如地下磁场不均匀性较强或孔隙尺寸很大时，NMR 信号也有可能不呈现出指数衰减的特征。

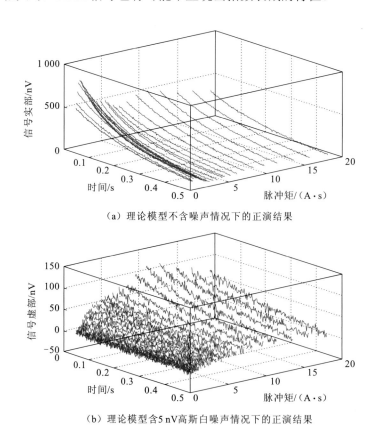

（a）理论模型不含噪声情况下的正演结果

（b）理论模型含 5 nV 高斯白噪声情况下的正演结果

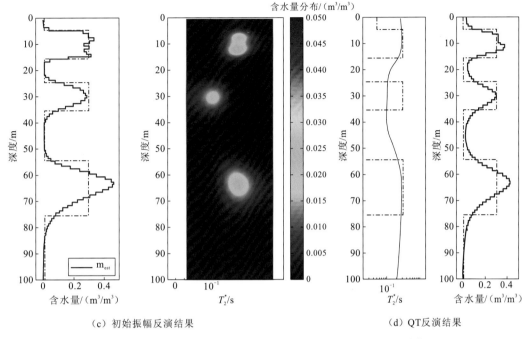

（c）初始振幅反演结果　　　　　　　（d）QT 反演结果

图 4.12　多孔隙情况下初始振幅反演与 QT 反演结果对比图[12]

参 考 文 献

[1] BEHROOZMAND A A, KEATING K, AUKEN E. A review of the principles and applications of the NMR technique for near-surface characterization[J]. Surveys in geophysics, 2015, 36(1): 27-85.

[2] LEGCHENKO A, EZERSKY M, GIRARD J F, et al. Interpretation of magnetic resonance soundings in rocks with high electrical conductivity[J]. Journal of applied geophysics, 2008, 66(3/4): 118-127.

[3] 戴苗, 胡祥云, 吴海波, 等. 地面核磁共振找水反演[J]. 地球物理学报, 2009, (10): 2676-2682.

[4] WENG A H. Occam's inversion of magnetic resonance sounding on a layered electrically conductive earth[J]. Journal of applied geophysics, 2010, 70(1): 84-92.

[5] 彭耀, 李凡, 潘剑伟, 等. 地面核磁共振信号相位求取电阻率[J]. CT 理论与应用研究, 2016, 25(1): 41-47.

[6] 余永鹏, 李振宇, 龚胜平, 等 l. 1D SNMR 吉洪诺夫正则化反演方法研究[J]. CT 理论与应用研究, 2009, 18(2): 1-8.

[7] MIKE MÜLLER-PETKE, YARAMANCI U. Resolution studies for magnetic resonance sounding (MRS) using the singular value decomposition[J]. Journal of applied geophysics, 2008, 66(3/4): 165-175.

[8] METROPOLIS N, ROSENBLUTH A W, ROSENBLUTH M N, et al. Equation of state calculations by fast computing machines[J]. The journal of chemical physics, 1953, 21(6): 1087-1092.

[9] KIRKPATRICK Jr S G,GELATT C D, VECCHI M P.Optimisation by simulated annealing[J]. Science, 1983, 220(6): 71-80.

[10] MUELLER-PETKE M, HILLER T, HERRMANN R, et al. Reliability and limitations of surface NMR assessed by comparison to borehole NMR[J]. Near surface geophysics, 2011, 9(1780): 123-134.

[11] GRUNEWALD E, KNIGHT R. Nonexponential decay of the surface-NMR signal and implications for water content estimation[J]. Geophysics, 2012, 77(1): 1-9.

[12] MUELLER-PETKE M, YARAMANCI U. QT inversion: Comprehensive use of the complete surface NMR data set[J]. Geophysics, 2010, 75(4): 199-209.

第5章 磁共振测深仪器

　　磁共振测深仪器与其他主动源类地球物理仪器相同，由发射系统和接收系统两部分组成。发射系统建立地球物理激发场以激发地下研究目标体，被激发的目标体物理特性不同表现出的地球物理场特征的时空特征亦不同。接收系统通过适当的接收方式接收相应的地球物理场，通过分析研究地球物理场的特征和规律进而达到探测和认识地下目标体的目的。此方法工作过程是一个"由表及里"的方法和过程。

　　本章概述磁共振测深仪器发展过程，重点介绍磁共振测深仪器组成（发射系统和接收系统）、工作原理及其野外工作方法。

5.1 磁共振测深仪器研制和应用状况概述

1978~1981 年，苏联科学院西伯利亚分院化学动力学和燃烧研究所（Institute of Chemical Kinetics and Combustion，ICKC）以 A. G. Semenov 为首的一批科学家开始利用核磁共振原理进行找水的全面研究，他们用了三年时间研制出了世界上第一台在地磁场中测定 NMR 信号的原型仪器，在其后十年间对仪器进行改进，开发出了世界上第一台在地磁场中测定 NMR 信号的仪器，称为核磁共振层析找水仪 Гидроскоп（Hydposcope），并于 1988 年、1989 年在苏联和英国申请了专利[1]。在此期间，他们进行了仪器改进和解释方法的研究，取得了世界领先水平的研究成果。

1991 年，俄罗斯科学院西伯利亚分院化学动力学和燃烧研究所与俄罗斯"中央地质"生产地质联合体共同创办水文地质层析成像公司，开展水文、工程地质和生态学方面的业务活动，在各种水文地质条件地区进行了现场作业，进一步检验和证实了方法的找水效果。Гидроскоп 仪器在工艺上虽然比较笨重，但仪器和方法理论基础非常扎实，其研究成果为后来的核磁共振找水仪器改进和方法完善打下了坚实的基础。俄罗斯的地球物理工作者，在实践中不断完善核磁共振方法理论和仪器，现已制成了 Гидроскоп-3B 型仪器，探测深度大于 150 m，激发脉冲间歇时间为几毫秒，在国内外完成了大量的探查地下水工作和环境污染监测工作。

1996~2009 年，法国 IRIS 公司，研制出核磁感应系统 NUMIS 系列仪器并推向国际市场。

1994 年，BRGM 购买了俄罗斯 Гидроскоп 找水仪专利，引进俄罗斯核磁共振技术和人才并与 ICKC 合作，开始研究新型的核磁共振找水仪——NUMIS。

1996 年春，商品型核磁共振找水仪问世（生产出六套 NUMIS）。从此，法国成为研制出核磁共振找水仪的第二个国家。NUMIS 仪器的原理没变，但在工艺上有许多改进，仪器变为"模块"形式，重量减轻，成果图直观，其勘探深度为 100 m。

1999 年，IRIS 公司将 NUMIS 升级为 NUMIS^{Plus}，其勘探深度为 150 m。

2003 年，为了解决与地下水或在岩土介质中水活动引起的环境变化，即探查浅层地下水和研究水环境变化引起的水文地质和工程地质问题（滑坡监测、堤坝隐患、考古等），法国 IRIS 公司在研制 NUMIS^{Plus} 的基础上，又推出轻便新型的核磁共振找水仪 NUMIS^{Lite}，其勘探深度为 50 m。

2009 年，IRIS 公司推出 NUMIS^{Poly}，该系统具有 4 道接收装置（图 5.1），通过布置远程参考线圈，可以有效提高信噪比和进行二维解释。此外，在 NUMIS^{Poly} 中提供了一种新的方法测量 FID 信号，即自旋回波法（spin echo），自旋回波法能够压制地磁场的纵向不均匀性，实测结果能反映出地下水的真实情况。NUMIS^{Poly} 的功能优于 NUMIS^{Plus}。

到目前为止，市场上应用较多的地面核磁共振找水仪器是 NUMIS^{Plus}、NUMIS^{Poly}。2000 年以后，我国引进的都是 NUMIS^{Poly}。

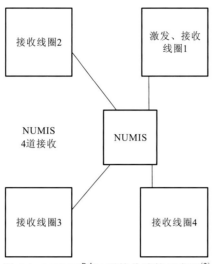

图 5.1　NUMIS^{Poly} 4 道接收连接示意图[2]

从 20 世纪 90 年代初到 2005 年，美国地质调查所（U.S. Geological Survey，USGS）等单位利用俄罗斯的 Гидроскоп、法国的 NUMIS 在美国进行了试验，试验资料由 Weichman 等 8 位学者（包括 4 位博士）撰写了研究报告。2006 年，美国维斯塔克拉雷公司（Vista Clara Inc.）首创多道地面核磁共振仪器——大地磁共振（GMR）仪。GMR 仪激发脉冲间歇时间为 5 ms，可以接收束缚水、自由水的 NMR 信号及它们的总和；接收回线使用 4 道，也可以扩展到 8～12 道的多道回线接收装置，并使用参考回线以降低、压制电磁噪声干扰。测量结果能提供一维（1D）、二维（2D）的水文地质系数。GMR 仪为商品仪器，在我国已有引进应用。

目前，我国在核磁共振仪器研制方面，还是以引进国外仪器为主。2006～2010 年，吉林大学与水利部牧区水利科学研究所合作，在"十一五"国家科技支撑计划重大项目"科学仪器设备研制与开发"课题之一"核磁共振找水仪研制与开发"的支持下，于 2009 年 4 月自主研制出吉林磁共振测深（JLMRS）地下水探测仪，填补了我国自主研制核磁共振找水仪器的空白，使我国成为能够研制 MRS 仪器的国家之一。JLMRS 仪器为商品仪器，在国内有多家单位选购应用于水文和工程地质的探测工作中。

1997 年年底，中国地质大学率先在中国引进了第一套 NUMIS。目前，在我国应用的 MRS 商品仪器有：法国 IRIS 公司研制的 NUMIS 系列仪器（NUMIS^{Plus}、NUMIS^{Poly}）、美国维斯塔克拉雷公司的 GMR 仪和中国的 JLMRS 仪。这些仪器各有特色，科技工作者在应用中发挥了仪器的潜能。

5.2　磁共振测深仪器的工作原理

5.2.1　对仪器的基本技术要求

在实际工作时，应合理地选用仪器，选择的仪器通常应满足以下技术指标[3]。

1.发射机系统

频率范围：$1.5\sim3\,kHz$。

最大输出电压：$4\,000\,V$。

最大输出电流：$450\,A$。

脉冲幅值和范围：可程控。

脉冲矩范围：$100\sim15\,000\,A\cdot ms$（与线圈和频率有关）。

2.接收机系统

增益范围：$10^4\sim10^6$。

带通滤波器带宽：$100\,Hz$。

采样率：4倍拉莫尔频率。

本底噪声：$<10\,nV/\sqrt{Hz}$。

A/D转换器：14位。

3.温度范围：

工作温度：$-30\sim+50\,℃$。

保存温度：$-40\sim+60\,℃$。

5.2.2 仪器的工作原理概述

目前，国内外使用的磁共振测深方法的测量仪器原理相同，仪器的主要组成部分作用一样，探测深度多在150 m左右，观测方式和反演解释方法以及获得的系数基本相同。例如，有发射线圈与接收线圈共用的单测道磁共振测深方法，在此基础上逐渐开发研制了发射线圈与接收线圈分离的多测道磁共振测深方法（图5.1），虽然它们的工作原理相同，但在某些方法技术、工艺上还是有区别的。

现以 NUMIS 仪器系列中的 NUMIS^{Plus}、NUMIS^{Poly} 为例，说明磁共振测深方法的仪器组成及其工作原理。

1.单测道 NUMIS^{Plus} 组成、原理

单测道 NUMIS^{Plus} 主要组成部分、原理框图见图5.2。

现简要说明各组成部分（图5.2）的作用。

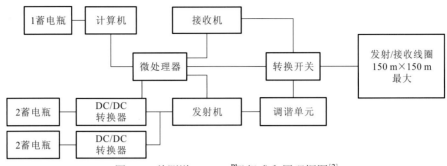

图 5.2　单测道 NUMIS^{Plus} 组成和原理框图[2]

1）电源转换单元：DC/DC 转换器和蓄电瓶

DC/DC 转换器将 2 个蓄电瓶（12 V×2，每个大于 6 Ah）提供的 24 V 电压转换为 400 V，供发射机的交变电流发生器使用。在 NUMIS^{Plus} 中利用了 2 个并联的转换器，其使用方法是：当探测深度为 150 m 时，要求用 2 个 DC/DC 转换器来激发边长为 150 m 的方形回线（回线总长度 600 m）；如果探测深度为 100 m，则仅要求用 1 个 DC/DC 转换器来激发边长为 100 m 的方形回线（回线总长度 400 m）。

2）天线

天线（又称回线或线圈），作为发射/接收天线。多测道仪器有多条接收天线。

3）转换开关

转换开关的作用是将外接天线在发射回路和接收回路之间进行转换。

4）调谐单元

调谐单元作用是用电容量不同的电容器将发射天线的频率调谐到拉莫尔频率。

NUMIS^{Plus} 备有 2 个调谐单元：当需要 9～30 μF 电容量时，使用 1 个调谐单元；当需要 31～60 μF 电容量时，使用 2 个调谐单元。就是说，在磁纬度较低地区（地磁场强度低于 31 000 nT、使用边长 150 m 方形回线时，或地磁场强度低于 37 000 nT、使用边长 100 m 方形回线时）必须使用 2 个调谐单元；在中、高磁纬度地区，使用 1 个调谐单元。

5）发射/接收系统

发射/接收系统是 NUMIS^{Plus} 的核心。

发射机原理框图见图 5.3，DC/DC 转换器将 2 个蓄电瓶（12 V×2，每个大于 6 Ah）提供的 24 V 电压转换为 400 V，供发射机的交变电流发生器使用（在 NUMIS^{Plus} 中利用了 2 个并联的转换器）。调谐器用电容量不同的电容器把发射机产生的交变电流频率调谐到拉莫尔频率，在 PC 的控制下，发射机将拉莫尔频率的交变电流脉冲供入天线（线圈），形成激发磁场。

图 5.3　NUMIS^{Plus} 发射机原理框图

接收机原理框图见图 5.4，首先，在发射脉冲间歇期间，接收机测量 NMR 信号（振幅），对其进行滤波、放大和数字转换模拟后，用激发频率对此信号进行数值同步检测；然后，用一种校正算法，来计算包络线按指数规律衰减的曲线系数（NMR 信号初始振幅、时间常数），该按指数规律衰减曲线最好与实测（原始）的弛豫场曲线相拟合；最后，把处理结果输入 PC。

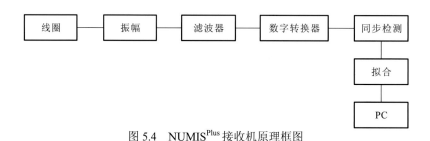

图 5.4　NUMIS[Plus] 接收机原理框图

PC 控制 NUMIS[Plus] 整个系统、记录原始数据，然后，进行数据处理、显示和存储以及进行后续资料解释（一维反演或二维反演）。

接收机的灵敏度高，可以接收 nV 级的信号。

6）微处理器

图 5.2 中的微处理器控制 NUMIS[Plus] 各个部分的协调工作，通过 RS-232 接口接收 PC 送来的数据指令，并将所测得的数据传给 PC 进一步处理并显示。

7）NUMIS[Plus] 配备的主要软件

NUMIS[Plus] 配备的主要软件有：测试软件、数据采集控制软件、处理和解释软件。

在上述软件支持下，获得磁共振测深方法的测量系数和反演解释的水文地质系数。

2. 多测道 NUMIS[Poly] 组成、基本原理

图 5.5 是 NUMIS[Poly] 野外工作中有 4 个接收器（道）、3 个噪声补偿线圈的示意图。

NUMIS[Poly] 由蓄电瓶、DC/DC 转换器、发射/接收线圈、谐调单元和 PC，加上 4 个接收道组成。其组成的各单元的原理与前述的单测道相同，不再赘述。但多测道磁共振测深方法提高了信噪比，工作效率较高，并可以进行二维反演。

多测道测量时，应特别注意，每增加一道接收，系统另外需要配备以下部件：

（1）接收器内部有 NiMh 6 V 电池；

（2）电缆线（7 圈，每边 10 m）接口处能用相交插口连接；

（3）线圈（天线 200 m）；

（4）发射机—接收器连接线 100 m，即接收器与发射机的连接线至少 100 m；当使用多个接收器时，都要编号；

此外，NUMIS[Poly] 还配备附件有：噪声分析器、质子磁力仪和磁化率计。

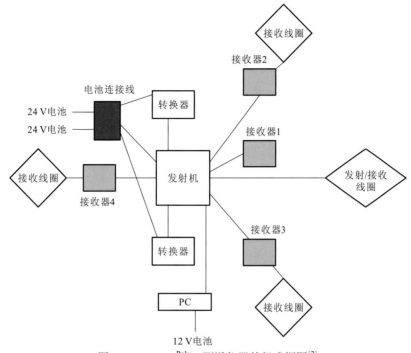

图 5.5　NUMIS^{Poly} 4 测道仪器的组成框图[2]

5.3　磁共振测深的工作方法和仪器维护

5.3.1　磁共振测深的工作方法

磁共振测深方法的工作方法包括野外数据采集、室内资料处理和反演解释两大部分。在本节仅仅介绍野外数据采集的有关内容，野外数据采集流程框图见图 5.6。

在进行数据采集前要做好仪器、人员和工作场地准备，然后，按仪器规定操作进行数据采集。之后，对采集的数据进行处理和反演解释，并提交成果报告。在此指出，为保证磁共振测深方法顺利进行，工作人员必须树立安全第一的思想，注意技术安全和对仪器的维护工作。

1.磁共振测深方法的数据采集

在使用磁共振测深方法进行工作时，为了获得最佳质量的数据，必须在使用仪器前做好施工的技术准备工作；由操作人员正确地选定激发频率、选择天线类型、选择有关的技术系数等，以保证采集到可靠的数据。

1）在野外作业前的准备工作

野外作业前的准备工作包括人员和仪器以及工作场地选择等准备工作。其中要配备专门的仪器操作员和物探工程师，无论是野外测量还是室内的资料处理和解释，都需要

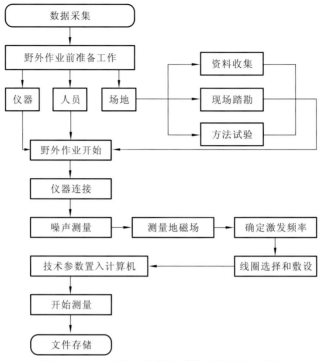

图 5.6　MRS 方法野外数据采集工作流程示意图

有熟练的操作员和地球物理技术人员正确使用和维护仪器，以获得可靠的野外数据和切合实际的资料解释结果。

野外作业开始前，应对所选用的仪器设备进行检查，所用仪器设备的技术指标应符合设计书的要求；连接仪器系统，采用试验回线进行室内模拟测试：实际振幅值、回线阻抗值、供电电压、实际脉冲值、放大倍数等均处于正常范围内，方可开展野外作业。

野外作业开始前，做好场地的准备工作，包括资料收集、现场踏勘和方法试验。

收集测区及周边的地理、地质与水文地质资料；钻孔、测井资料；测区岩石和矿石导电性、导磁性等物性资料，特别是岩石和矿石导电性资料，低阻岩石的存在往往使激发磁场变得复杂，同时使磁共振测深方法的探测深度降低，因此，岩石电阻率变化关系到磁共振测深方法资料解释的准确性。

现场踏勘应包括下列内容有：检查、核对前期收集的资料；调查民用水井的水深、水质，了解施工条件（地形、地物、交通、居民分布等）。

噪声测量调查：对 NMR 信号有影响的电磁噪声干扰源及其分布范围和变化特征（见第 3 章），并进行噪声测量。

方法试验应满足以下要求：试验点应选在具有不同地电断面、不同地形条件的地段，使试验具有代表性；在地质盲区或地质条件复杂时，开展方法试验为确定装置形式和工作系数提供依据；在地质、水文地质情况已知地段应布设试验点，并尽可能靠近已知钻孔。

2）磁共振测深的野外数据采集开始

（1）仪器各部分的连接（按仪器工作手册规定执行）并进行噪声测量。

（2）测量地磁场强度 B_0(nT)。由磁共振测深方法探测地下水的理论指出，地下水中氢质子的旋进频率取决于地球磁场的强度。因此，为保证质子被激发（产生共振），必须准确地测定工作区的地磁场强度。在磁共振测深方法中，通常把地磁场当作稳定磁场，在这种情况下，NMR 信号的初始振幅 E_0 值的大小直接反映地下水是否存在，因为 E_0 值的大小与地磁场强度的平方呈正比，即 $E_0 \propto B_0^2$。显然，对于同一深度的含水层来说，在高纬度地区含水层的 E_0 值大，而在低纬度工作区也能发现含水层，只不过 E_0 值偏低而已。地球的磁场是一个随地区和时间变化的磁场。通常用质子旋进磁力仪在工作区实地测量地磁场强度（某些情况下也可以从大比例尺地磁图上查取或用公式计算）。在工作区测量地磁场强度时，必须注意地磁场强度随空间和时间变化情况，例如，如果工作区地磁场强度的水平梯度较大，可以在区内多测几个点并对测量结果取平均值。一个好的激发频率的确定，要求磁场强度的测量误差小于 10 nT（磁场强度变化 23.5 nT 大约对应 1 Hz 的激发频率变化）。此外，还必须注意地磁场强度的垂直梯度变化。如果垂直梯度较大，就会造成在地表和地下某一深度被激发氢质子的频率之间出现较大的差异。当遇到这种情况时，要采用仪器系统来执行扫描步骤，以确定出合适的激发频率。除注意地磁场强度在磁异常区空间上的变化外，还要注意其随时间的变化情况，例如，在磁暴发生期间，地磁场强度随时间将有很大变化。在上述两种情况下，送入发射线框交变电流的频率与地下水实际感受的地磁场所对应的拉莫尔频率可能不相符，在激发磁场的频率偏离拉莫尔频率[称为失谐（detuning）]的情况下，仪器对接收到的 NMR 信号有影响。

（3）确定激发频率。根据测定地磁场强度值 B_0（单位为 nT），选择 B_0（单位为 nT）并确定激发频率 f（单位为 Hz），即

$$f = 0.042\,58B_0$$

使用磁共振测深方法工作时，在进行全程测量之前，要通过试验来确定激发脉冲频率。其方法是：将测得的地磁场强度值 B_0(nT)输入计算机，以便仪器系统（以下简称系统）用换算出的频率 f 作初值，发射相应激发频率的电流脉冲，进行 5 个脉冲矩的测量，所产生的 NMR 信号被记录下来。对系统所接收到的信号进行频率分析，并确定出包含在这个信号中的基准频率。如果在激发脉冲频率和所接收到的信号频率之间的差值小于 1 Hz，那么测量就继续进行，而不改变激发频率。如果该差值大于 1 Hz，那么将所接收到的信号频率作为激发频率的新值，这种调整将反复进行，一直到获得稳定的频率值，即认为氢质子可被正确激发为止。

（4）确定激发脉冲发射方式。根据工作需要和使用的仪器不同，确定激发脉冲发射方式。目前，使用的仪器发射脉冲矩有两种形式。一种是设置好需要的脉冲矩 q_n 的个数，然后在仪器电容中充入同一个电压，让同一个脉冲矩重复发射 N 次（即叠加次数），完成一个脉冲矩的观测。然后逐渐升高电压，让每个脉冲矩都重复观测 N 次，最终得到 $q_n \times N$ 次的观测信号。该种形式以法国的 NUMIS 系列仪器为代表。另一种脉冲矩发射形式是先给仪器电容中充入一个较高的电压，然后，将这个电压从高向低变化，完成 q_n 个脉冲矩的观测。重复 N 次这个过程，就完成了整体的 $q_n \times N$ 次观测。美国的 GMR 仪采用了这种脉冲形式[4]。

（5）线圈形状的选择和敷设。装置选择原则：应依据探测目标体的埋深、测区电磁噪声干扰程度、场地条件及装置特点，选择最佳工作装置形式[3]：方形发射回线边长大约等于探测目标体的最大深度；圆形发射回线直径大约等于探测目标体的最大深度；"8"字形天线能有效压制电磁噪声干扰，适用于电磁噪声干扰较大区域；多个回线装置的横向分辨率高于单回线装置。根据工作装置选择原则，考虑工区内待探查含水层的深度和含水量以及工区电磁噪声干扰的强弱、方向，优化线圈形状和科学地敷设线圈。线圈形状如图 5.7。从勘探深度和敷设线圈方便考虑，通常使用的线圈形状是直径一定（例如100 m 或 150 m）的圆形天线或边长一定（75 m 或 100 m）的方形天线，如图 5.7（a）、（b）所示。当工区电磁噪声干扰严重时，通常选用"8"字形天线，如图 5.7（c）、（d）所示。理论和实践表明，"8"字形天线能够起到压制电磁噪声干扰的作用，但是，降低了探测深度。线圈敷设应根据工区具体情况而定。工区电磁噪声干扰严重时，敷设"8"字形线圈。同时要注意研究电磁干扰源类型和方向，经过多次试验和调整，确定线圈的位置和方向，使线圈长轴方向与电磁噪声干扰源的方向一致。

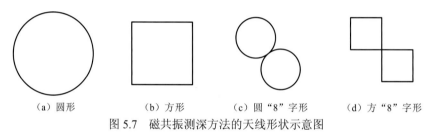

| （a）圆形 | （b）方形 | （c）圆"8"字形 | （d）方"8"字形 |

图 5.7　磁共振测深方法的天线形状示意图

（6）有关的技术系数并置入计算机。在开始测量之前，操作员应当根据仪器的测量程序要求，选择下列技术系数并置入 PC。天线的类型、尺寸和圈数：将敷设在地面上的天线类型、特征尺寸（圆形天线的直径或正方形的边长或"8"字形的每一部分的直径或边长）和圈数输入 PC。测量数值范围：测量数值范围是仪器接收机可以测量的最大值，这个范围可以在 500～60 000 nV 设置。通常情况下，环境噪声会比 NMR 信号大，建议测量范围取 4 倍的环境噪声值或比信号大 1～2 倍（如果噪声可以忽略的话）。若在某测点上尚未得到环境噪声值的大小，可先采用 30 000 nV 作为测量范围，在测量到噪声和信号后再作修改。每次修改测量范围，全部测量过程必须重新开始。记录长度：记录长度相对于所期望的 NMR 信号的时间常数来确定。如果选择不当，不仅影响地质效果，而且降低工作效率。仪器的记录长度可在 240～1 040 ms 调节，通常把 240 ms 作为记录长度的标准值。脉冲持续时间：仪器的激发脉冲持续时间是由程序控制的，可在 5～100 ms 变化，脉冲的持续时间最佳值为 40 ms。脉冲间歇时间为 30 ms。脉冲矩 q 的个数：进行磁共振测深方法找水测量时，脉冲矩 q 的个数应当根据在勘探深度范围内希望分层的多少和测量时间来确定。对于一个完整的核磁共振测深点来说，q 的个数通常选为 16。每个脉冲矩的值是由程序控制、在仪器配置的最小脉冲矩（q_{min}）和最大脉冲矩（q_{max}）之间自动选取的。叠加次数：仪器接收机的一次叠加时间内包括电容器充电、噪声测量、电流测量、信号测量和数据传输到 PC，共需要 10 s，因此，叠加次数的选择要兼顾测量质量和总的测量时间两个方面。叠加次数的多少取决于信噪比的大小。如果测量中出现某次叠加的噪声振幅大于给定的测量范围，这次叠加被认为是"坏叠加"（称为坏数），它不参与平均值计算，该次叠加作废，不会影响前后叠加的结果；对于每个脉冲矩的测量而言，只有噪声的振幅小于测量范围的"好叠加"（好数）次数达到了事先确定的叠加次数，才算完成一个脉冲矩的测量，这时程序便移到下一个脉冲矩的测量。

（7）启动数据采集程序 Numis.exe，开始测量。仪器配置有相应的数据采集软件，进行测量时，启动数据采集程序功能，即用 Numis.exe 程序控制数据采集、NMR 信号滤波及 NMR 信号的幅值、衰减时间、相位和频率的计算。该程序在 Windows 系统上运行。

（8）文件储存。单测道 NMR 信号数据存储格式：每一个核磁共振测深点的资料将被保存在两种文件中，第一种文件带有"inp"扩展名，该类文件是合成文件，其记录的内容有天线类型及激发脉冲矩 q 的个数，q 值和每个 q 值时的信号振幅值 E、视弛豫时间 T_2^* 或 T_1^*、噪声的平均值、DC/DC 转换器的电压值、测量到的 NMR 信号频率 f_0 以及信号的相位 φ_0；第二种文件的数目与脉冲矩个数一样多，每个文件都有一个"#"的扩展名（#是 1 或 2 或 3…）。这些文件包含从接收机输出的未加计算的原始数据，这些数据只能用软件来解释，当然也能用任何文本编辑器读出，万一在全部脉冲矩完成之前中断了测量过程，在当前脉冲矩（中断时脉冲矩）之前的所有脉冲矩的数据文件均已被存储。多测道 NMR 信号数据存储格式[2-3]：多测道 NMR 信号的数据存储格式有多个文件，仪器存储的数据文件夹中有 NumisBin.Mrs 文件、NumisData.inp 文件、NumisData.in2 文件和 NumisData.0#以及 RawData 文件。NumisBin.Mrs 文件是数据采集时调用的文件，记录仪器的相关设置，测点的地磁场，地磁倾角等。

NumisData.inp 文件是显示 MRS 测深点主系数的合成文件。在数据反演时就是调用这个文件到反演软件。这些数据都是经过仪器系统去噪处理过的数据。NumisData.in2 文件是 T_1 测量模式下记录的第二个脉冲的相关情况，内容与 NumisData.inp 文件基本一致。

NumisData.0#（#为脉冲矩的序号）文件显示的值是测量 FID 信号的包络线的时间采样值。

RawData 文件夹里保存着每个通道的发射或者接收的信号。包括每个发射脉冲和每次叠加前的原始信号幅值，用 NUMIS^{Poly} 仪器自带的 RawProView 软件可以导出噪声 Sig0，第一个脉冲后的 NMR 信号 Sig1，第二个脉冲的 NMR 信号 Sig2，自旋回波信号 Sig3。这些信号都是按时间序列采样保存，我们从以上这些文件中可以看出，NumisData.0#文件的 C2(m)、C3(m) 与 C6(m)、C7(m) 分别表示噪声和信号的实部(x)与虚部(y)，反演时也需要用到 NumisData.0#里面的数据计算含水量、T_1、T_2^*、SNMR 等，这些文件都是由 RawData 导出的数据经去噪计算后得来。但是，针对多测道 NMR 信号的去噪方法研究，就是要对 RawData 文件中导出的数据进行处理，然后，还原计算用于反演所需要的文件 NumisData.0#。

2. 室内数据处理与解释

具体内容详见第 3～4 章。

5.3.2 技术安全要求和仪器维护

1.技术安全要求

（1）野外工作期间应经常进行安全生产教育；

（2）供电作业人员应使用绝缘防护用品；

（3）发射回线附近应设有明显的安全警示标志，必要时派专人看管；

（4）放线、收线和处理供电线路故障时，严禁供电。在未确认停止供电时，不得触及发射回线；

（5）发射回线所有连接处应保持干燥、无灰尘、不漏电；

（6）在野外测量时，测量仪器开始连接时，首先考虑到接地。为避免产生任何电磁兼容性问题，仪器必须组装好之后再接地。如果在交通工具中组装仪器，也必须将汽车接地；

（7）如果使用两个 DC/DC 转换器，将它们的地线连接起来，然后，将一个 DC/DC 转换器的地线和发射机的地线连接起来，并且将发射机的地线连接到金属桩；

（8）单元供电之前确保每个单元之间都连接起来；所有系统连接好并连接上 USB 数据线之后打开手提电脑；手提电脑和供电设备必须远离发射机以防连接在单元盒的连接线增加噪声干扰；

（9）在野外探测过程中，仪器设备应注意防雨、防震、防暴晒，遇雷雨天气应终止野外作业[4]。

2.仪器管理和维护

使用 MRS 仪器应按仪器用户手册的要求，进行管理和维护：

（1）仪器应存放在阴凉、干燥、无腐蚀性气体的环境中；

（2）每天晚上电池必须充电；仪器若在一个月内未使用，应将系统按顺序连接，用试验回线进行室内模拟测试，以延长电子部件的使用寿命；

（3）仪器在运输过程中，应固定放置在有减振装置的运输箱中，以免颠簸致仪器部件损坏；

（4）仪器发生故障应及时维修、填写记录并存档。

参 考 文 献

[1] SEMENOV A G, BURSHTEINAI, PUSER A Y, et al. A device for measurement of underground mineral parameters: 1079063[P].1988.

[2] 法国 IRIS 公司. NUMIS^Poly 用户技术手册[Z]. 2014.

[3] 尹极. 多测道地面核磁共振信号去噪方法研究[D]. 武汉: 中国地质大学(武汉), 2013.

[4] 中华人民共和国国土资源部.地面核磁共振找水法技术规程: DZ/T 0263-2014[S]. 北京: 中国标准出版社, 2014.

第6章　磁共振测深在水资源探测中的应用

水是人类生存最基本的条件。我国水资源的总量丰富，但人均占有量少，仅为 $2\,300\ \mathrm{m}^3$，不足世界人均值的 1/4，被列为全球 13 个地下水人均水资源缺乏的国家之一。我国水资源分布不合理，东多西少，南多北少，水资源的形势严重。

随着国民经济的发展，工、农业用水和城市供水的需求不断增加，特别干旱、沙漠和地表水缺乏地区，地下水资源的勘查则显得越来越重要。必须开源节流，利用高新技术探查地下水资源。经过几十年的发展，地球物理方法已成为地下水调查中的一个重要勘查方法。磁共振测深方法是近几十年发展起来的直接找水的地球物理新方法，能够探测各种类型的地下水，为探查地下水资源提供了崭新的技术手段。

本章简要介绍地下水的分类及其特点；主要以实例说明磁共振测深方法在勘查各类地下水资源（孔隙水、裂隙水、岩溶水、地下热水、卤水）中取得的应用效果。

6.1　地下水的主要类型及其特点

含水层的空隙空间是地下水赋存的场所、流动的通道。介质的空隙性质决定了空隙空间的形状、规模和连通情况，控制和影响着地下水的赋存、流动和富集的特点。任天培等[1]根据地下水所在介质的主要空隙的性质将地下水分成孔隙水、裂隙水和岩溶水三种主要类型。上述诸类型的地下水在不同埋藏条件下既可以是承压水，也可以是潜水或上层滞水。

6.1.1　孔隙水

孔隙水广泛分布在第四系各种不同成因类型的松散沉积物中。孔隙水最主要的特征在于其水量在空间分布上相对均匀，连续性好。

孔隙水一般呈层状分布（与岩层分布一致）。同一含水层中的孔隙水具有密切的水力联系，并具有统一的地下水面。孔隙水的流动通常呈层流流态，但也有例外，在一些砾石及卵石层等大孔隙含水层中，水力坡度大，水流速度快，地下水可能呈紊流流态。

孔隙水的分布和循环交替情况随沉积物的成因类型、所处地形和地貌部位等不同而具有明显的差异性。洪积物、冲积物和黄土中的地下水是常见的沉积物中的孔隙水。

1.洪积物中的地下水

洪积物中的地下水广泛分布在山间盆地和山前平原地带，尤以干旱、半干旱的地区最为发育。一些大型的洪积扇、冲积扇中的地下水，往往是一些大中城市、工矿企业和农田灌溉的重要供水源。

洪积扇具有特殊的地形和岩性特征，地形上由山麓向平原呈扇状展开，地面坡度也向平原逐渐变缓。岩性大体上由山麓向平原，沉积物颗粒由粗变细：顶部为卵石粗粒相带、中部为砂、亚砂土、亚砂土犬牙交错的过渡相带，至前缘变为亚黏土、黏土细粒相带。

2.冲积物中的地下水

冲积物是河流堆积作用形成的沉积物，其分选性和磨圆度较洪积物好，河流在不同时间、不同部位的托运能力不同，冲积物的岩性和结构无论在平面或剖面上变化都很大。河流不同部位冲积物的水文地质条件也不尽相同。河流上游，河床纵向坡度大，水流急，冲积物不发育，仅枯水期河湾的凸岸沉积一些厚度不大的卵砾石层，其中赋存潜水。这种潜水含水层的透水性极好，地下水与河水有密切的水力联系，地下水的化学成分一般与河水相近，为低矿化的淡水，但冲积物中的地下水厚度小，分布狭窄。

3.黄土中的地下水

我国黄土分布广泛，以陕西、宁夏和甘肃交界处为中心，西北及华北均有分布。黄土在堆积过程中多次间断和相应的成壤作用，土中富含盐类易被溶解，从而在内部形成许多空洞和垂直裂隙，可以赋存有孔隙裂隙水。黄土中的裂隙以垂直裂隙最为发育，黄土的透水性能呈明显的各向异性，垂向的渗透系数往往比水平方向的渗透系数大十几倍。渗透系数值各地差异较大，并随埋深加大、裂隙及孔隙减弱而变小。

由于黄土分布区特定的地质和自然条件，加之黄土结构疏松无连续隔水层，地下水埋深较大，往往达几十米甚至一二百米，黄土分布地区总的来说比较缺水，供水比较困难。

6.1.2　裂隙水

赋存于坚硬岩石裂隙中的地下水便是裂隙水。基岩的裂隙空间是裂隙水储存和运动的场所。裂隙的密集程度、开启程度、连通情况等直接影响裂隙水的分布、运动和富集。因此，要了解和掌握裂隙水的特征，必须首先详细研究岩石中裂隙的发育和分布规律。

1.裂隙水的分布、运动特征

岩石裂隙发育和分布错综复杂，裂隙空间分布不均匀且具方向性，故裂隙水的分布和运动较之孔隙水有很大差别。裂隙水分布不均匀及其水力联系的各向异性是它不同于孔隙水的突出的特点。其主要特点如下。

1）裂隙水的分布特征

裂隙水在空间分布的不均匀性是它区别于孔隙水的主要特点之一。裂隙水的分布形式或呈层状分布或呈脉状分布。在裂隙发育均匀且开启性和连通性好、充填物少的岩层中，裂隙水呈层状分布，具有良好水力联系和统一的地下水面；反之，往往无统一的地下水面。

2）裂隙水的运动特征

裂隙水流动过程水力联系呈明显的各向异性，是裂隙水不同于孔隙水的又一个重要特点。岩层中往往顺某个方向的裂隙发育程度好、开启性好、导水性强。裂隙的产状对裂隙水的局部流动方向有明显的控制作用。局部地段裂隙水流向并不总是和水流的总体方向一致，甚至有时会出现方向相逆的情况。

2.不同类型裂隙中的地下水

裂隙水的形成和分布主要受岩层所发育的裂隙成因类型所控制。按赋存地下水的裂隙类型，裂隙水可分为风化裂隙水、成岩裂隙水和构造裂隙水三种类型。

1）风化裂隙水

风化裂隙水赋存于基岩的风化裂隙中。弱风化带和新鲜母岩透水性差异构成隔水底板，风化裂隙水大多为潜水。风化裂隙水多呈层状分布，水力联系较好，一般具有统一的地下水面，有一些可作小型分散的供水水源。

2）成岩裂隙水

各类岩石中，以喷出岩和侵入岩的成岩裂隙最具有水文地质意义。例如，内蒙古一带大面积分布的古近系玄武岩，厚度数十米至数百米，柱状节理发育，下伏上新统红色泥质岩构成隔水底板而形成潜水含水层，是该区主要的供水水源之一。

3）构造裂隙水

构造裂隙水在各类裂隙水中具有特殊重要的意义。按分布情况，构造裂隙水分层状裂隙水和脉状裂隙水两种类型。层状裂隙水多分布于区域构造裂隙发育的岩层中，往往构成统一的含水层。脉状裂隙水一般分布在断层等局部构造裂隙中。一些厚层脆性的岩层受力后往往上部裂隙发育，可赋存层状裂隙水；而深部裂隙分布稀疏，裂隙间连通性差，赋存其中的地下水呈脉状分布。

6.1.3 岩溶水

岩溶又称喀斯特，赋存于岩溶空隙中的地下水便是岩溶水。岩溶水也是一种活跃的地质营力，在其流动过程中不断地与岩石作用，改变自身的赋存和流动的环境，从而形成其独特的分布和运动特点。地下发育溶洞、暗河，地下水面不断降低，降水量很大的地区地表却严重缺水，巨大流量的涌泉，地表河流的消失和再现，以及地下空隙系统的管道化和地下水分布的水系化等，是岩溶发育地区所特有的水文地质现象。

岩溶含水层的水量往往比较丰富。国内外不少大中型城市是以岩溶泉为主要供水源。岩溶暗河往往蕴藏着丰富的地下水和水能资源，在条件适宜时可用来发电或修建地下水库，造福于人类。但是，岩溶山区常常因地下水埋藏很深而地表严重缺水，丰富而又集中的岩溶水给采矿、隧道等开挖工程带来巨大威胁和困难，甚至造成严重的灾害。

1.岩溶水的分布特征

岩溶介质的空隙空间是由规模较大的溶洞、管道，各种不同宽度的溶隙网，以及细小的溶孔共同构成的，其空间结构层次重叠、形态复杂。岩溶空间主要是在裂隙空间的基础上发展形成的，裂隙空间的方向性和透水性能各向异性的特点在岩溶介质中得到继承和加剧。因此，透水性能各向异性是岩溶介质明显的特点之一。

2.岩溶水的富水特征

从总的情况看，岩溶含水层的富水性是很强的。在岩石可溶性好、地下水径流通畅交替强烈的地段，是岩溶发育强烈，也是岩溶水富集的地段。因此，在多种碳酸盐岩分布区中厚层灰岩分布地段，尤其是裸露的地段，往往岩溶最为发育、最富水，且常常是发育成规模较大的地下水系。在构造破碎部位，可溶岩的透水性能增强，岩溶发育程度往往较其他部位强烈。一些大的岩溶通道和暗河，往往沿着褶皱轴部和翼部的强裂隙、断层破碎带或其影响带发育。

6.2 磁共振测深方法探测地下水资源应用实例

在国内外，利用磁共振测深方法探测地下水资源已有许多成功实例。例如，利用磁共振测深方法探查各种类型的地下水、进行水文地质填图和地下水资源评价等方面。

在 20 世纪 80 年代中期，苏联科学家用自制的磁共振测深找水仪 Гидроскоп，在其境内某干旱地区进行地下水探查工作，用一台找水仪在三周内调查了 100 km² 的干旱区。探查了一条淡水抽取带，指明了最有远景的钻孔位置，同时提供了导水系数等水文地质信息，后被找水实践证明是正确的[2]。

1996 年，西班牙国家环境部决定，用磁共振测深方法对西班牙国家公园——格拉萨莱马公园进行水文地质填图和地下水资源评价[3]，具体任务是：①确定 200 m 以内含水层赋存状态和含水构造；②定量评价含水层的渗透特性，预计开采指标及含水层在平面、断面上的分布状态；③划分出详查工作和水源地远景区；④评价不同含水层之间、地表水和地下水之间的水平、垂向水交换情况；⑤对预测水源地进行评价。

俄罗斯水文地质层析公司承担上述任务，他们利用 Hydroscope 找水仪。在 550 km² 工作面积上，以磁共振测深方法为主导，布设 80 个核磁共振测深点，实际完成的磁共振测深方法的观测密度为 0.15 个/km²，并辅以其他方法，用了 6 个月时间出色完成上述任务。

他们评估了地下水资源。复杂水文地质构造的格拉萨莱马—利巴尔范围内的流量为 430.4×10³ m³/24 h，主要含水层的含水类型为侏罗系岩溶裂隙水。矿化度仅为 0.6 g/L，为优质的地下水。他们的工作成果已被用户采用。

自 1998 年以来，中国地质大学（武汉）核磁共振科研组，充分利用磁共振测深方法特点，发挥核磁共振找水的潜力，已在我国 20 个省（区）进行了地下水资源勘查工作，在缺水地区找到了各种类型的地下水，所定出水井位见水率高达 90% 以上，不仅解决了缺水地区居民饮水困难，还有力地支援了工业、农业和国防建设：为长江三峡水电站传输的湖北、湖南段的变电站提供数个水源地；为油田企业、中国人民解放军边防部队找到水源地；为提高人民生活质量探测到了热水后备基地等[2, 4]。

6.2.1 以磁共振测深为主导的综合电法寻找孔隙水（淡水）

在我国西北某油田，其地表被第四系覆盖。本区第四系地层单一、稳定，在粉细砂夹薄层亚砂土、亚黏土互层中探测到有低矿化度的含淡水岩体。本区影响含水岩体电阻率变化的主要因素是地下水矿化度的高低。在其他条件不变的情况下，矿化度高则含水岩体的电阻率低，矿化度低则含水岩体的电阻率高。

本工区的电磁噪声干扰小而稳定。

2001 年 3 月～10 月，中国地质大学等四个单位，选择了四种物探方法进行地下淡水普查。

以高新技术找水方法为先导，把找水新技术、新方法与传统的找水方法相结合，开展了区域性水文地质调查。在 800 多 km² 工区内，应用了目前最先进的物探方法：磁共振测深（MRS）、瞬变电磁法（TEM-67）、电导率成像（EH-4）和传统的电阻率垂向电测深（VES）方法，为油田找到了优质的地下水，解决了油田对工业和民用水源地的急切需求[2]。

工区含水岩组的电阻率是：①高矿化度（$M>3$ g/L）含水岩组的电阻率 $\rho<10$ Ω·m；②弱矿化度（$M=2\sim3$ g/L）的含水岩组的电阻率 $\rho=10\sim15$ Ω·m；③低矿化度（$M<2$ g/L）含水岩组的电阻率 $\rho\geqslant15$ Ω·m。

工区上述含水岩组的电阻率差异为圈定油田地下淡水详查远景区打下了物性基础。

图 6.1 是 I 区中的一个成果图。图 6.1（a）是南北方向 30 线的 EH-4 电阻率断面等值线图，图 6.1（b）是该测线的 VES 电性结构图，图 6.1（c）是 30 线 106 点（106/30）的地面核磁共振方法含水量直方图。

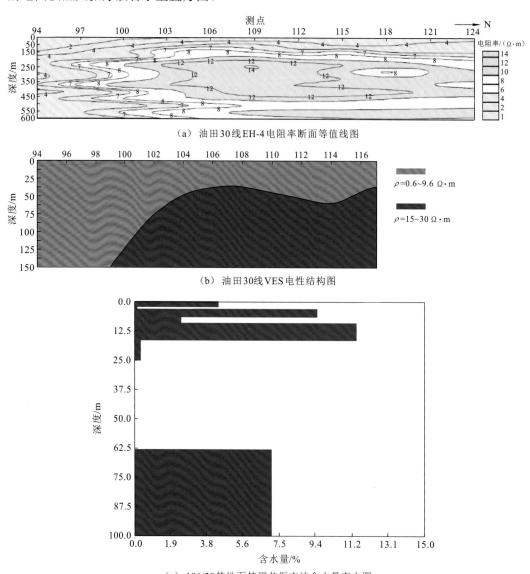

（a）油田30线EH-4电阻率断面等值线图

（b）油田30线VES电性结构图

（c）106/30的地面核磁共振方法含水量直方图

图 6.1　油田工区 I 区 30 线综合解释成果图[4]

对比 30 线各方法定量解释结果表明，电阻率为 10～30 Ω·m 的电性层恰与各核磁共振测深点含水异常显示相对应，这样就确定了该电性层为含淡水岩组。各含水层的顶板埋深在 10～100 m。

以电阻率差异划分含水层分布，圈定出油田不同级别的地下淡水远景区 4 个。其中 I 区是重点的详查区，其主要特点是地下 100 m 左右的电性层位稳定、电阻率为相对高值区，推断地下存在厚度大于 200 m 的含水岩组[图 6.1（a）、（b）]。该含水岩组为渭干河冲积扇扇前作用影响区，稳定的高阻层是在该冲积扇中赋存低矿化度地下水的反映。

在物探方法普查结束后，在 I 区 30 线以西地点完钻三口水井，已探明含水层厚度 200 多 m，为优质地下水，且含水层的水质是深层水的水质好于浅层。此结果证实了物探方法解释推断的正确性。

6.2.2　探测岩溶水

我国南方和北方分布着大片的岩溶地貌，其中南方以贵州为中心的桂、滇、川、湘、鄂、粤、赣、渝等 9 省（自治区、直辖市）相邻地区的连片裸露的碳酸盐岩山区，称为岩溶石山地区。

传统的物探找水方法在上述地区探测岩溶水时遇到许多困难，磁共振测深方法为解决这些困难（区分异常性质）提供了一种新的技术手段。

图 6.2 是中国地质大学（武汉）核磁共振科研组利用 NUMIS 在湖北永安地区找水的成果之一。1998 年 6 月，在前人认为的永安地区为"无水区"内，用 NUMIS 找到了岩

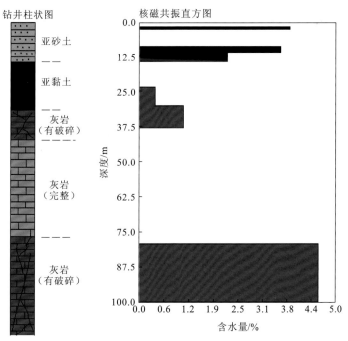

图 6.2　湖北永安工区磁共振测深方法一个测深点的直方图与钻孔资料对比图[2]

溶地下水。图 6.2 是磁共振测深方法一个测深点反演解释结果——含水量直方图与钻孔资料对比图，由图 6.2 可见，工区存在两个含水层，其中 77 m 以下的深部含水层的单位体积含水量达 4.5%，视横向弛豫时间 T_2^* 为 218～230 ms，说明含水岩层比较破碎，利于含水。建议验证的打钻深度 120 m，经实际钻探验证（终孔深度为 130 m），在 33～42 m 和 77～126 m 深处打到两层水质很好的岩溶地下水，与磁共振测深方法解释结果符合甚好。三口水井日出水量达 5 000 多 t，解决了当地居民的饮用水及农牧业开发用水问题。

6.2.3　探测基岩裂隙、红层裂隙水

1999 年，中国地质大学核磁共振科研组，利用磁共振测深方法与电测深法相结合，为长江三峡水电站输送电网湖北、湖南段的一些变电站解决了水源地。

图 6.3 是在湖北变质岩发育区某变电站探测水源地的成果图之一，图 6.3（a）是含水量直方图及反演解释结果表，由 6.3（a）可见，地下存在两个相邻的含水层：在 52.2～65.1 m 深度段（单位体积含水量为 2.78%，T_2^* 为 466.4 ms）和 65.1～81.1 m（单位体积含水量为 6.03%，T_2^* 为 180.1 ms），相邻含水层的 T_2^* 值和含水量不同，是含水岩石变质破碎程度不同的反映[图 6.3（b）]。

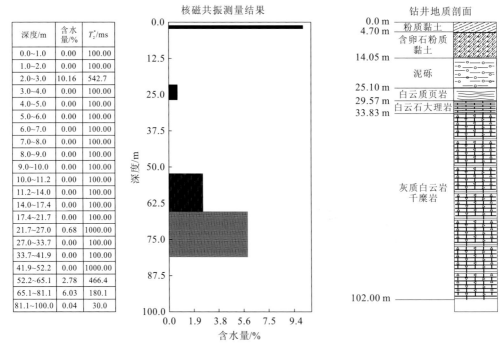

（a）磁共振测深法测量数据与解释结果　　　　（b）钻孔岩心柱状图

图 6.3　某地磁共振测深方法一个测深点反演解释结果与钻孔资料对比图

抽水试验持续 76 h，出水率为 348 m³/24 h，物探查探结论与钻井结果是一致的。

此外，使用同样物探方法在红层发育的长沙、益阳地区变电站，勘查到了红层裂隙

水，日出水量为 80 多 t。也为三峡水电站输送电网的某些变电站提供了生产、生活以及消防用水。

6.2.4　探测风化的花岗岩中地下水

中国地质大学（武汉）与中国人民解放军原北京军区给水工程团合作，在常规物探找水方法难以奏效的风化花岗岩发育的河北省康保地区探测到地下水。

工区地表可见亚砂土、亚黏土和碎石。

在本工区采集 NMR 信号时，使用大方形天线（75 m×75 m），激发脉冲矩的个数为 16 个，噪声水平＜1 500 nV，记录长度为 240 ms。

磁共振测深方法探测结果（图 6.4）表明，NMR 信号的初始振幅 E_0 与激发脉冲矩 q 关系曲线（E_0-q 曲线）出现极大值，且实测 NMR 信号与计算信号拟合较好；E_0-t 曲线呈指数规律衰减。E_0-q 曲线和 E_0-t 曲线均具有明显的含水特征。

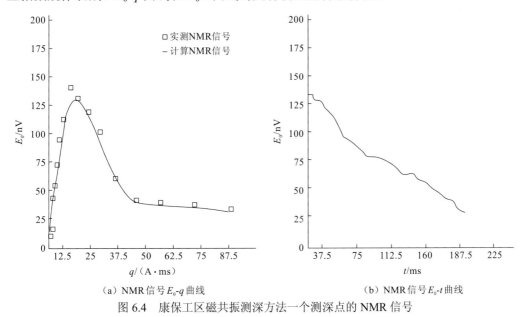

（a）NMR 信号 E_0-q 曲线　　　　　　　　（b）NMR 信号 E_0-t 曲线

图 6.4　康保工区磁共振测深方法一个测深点的 NMR 信号

根据磁共振测深方法反演资料施钻，图 6.5（a）、（b）为磁共振测深方法一个测深点的反演解释结果，图 6.5（c）为岩性柱状图（根据磁共振测深方法反演资料施钻，直接下花管）。对比图 6.5（a）、（b）、（c）可见，磁共振测深方法解释结果与钻孔资料符合甚好：该工区有三个含水层，分别位于 7.5～10 m、13～24 m、32～43 m。其中第一含水层的 NMR 信号的视横向弛豫时间 T_2^*=64 ms，与钻孔钻到的 2.5 m 厚含水砂层相对应，第二含水层（层厚 11 m）含水量为 6%左右。该含水层上、下部的 NMR 信号的 T_2^* 分别为 267 ms 和 128 ms，说明上、下部岩石颗粒不同，上部 T_2^* 大，表明含水层岩石的颗粒大，平均孔隙度也大。第二含水层与岩性柱状图的 11 m 厚砂层相对应。第三含水层（32～43 m），其含水量为 3%左右，T_2^* 为 76 ms，与风化花岗岩层相对应。

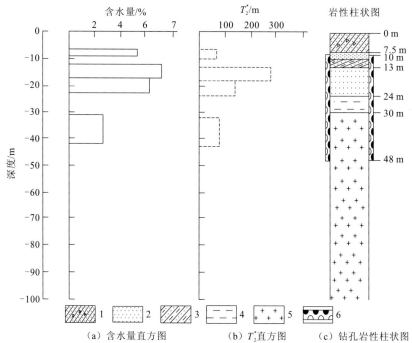

图 6.5　康保工区磁共振测深方法一个测深点解释结果与钻孔资料对比图[4]

1.亚砂土、亚黏土和碎石；2.砂层；3.黏质砂土；4.黏土；5.风化花岗岩；6.下花管部位

　　已经钻探证实，在风化的花岗岩中找到了地下水，日出水量达 84 t，解决了康保农场解放军官兵饮用水的水源问题[4]。

6.2.5　探测地下热水资源

　　在 2000 年初，应福建省安溪县地热开发公司要求，中国地质大学（武汉）核磁共振科研组用磁共振测深等找水方法为安溪县上汤工区和榜寨工区提供地下热水资源后备基地。找到了水温 79 ℃的地下热水，一口井日出水量大于 1 000 t，为该地热开发公司开发利用地下热水资源提供了后备基地。

　　上汤工区和榜寨工区位于安溪县境内的龙门镇，在南北走向的龙门溪（蓝溪的最大支流）内出露有温泉，并早已被当地居民广为利用。榜寨温泉已由安溪县地热开发公司进行开发利用，为安溪县居民的生活带来了很大的便利。

　　工区基本上被第四系所覆盖，溪中有少量花岗岩零星出露，系由于河水冲刷剥蚀河床所致。上汤工区没有物探工作资料。榜寨工区虽进行过地质、物探、钻探等工作，但所做的物探工作的深度还不足以直接反映深部的情况；井中测温反映有高热存在，但含水情况不理想；磁测工作由于精度及干扰原因，未获得理想效果。

　　本次工作以磁共振测深方法为主导，首先了解地下有没有水的问题，然后根据需要辅以电阻率测深、浅层米测温、高精度磁测等方法。

　　磁共振测深方法工作在上汤工区和榜寨工区分别完成了两个测点的测量工作。由于电磁干扰大（1 000～30 000 nV），为压制干扰，所完成的 4 个磁共振测深点均铺设"8"字形线圈（37.5 m×37.5 m×2）、19 个脉冲矩、256 次叠加进行测量。"8"字形线圈测量结果主要反映 50 m 左右深度以上的地下含水情况。

　　由图 6.6 可见，虽然磁共振测深方法受到较大电磁噪声的影响，但 E_0-q 曲线[图 6.6（a）]和 E_0-t 曲线[图 6.6（b）]形态和量值来看，地下含水特征还是明显的。

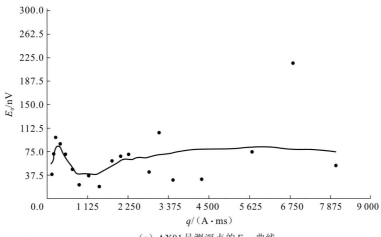

（a）AX01 号测深点的 E_0-q 曲线

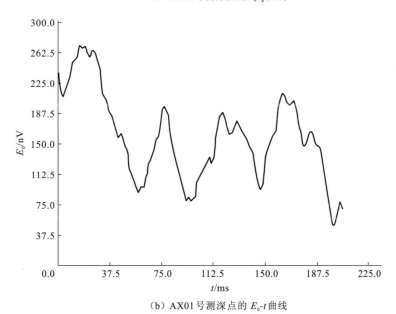

（b）AX01 号测深点的 E_0-t 曲线

图 6.6　上汤工区磁共振测深方法 AX01 号测深点 NMR 信号曲线

　　图 6.7 是磁共振测深方法 AX01 号测深点反演解释得到的含水量直方图，由图可见，此处地下含水情况良好，主要含水层的深度在 30～50 m，单位体积含水量大于 20%，属于大孔隙含水。

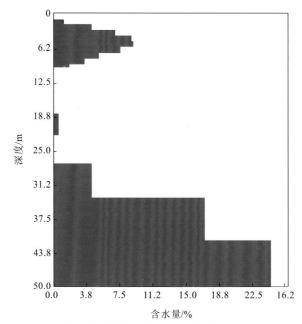

图 6.7   上汤工区磁共振测深方法 AX01 号测深点的含水量直方图

图 6.8 是电阻率测深 ρ_s 断面等值线图，由图可见，在 80～100 号测点附近，从 $AB/2$ 大于 20 m 开始，ρ_s 等值线陡立，高、低阻分离，出现电性不连续的情况。推断在 $AB/2 =$ 20～120 m 探测的深度范围内可能有断裂存在。结合电阻率测深、浅层米测温、高精度

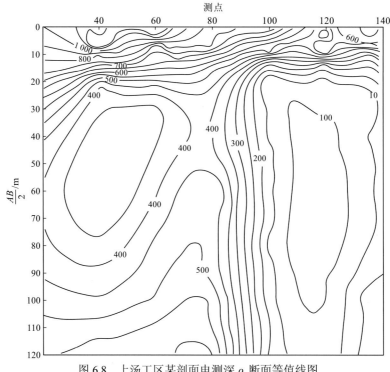

图 6.8   上汤工区某剖面电测深 ρ_s 断面等值线图

磁测等方法的资料解释结果，确定了钻孔位置。经钻探验证找到了水温 79 ℃的地下热水，日出水量大于 1 000 t，为该地热开发公司开发利用地下热水资源提供了后备基地。

6.2.6　探测卤水

马海矿区位于柴达木准地台北缘之柴达木盆地台拗之中，本实例介绍磁共振测深方法探查卤水的应用效果。

马海工区内除小面积地表卤水外，绝大部分是赋存于第四系盐类沉积层和矿区边缘碎屑沉积物中的晶间卤水和孔隙卤水。潜水层涌水量较大外，承压水层涌水量较小。

马海矿床中卤水钾矿层占有的资源/储量份额表明，它是矿区最重要的钾资源。作为液态矿石的卤水赋存在地下储卤岩层中。储卤岩层主要是石盐层，部分较粗的碎屑岩层也可构成储卤层，卤水分布在这些岩层内的晶间、碎屑物孔隙及裂隙间，简单称为晶间卤水。根据水力性质，分布于最浅的卤水矿层属潜卤水层，并以 W1 标示；其下部的则为承压卤水层，由上向下分别标示为 W2、W3、W4 及 W5。各卤水矿层的主要特征列于表 6.1。

表 6.1　马海钾矿床卤水矿层主要特征简表

矿层编号	分布面积/km²	矿层顶板埋深/m	矿层厚度/m	平均孔隙度/%	KCl 平均含量/%	占矿床卤水总储量份额/%
W1	416	（0～20）～（3～66）	（2～93）～（18～12）	13～98	1～52	8
W2	436	（5～10）～（32～74）	（3～21）～（24～15）	10～26	1～10	10
W3	843	（16～89）～（83～30）	（1～19）～（41～45）	13～40	1～17	40
W4	649	（55～64）～（131～27）	（2～65）～（47～64）	10～88	1～26	36
W5	402	（130～35）～（241～21）	（11～85）～（28～24）	8～20	0～93	6

由表 6.1 可见，马海卤水钾矿总资源/储量中有近 60%的部分埋深在 100 m 以内，为浅藏卤水；其他 40%的部分埋深在 100～270 m，为深藏卤水。其中仅 W1 潜卤水埋深大都在 20 m 深度内，比较容易开采。

表征卤水钾矿的物性系数的电阻率见表 6.2。据在本工区已取得的电阻率系数表明，电阻率与矿化度之间存在相关关系：矿化度低，电阻率高；矿化度高，电阻率低。由表 6.2 可见，工区电阻率普遍较低。

表 6.2　马海工区矿化度与电阻率关系

矿化度/（g/L）	电阻率/（Ω·m）
50～5	（1～5）～20
小于 1	大于 30
小于 2	大于 20
小于 3	大于 10
大于 10	小于 5
300	小于 0～5

2011～2013 年，中国地质大学（武汉）核磁共振科研组利用磁共振测深方法，对马海钾矿区承压卤水富水性进行了勘查和研究。

根据工区已知钻井资料和以往工作情况，本次试验的测线方向为北西 60°，共完成 6 条测线、75 个测深点测量（图 6.9）。使用法国 IRIS 公司核磁共振系统（NUMIS^Plus），敷设的线圈形状为大方型，边长为 150 m。由于工区地层的电阻率很低，勘探深度大约在 120 m 左右。

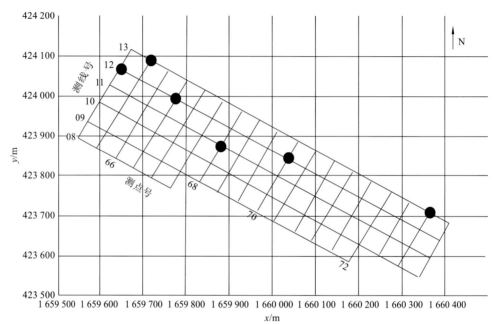

图 6.9 马海工区磁共振测深测网布置和承压水单位体积含水量超过
3%的磁共振测深测深点（大圆点）分布图

本着由已知到未知并紧密结合水文地质资料的原则，首先对钻孔旁的磁共振测深方法测深点进行反演解释和对比分析，然后，对全工区资料进行解释和分析。资料解释从一维反演解释直接获得每个磁共振测深测深点的一维反演结果，然后，对一维反演结果进行二维成图，从二维的断面图、平面图分析含水层核磁共振响应的区域分布特征。

图 6.10 是磁共振测深方法的试验点 Sk5（位于钻孔 Sk5 旁的磁共振测深方法的测深点）的一维反演结果，获得了含水体的深度、厚度、单位体积含水量和视纵向弛豫时间常数 T_1^*（以下简称时间常数，单位为 ms）、渗透系数（m/s）、导水系数（m²/s）。

由图 6.10（a）含水量直方图可以看出，在地下 3～13 m 深处有两个含水层，含水层单位体积含水量分别为 4%～6%、1%～3%，与水文地质资料的 W1 含水层相对应。深度 45～150 m 有一含水体，其单位体积含水量为 1.1%。根据水文地质资料可知，深度大于 45 m 有两个含水层，而磁共振测深方法反演结果图中只有一个含水层，这是因为低阻地层覆盖在含水层上方，导致磁共振测深方法的纵向分辨率降低，而反演结果没能将这两个含水层分开。

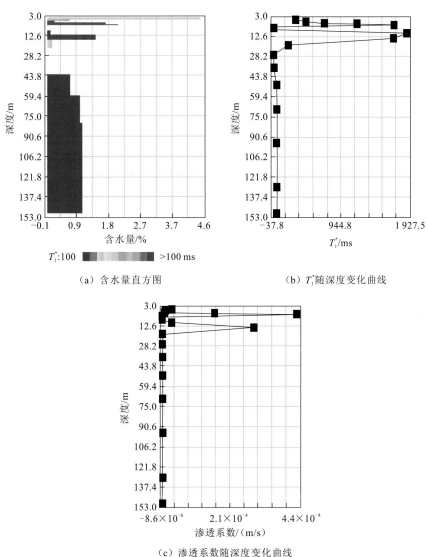

（a）含水量直方图　　　　　　　　（b）T_1^* 随深度变化曲线

（c）渗透系数随深度变化曲线

图 6.10 马海工区磁共振测深方法试验点 Sk5 一维反演解释结果图

上述三个含水层的单位体积含水量分别为 4.6%、1.3%、1.1%，显然，浅部含水层的含水量大于深部。对比水文地质资料中的三个含水层的涌水量表明，也是浅部的含水层的涌水量大，说明磁共振测深方法反演解释结果与水文资料吻合甚好。

从图 6.10（b）可以看出，浅部含水层（3～13 m）的 T_1^* 大于 600 ms，表明该含水层的孔隙较大，利于自由水的赋存，因此单位体积含水量较大。在 30～50 m 深度段的视纵向弛豫时间常数 T_1^* 变化不大，基本低于 100 ms，预示该深度段的含水层的孔隙较小，则自由水含量较小。

从图 6.10（c）可以看出，在浅部含水层的渗透系数在 3×10^{-4}～4×10^{-4} m/s 变化。在 30～150 m 深度段的渗透系数数值很小，且随深度变化不大。

综上所述，磁共振测深方法反演解释结果与水文地质资料的对比表明，试验点 Sk5

的磁共振测深方法反演结果所提供的含水层位置和含水量以及孔隙度的信息，很好地反映了地下含水层赋存状态的有关信息。

在一维反演解释的基础上，根据异常特点，选择有代表性测点，以二维成图方式，描述在断面、平面上含水体核磁共振响应系数变化特征。图 6.11、图 6.12 分别为深度为 3 m 和 50 m 含水层的单位体积含水量平面等值线图，由图可见，同一深度（3 m 或 50 m）平面上不同测点所在区域含水量的分布情况，为开发利用卤水资源提供信息。

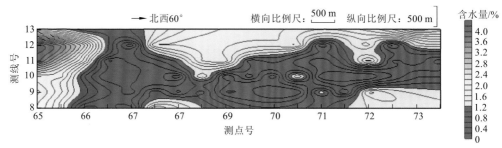

图 6.11　深度为 3 m 的含水层的单位体积含水量平面等值线图

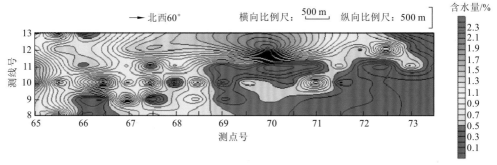

图 6.12　深度为 50 m 的含水层的单位体积含水量平面等值线图

由图 6.11 可见，在 11 线、12 线的 65～66 点区域内，含水量为 3%～4%甚至大于 4%；10～12 线的 65～66 点区域内，含水量逐渐变小，由 3%向 2%过渡；8～12 线的 66～73.5 点连续出现三个弱含水层或无水区域，多数测点含水量小于 1%。此外，13 线 73 点的含水量大于 4%。

图 6.12 为深度为 50 m 的含水层的单位体积含水量平面等值线图。图 6.11 与图 6.12 对比发现，深部含水层（承压水）的含水量比浅部（潜卤水）含水量低。

图 6.12 的 8 线～11 线的 65 点～66 点所在区域内，含水量由 2%向 1%变化；8～11 线的 66～68.5 点所在区域为弱含水层或无水区域，多数测点含水量小于 1%。68/10 点在 68/12 钻孔附近，钻孔无水。在钻孔 68/12 附近的磁共振测深方法的多数测点反演结果的含水量小于 1%或为无核磁共振响应；在 8～12 线的 69～73.5 点所在区域内，多数测点含水量小于 1%。局部范围（71/10 点、72.5/10 点附近）含水量为 1%～2%。12～13 线的 67～71.5 点所在区域含水量相对较高，含水量大于 1%。

从上述图中可以看出，工区内测点的单位体积含水量较小，通常表层的潜水在 3%左右，深层的承压水只有 1%左右，但局部测点承压水单位含水量高，超过 3%的共有 6

个点：65.5/13（测点号/测线号）、65/12、66.5/12、68/11、70/12、73/13（图 6.9）。根据磁共振测深反演的结果，建议验证井位布设在 65/12、65.5/13 和 73/13。

从空间分布来看承压水的含水量从东北方向西南方向是逐渐减少的，与工区卤水补给方向是一致的。

6.2.7　探测冻土地区地下水

利用磁共振测深方法成功地在我国西北冻土区探查到地下水，图 6.13 是成功利用磁共振测深方法在多年冻土区找水的成果之一。

多年冻土区约占我国国土面积的 22.4%。随着我国经济建设的发展，开发和利用多年冻土区地下资源成为建设重点，而探查地下水资源是首要任务。由于多年冻土区高阻屏蔽及接地困难等因素影响，常规物探方法很难获得较好的找水效果，而直接找水的磁共振测深方法在多年冻土区发挥出方法的优势。

野外工作使用法国 IRIS 公司的核磁共振系统（NUMIS^{Poly}），线圈为方形（150 m×150 m）；脉冲矩个数为 16 个；叠加次数为 64，记录长度为 240 ms。共布设了三个磁共振测深测点，其中 2 号测点布设在青南高寒地区的苦海北岸兴海 2 号钻孔（海拔 4179 m）处，该测点也位于小型盆地中，第四系松散物主要为含泥砂、砾石及泥砾等，冻土层下限深度为 42 m，含水层岩性主要为含泥砂砾石，地下水主要接受河水及冰雪融水的渗入补给。

图 6.13（a）、（b）和（c）是磁共振测深方法 2 号测点的实测、反演解释结果与 2 号钻孔岩心、水文地质资料对比图。

由图 6.13（a）可见，工区电磁噪声小而平稳；实测的 NMR 信号振幅值（图中小黑方块表示）随激发脉冲矩的增大而增大，并与理论计算（红线表示）的振幅值拟合甚好，这些表明观测结果可靠，也表明在勘查范围内有地下水存在，探测结果与钻孔揭示一致。

由图 6.13（b）指出了在 2 号测点勘查范围内，各含水层的深度、厚度、单位体积含水量。蓝色区域中单位体积含水量大于 3%部分即为含水层厚度，这一解释结果与其钻孔资料对比误差较小。图 6.13（b）下方的色标指出各含水层的核磁共振信号的视纵向弛豫时间 T_1^*，由图可以看出，图中蓝色的厚含水层（厚度近 120 m）的 T_1^* 约为 600 ms，推断该含水层的岩石颗粒较大，含水层岩性为砂砾石、含泥砂砾石，与钻孔揭示基本相符。

由图 6.13（c）可见，在大约 30～130 m 深度为渗透系数增大区，与图 6.13（b）有对应关系。

通过磁共振测深方法反演结果与水文钻孔资料对比分析，磁共振测深方法在高寒永久冻土区找水有良好的地质效果。

但是，磁共振测深方法还存在需要总结和完善之处。从三个测点的解析结果统计来看，磁共振测深方法探测的水位埋深比钻探揭露的要浅，而划分的含水层相对要厚，是由于钻探划分的冻土层下界面以上岩层存在一个冻融渐变层段（此层段具含水渐变性），这个冻融渐变层的含水性对具有高分辨率的磁共振测深方法是有 NMR 信号响应的，而钻探是难以用肉眼鉴别出来的，这就是造成两者的水位埋深不同的原因所在。

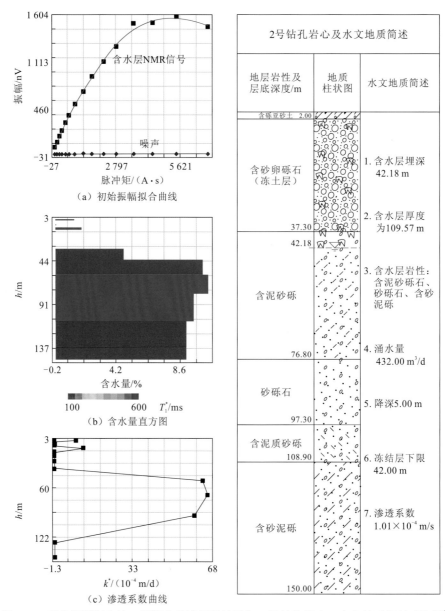

（a）初始振幅拟合曲线

（b）含水量直方图

（c）渗透系数曲线

图6.13 磁共振测深方法2号测点反演解释结果与2号钻孔岩心、水文地质资料对比图[5]

磁共振测深方法开创了物探方法找水计算涌水量的先例，但需要强调的是涌水量计算的应用前提是含水层岩性要比较均一，并在一定的平面范围内含水层厚度较稳定，但此例尚不满足条件。

此外，磁共振测深方法测量计算所得的渗透系数值比实际偏大，亦受含水层厚度的差异等影响。

磁共振测深方法在多年冻土区找水效果良好，且能给出多年冻土区存在含水层的唯一性解释推断，克服了常规物探找水的多解性等不利因素。该方法是多年冻土区目前物探找水最佳方法技术。

参 考 文 献

[1] 任天培, 彭定邦, 周柔嘉, 等. 水文地质学[M]. 北京: 地质出版社, 1986: 68-78: 1.

[2] 潘玉玲, 张昌达, 等. 地面核磁共振找水理论和方法[M]. 武汉: 中国地质大学出版社, 2000: 110-122.

[3] ПОРСКЛАН А А, ПЛЕТНЕВ А А. Использование ЯМР-топографа гидроскопа на примере гидрогеологических исследований и оценке ресурсов подземных вод национального парка Гразалема (Испания), Сборник научных трудов МГГА[C] // Москва, 1999, 297-305.

[4] 李振宇, 唐辉明, 潘玉玲. 地面核磁共振方法在地质工程中的应用[M]. 武汉: 中国地质大学出版社, 2006: 102-106: 1.

[5] 龙作元, 何胜. 核磁共振测深方法在多年冻土区找水中的应用[J]. 物探与化探, 2015, 39(2): 288-291.

第7章 磁共振测深在考古和文物保护中的应用

　　文物承载灿烂文明，传承历史文化，维系民族精神，是弘扬中华优秀传统文化的珍贵财富。保护文物功在当代、利在千秋。近年来，随着文物事业的不断发展，我国对进一步加强文物保护工作提出了更高的要求。

　　考古工作对物探方法的特殊要求之一是要保持古文物的完好性，地球物理方法就得益于其无损探测、成果信息丰富等特点而在文物保护工作中发挥了很大的作用[1-2]。近年来，新兴起的磁共振测深方法也开始应用于考古工作中。由于其具有直接探测水信息的优势，在文物保护项目中愈发受到重视。

7.1　磁共振测深在考古和文物保护中的作用概述

考古和文物保护工作的开展需要考虑多种环境因素的影响，水是其中最关键的影响因素之一。无论是空气中的水分对文物材料结构的影响，水质污染对文物表面的污损，还是地下水位升高对文物的侵蚀，地下水超采导致水位降低引起地表塌陷加剧对文物的破坏，水对文物的破坏都不可忽视[3-4]。而对水信息的探测是预防或补救文物破坏的最基本工作环节，也为后期考古和文物保护工作方案的确定提供了重要的基础资料依据。

磁共振测深方法是目前唯一能直接找水的地球物理方法，其探测信息直接与地下水中氢核相关。换言之，有水就有 NMR 信号，没水就没有 NMR 信号。并且其反演结果信息丰富，除了可以确定地下的含水量多少，还可以提供水体空间位置信息、含水层渗透性信息。同时，磁共振测深方法在进行探测工作时，仅需要在地表布设线圈即可对地下含水信息进行探测，对文物或场地无任何破坏性。基于此，将无损探测的磁共振测深方法应用于文物保护或考古工作中，其可以很好探测出威胁文物的水体信息，结合自然电场法等方法可以进一步确定水流方向、补给关系等，为文物保护、病害防治、修复等提供重要的基础资料。此外，磁共振测深方法的反演结果还可以为区分其他物探方法的异常性质提供依据，从而减小地球物理方法的多解性，提高其在考古和文物保护工作中的应用效果[5]。

7.2　磁共振测深在考古或文物保护中的应用实例

7.2.1　磁共振测深在秦始皇陵考古中的应用

1. 秦始皇陵概况

秦始皇陵是中国历史上第一位皇帝嬴政（前 259 年～前 210 年）的陵寝，秦始皇陵建于秦王政元年（前 246 年）至秦二世二年（前 208 年），历时 39 年，是中国历史上规模最大的帝王陵墓之一。该陵园的建成充分体现了两千多年前我国古代劳动人民的智慧和才能。该陵园位于现陕西省西安市临潼区城东 5 km 处的骊山北麓。1961 年 3 月 4 日，秦始皇陵被国务院列为第一批全国重点文物保护单位。1987 年 12 月，秦始皇陵及兵马俑坑被联合国教科文组织批准列入《世界遗产名录》。1998 年以来，在陵墓封土堆附近又发现了面积约 13 000 m² 的石质铠甲坑、百戏俑坑及众多青铜制品（图 7.1）。

2. 秦始皇陵考古与勘查

1999 年以来，秦始皇陵园的文物保护工作受到国家和社会各界的重视。2002 年 4 月我国科学技术部启动国家高技术研究发展计划（863 计划）课题"考古遥感与地球物理综合探测技术"。该课题针对秦始皇陵探测有效性试验开展的物探方法和化探方法共计 23 种，试验结果取得了前所未有的重大成果[6]。

（a）由东向西视点

（b）由南向北视点

图 7.1　部分陪葬坑位置照片[6]

磁共振测深方法在查明地宫是否进水时起到了决定性的作用，结合电阻率法、自然电场法、放射性方法后更是可以确定地下水的空间赋存位置和状态，进而推断出地宫完好性的关键结论。

秦始皇陵封土堆处于山前洪积扇上，出露地层为第四系全新统，总厚度在 400 m 以上。在陵区松散沉积层中，广泛分布着一层孔隙潜水，据 1970～1986 年实测水位资料，封土堆附近的地下水位在海拔 475～462 m 变化（现地表以下 20 多 m），现今地下水位降至地表以下 50 多 m 处，这表明地宫存在着进水的可能性。

3.使用磁共振测深方法对秦始皇陵地宫进行探测

磁共振测深方法的工作任务是查明秦始皇陵封土堆之下是否含水，以及含水层分布情况。其目的是为了了解秦始皇陵地宫是否进水、地宫防渗墙是否起作用；同时，辨别电阻率类方法的视电阻率异常性质，为综合解释提供信息。

1）秦皇陵工区磁共振测深测点布设

2002～2003 年，中国地质大学核磁共振科研组，使用法国 IRIS 公司研制的核磁感应系统（NUMIS）对秦皇陵考古进行了探测工作，该系统的探测深度为 100 m 左右。根据工作需要，磁共振测深方法共布置 5 个测深点，编号分别为 qhl-1、qhl-2、qhl-3、qhl-4 和 qhl-5。其中前 4 个测深点布设在秦始皇陵封土堆上（图 7.2），线圈类型均为方形（75 m×75 m）。而 qhl-5 位于秦始皇陵围墙外 6 号陪葬坑以东 70 m，线圈类型为圆"8"字形。

2）磁共振测深方法资料解释及其作用

图 7.3 是磁共振测深方法反演解释后，得到的含水量随深度变化的直方图，依此图能判断地下含水层的个数、各含水层的深度、厚度和单位体积含水量。通过磁共振测深方法的几个测点的观测资料，可以获得含水层的二维空间分布。

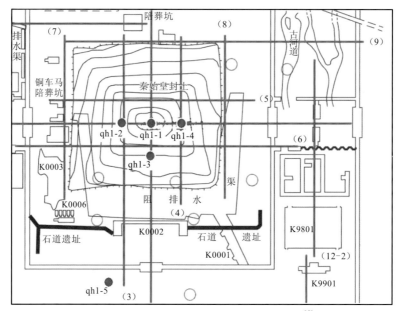

图 7.2　秦皇陵工区磁共振测深测点布置图[5]

测线（3）～（9）为复电阻率法测线

由图 7.3 可见，封土堆上两个测深点 qh-1、qh-2 的反演解释结果显示，封土堆下有两个弱含水层和一个无水区段。封土堆下的第一个弱含水层在三个测深点（qh-1、qh-2、qhl-4）上均有反映：qhl-1 测深点在地下 32～42 m 深度（海拔为 478～488 m）、qhl-2 和 qhl-4 测深点在地下 24～32 m 深度（海拔高度为 480～488 m）都有一弱含水层；第二个弱含水层在 qhl-1～qhl-4 测深点上都有反映，其深度在地下 75 m 左右（海拔为 440 m）。

综合分析 NMR 信号的特征表明，封土堆下含水特征并不十分明显，弱含水层的单位体积含水量仅为 2%～5%。而在封土堆下方大约 42～81 m 深度（海拔为 440 m～480 m）是无水区段（图 7.4），此区段恰是其他方法推断秦皇陵地宫可能存在的位置，而防渗墙外 qhl-5 号测深点的反演结果显示对应深度或高程的位置是赋存有 2% 以上的地下水。这表明，地宫内没有进水且秦始皇陵地宫阻排水渠依然发挥着作用。

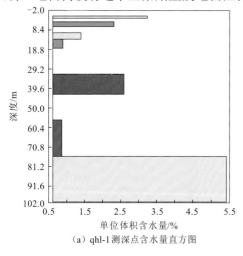

（a）qhl-1测深点含水量直方图

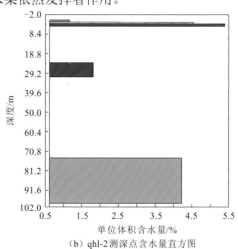

（b）qhl-2测深点含水量直方图

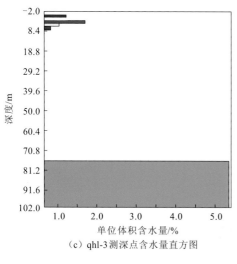

（c）qhl-3 测深点含水量直方图

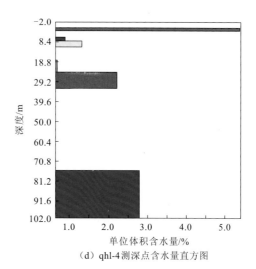

（d）qhl-4 测深点含水量直方图

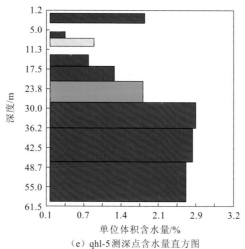

（e）qhl-5 测深点含水量直方图

图 7.3　秦皇陵工区磁共振测深方法各测深点含水量直方图

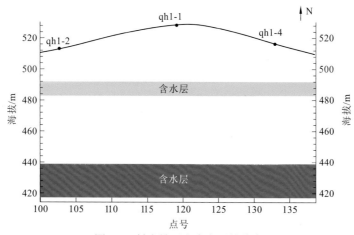

图 7.4　封土堆下方含水层的分布

（1）磁共振测深探测成果判别电阻率法高阻异常的性质。磁共振测深方法的探测结果判别了复电阻率法高阻异常的性质。如图 7.5 所示，在 440～480 m 海拔，位于 149～159 测点的封土堆下方，有一局部的封闭高阻异常，恰好与磁共振测深方法的无水区相对应，该高阻异常是无水区的反映。这样，用磁共振测深方法查明了高阻异常的性质，对进一步确定地宫就在封土堆下，并且没有进水的结论又提供了新的依据。

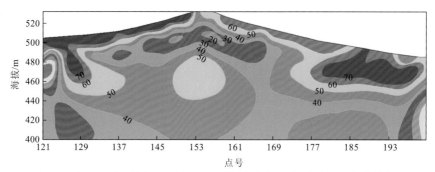

图 7.5　秦皇陵封土堆上 1-2 剖面复电阻率测深法二维反演断面等值线图[6]

（2）磁共振测深方法结合自然电场法推断排水渠仍起作用。前已述及，磁共振测深方法的 qhl-5 测深点布设在封土堆侧面的排水渠南边，该点的解释结果与封土堆上的 4 个测点的解释结果完全不同，即在相同海拔（440～480 m）之间封土堆上的 4 个测点的解释结果是无水区，而 qhl-5 测点的解释结果却为含水层[图 7.3（e）]。结果证明了地宫外的阻排水渠依然在起作用，因此进一步证明了地宫中没有进水。自然电场法环形测量可以用于了解地下水的流向。陕西秦皇陵考古队在阻排水渠两侧布置了 8 个环形自然电位测量点。综观以上 8 个点的测量结果（图 7.6）可以看出，秦皇陵南东侧水流受阻排

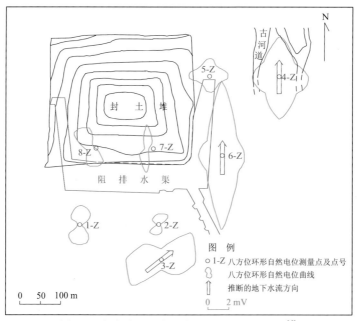

图 7.6　秦皇陵工区自然电位环形测量成果图[6]

注：底图由秦始皇陵考古队提供

水渠阻挡，水流改向偏东，至秦皇陵东，水流方向受阻排水渠制约，又改为南北向。靠近东侧，阻排水渠的 6 号点电位极形图长轴最长，这些都说明阻排水渠至今仍有阻水效果。上述情况表明，阻排水渠至今阻水效果良好，可以间接证明目前墓室尚未进水。

7.2.2　磁共振测深在阳华岩摩崖石刻文物保护中的应用

1. 阳华岩摩崖石刻概况

阳华岩位于湖南省永州市江华瑶族自治县城东 6 km 竹园寨山下，山体陡峭，基岩出露，崖下有泉水涌出。2006 年 5 月 25 日，阳华岩摩崖石刻被列为第六批全国重点文物保护单位。

摩崖所在地环境优美，属中亚热带大陆性季风湿润气候区，降水量丰富。摩崖石刻山体上部覆盖层较薄，大部分区域基岩出露，岩性为寒武纪灰岩，出露岩石溶蚀现象剧烈，见图 7.7。测区裂隙（共轭节理）发育较明显，可见于阳华岩区域航拍图 7.8，山顶可见部分出露岩溶。地下水补给主要为岩溶裂隙水，山体下部有泉水流出，常年不息。目前，石刻已出现渗水、风化等多种病害。为查明摩崖石刻风化及渗水的根本原因，迫切需要探明区域地下水赋存状态和构造变化情况。

图 7.7　阳华岩摩崖石刻所在山体地貌　　　　图 7.8　阳华岩摩崖石刻所在山体航拍图
中国地质大学（武汉）研究生在山体上布线

2. 磁共振测深探测石刻所在山体内地下水赋存状态

为了解阳华岩摩崖石刻所在区域地下水赋存状态，在山体上部选择布设的两个磁共振测深点（SNMR1、SNMR2）。具体线圈布设位置见图 7.9。

由于测区场地可布设磁共振测深方法线圈的区域面积较小，工作装置形式选用测量深度较大的方形收发共圈装置。其中，SNMR1 测深点线圈边长为 50 m，SNMR2 测深点线圈边长为 25 m。

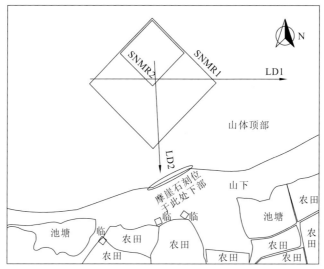

图 7.9　磁共振测深方法线圈敷设和探地雷达方法测线布置示意图[7]

　　磁共振测深探测采用美国 Vista Clara 公司生产的大地磁共振（GMR）探测仪器。该仪器可根据输入的测区地磁场强度值，自动计算出拉莫尔频率。同时可以自动对布设线圈的电感量进行测量，计算出所需的调谐电容。设置最大脉冲矩为 8 A·s，脉冲矩个数为 32 个，记录长度取 240 ms，叠加次数为 16 次。对于 GMR 采集的 NMR 信号数据，可采用仪器自带的 GMR QC 和 GMR_1D_inversion 软件进行处理反演。处理过程中，首先需要用 GMR QC 软件对 GMR 实测数据进行信号波形调节及去噪。然后，将处理后的数据导入 GMR_1D_inversion 进行资料处理。反演解释后，最终可得含水层单位体积含水量直方图（图 7.10，图 7.11）。

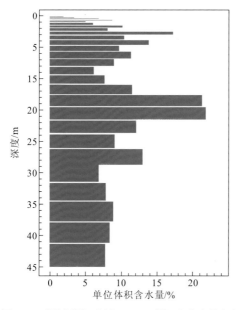

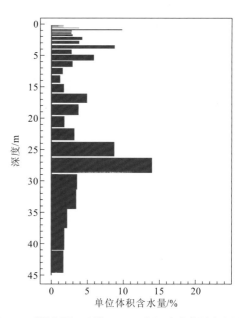

图7.10　磁共振测深方法SNMR1测深点含水量直方图　　图7.11　磁共振测深方法SNMR2测深点含水量直方图

由图 7.10 可以看出，在 SNMR1 测深点探测深度范围内，地层整体含水量大于 6.5%；在 12.5～16.5 m 深度段存在一处强含水层，含水量为 22%，含水层厚度为 3.9 m。阳华岩所在山体岩性主要是寒武纪灰岩，综合分析 NMR 信号特征，SNMR1 测点探测深度范围内地层整体含水量较高，可能为岩溶、裂隙发育，且含水所致。其中在 12.5～16.5 m 深度段存在一处强含水层，推断为地下水通道或汇聚场所。

由图 7.11 中可以看出，在 SNMR2 测深点探测范围内，地层整体含水量较低（约 2%）。深度约 23 m 处存在一处弱含水层，含水量约 3%。推断测深点下灰岩较完整，岩石岩溶、裂隙不够发育。

3.磁共振测深结合探地雷达推断山体内的岩溶通道

阳华岩区探地雷达方法共布设测线 2 条，见图 7.9 中 LD1、LD2。测线 LD1 近东西布置，全长 106.5 m，由西向东探测。测线 LD2 近南北向布设，LD2 沿测线 10 m 处于 LD1 沿测线方向 36 m 处相交。两条测线与磁共振测深方法探测区域均有重叠。

探地雷达探测结果显示[图 7.12（a）]，LD1 测线地下岩层中存在两处岩溶、裂隙发育带。一处位于测线 37～54 m 区段下方，深度范围约为 1～28 m，岩溶、裂隙、裂缝极为发育，且深部还有大型岩溶发育。另一处异常位于测线 67～84 m 区段下方，深度范围约为 2～20 m，小型岩溶裂隙、裂缝极为发育。由图 7.12（b）可看出，LD2 号测线 0～14 m 区段下方，地下地层较完整，测线 14～37 m 区段下方，地层小岩溶、裂隙、裂缝较为发育；测线 37～60 m 区段下方，地下地层裂隙及溶蚀裂缝极为发育。

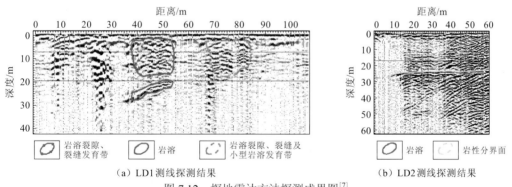

（a）LD1测线探测结果　　　　　　（b）LD2测线探测结果

图 7.12　探地雷达方法探测成果图[7]

综合分析磁共振测深方法、探地雷达探测结果，SNMR1 测深点采用边长为 50 m 的线圈进行探测，在其探测深度范围内，其探测结果表明阳华岩摩崖石刻所在依附山体地层整体含水量较高。而探地雷达探测结果揭示了阳华岩所在山体内裂隙、溶蚀、岩溶整体发育较为强烈。两者探测结果吻合，且磁共振测深方法探测结果的 12.5～16.5 m 深度范围强含水层区段恰是雷达探测结果相应深度范围内的岩溶、裂隙强烈发育地段，此地段很可能为地下水通道或汇聚场所，构成石刻受到潜在侵蚀威胁的地下水体。

SNMR2 测深点采用边长 25 m 线圈进行探测,探测区域与雷达 LD2 测线 0～12 m 重合,磁共振测深方法探测结果表明,测深区域地下含水量相对较弱。雷达探测结果表明 LD2 测线 0～14 m 地下地层岩体较完整,结果吻合。

通过磁共振测深方法无损探测,可以提供石质文物或石质文物所依附岩体中的含水量分布状况信息,也可以为其他物探方法探测到的岩溶、裂隙、裂缝是否赋水提供信息。在阳华岩摩崖石刻病害探查中,采用磁共振测深方法成功探测出了石刻依附山体内的含水层分布状况,给出了单位体积含水量。与探地雷达探测出的裂隙、裂缝相对应。两种方法相互验证,互为补充,提高了物探资料的可靠性,为石质文物保护提供了重要的基础资料。

7.2.3　磁共振测深在金灯寺石窟渗水病害勘查中的应用

1.金灯寺石窟概况

金灯寺,原名宝岩寺,建于北齐,金灯寺石窟始凿于北周,是山西省第二大石窟群,2006 年 5 月 25 日被列为第六批全国重点文物保护单位。寺庙坐落于林滤山巅海拔约 1 700 m 处的一处天然石凹里。金灯寺石窟群,规模庞大,雕造精美,是中国石窟造像尾声中的巅峰之作。

石窟历时五百多年,受自然环境、人为因素等影响已出现大量病害。石窟内常年渗水,这严重侵蚀、风化石窟内部分文物,同时也对石窟雕像的安全构成了潜在威胁。当地政府为更好进行文物遗产保护工作,亟须调查清楚石窟渗水原因,查明渗水通道,为文物保护、修复工作提供关键性基础资料[8]。

2.磁共振测深方法探测石窟上部山体地下水赋存状态

为探明石窟上部山体地下水分布,共布设磁共振测深点 5 个。测点布设位置见图 7.13。线圈装置选用方形线圈,线圈边长 50 m,1 匝。采集仪器使用法国 IRIS 公司生产的 NUMIS^{Plus}。

本次进行磁共振测深方法测量之前,通过试验来确定了激发脉冲频率。即将测得的地磁场强度值 B_0(单位 nT)输入计算机,NUMIS 用换算出的频率 f 作初值,发射相应激发频率的电流脉冲,进行 5 个脉冲矩的测量,记录所产生的 NMR 信号,并对所接收到的信号进行频率分析,确定出氢质子可被正确激发基准频率。记录长度选择 240 ms,脉冲的持续时间 40 ms,脉冲间歇时间为 30 ms。进行 NMR 信号测量时,脉冲矩的个数为 16。叠加次数的选择兼顾测量质量和总的测量时间两个方面,叠加次数的多少取决于信噪比的高低。对于每个脉冲矩的测量而言,只有噪声的振幅小于预设门槛,仪器才会记录该次测量;当有效测量的次数达到事先确定的叠加次数时,程序便移到下一个脉冲矩的测量。本次工作磁共振测深测深点的叠加次数为 32～128 次不等。每个测点均采用多次叠加方式提高信噪比,确保了原始数据的可靠性。每个脉冲矩接收到的信号频率与激发脉冲频率之间的差值 $\Delta f \leqslant 4$ Hz,说明测量质量良好。通过上述措施,可获得可信度很高的原始数据。

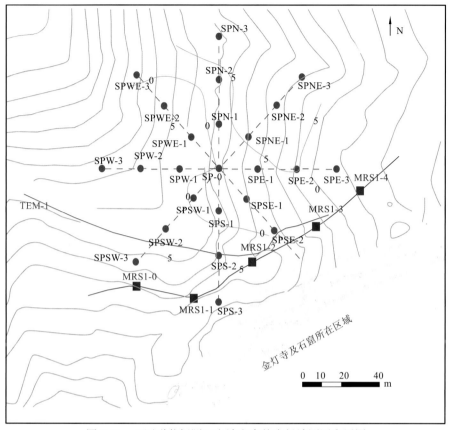

图 7.13　工区磁共振测深方法和自然电场法测网布置图

　　磁共振测深方法的数据处理过程主要包含零时外延和噪声滤波两个步骤。NUMIS 的信号采集的间歇时间"死区"是 30 ms。由于这种原因，地面核磁共振的找水装置不能直接测量到 FID 信号（即 NMR 信号）的初始振幅 $E_0(q)$，因为 $E_0(q)$ 接收线路不可避免的"死区"而信号被"丢失"。即实际测量的不是 $E_0(q)$，而是激发脉冲终止后到测量开始时刻 $t(t > \tau_d)$（τ_d 为"死区"时间）的 FID 信号 $E(t, q)$。为了得到激发脉冲终止瞬间 $t = 0$ 时刻的 NMR 信号 $E_0(q)$，我们利用 NUMIS 提供的程序，对 NUMIS 采集的信号进行了零时外延处理。对大量的经过零时外延的 E_0 数据，进行了预先滤波和圆滑处理，降低噪声（测量误差）水平，改善和提高了反问题求解质量。NUMIS 找水仪使用了傅里叶滤波和多项式平滑方式滤波。NUMIS 提供了最平滑的一维解。通过人机对话的方式，根据实测信号曲线噪声水平，输入 5～50 ms 之间任一滤波常数，PC 自动滤波和圆滑。

　　数据反演采用 NUMIS 自带的一维反演软件 Samovar。该软件可采用吉洪诺夫正则化的经典最小二乘反演方法，对于每个磁共振测深点的一组 NMR 信号实测数据由计算机自动地确定一个解。垂向分层层数与激发脉冲矩的个数一样多，这种反算法可使由下述两项之和构成的损失函数最小：第一项是实测数据和理论曲线之间的剩余均方差，以此建立了平滑的约束；第二项是两相邻的含水层系数之间的均方差，以此建立了平滑的约束。在资料反演之前，根据勘查区的测量条件和测量技术系数，计算形成一个矩阵，该矩阵涉及勘探地区的系数有：线圈的形状和大小、激发频率值、当地地磁总场的倾角、要求探测的最大深度、大地的电阻率，其模型可以是均匀半空间或层状大地。根据随NUMIS 提供的计算矩阵的程序计算矩阵，为反演做好技术准备。反演时可使用在测量期间所选择的全部记录时段进行，也可选择较小的长度来进行。滤波的时间常数（5～50 ms），原始数据被处理后可以重新计算其信号振幅和时间常数。当反演有噪声的数据时，正则化参数可用自动或手动进行调节。

基于以上磁共振测深方法的操作步骤和数据处理方法，我们首先对石窟上侧呈线状分布的 5 个磁共振测深测点分别进行一维反演，然后二维成图：即采用 Surfer 软件，将测线上的 MRS 1-0 号～MRS 1-4 号测点的单位体积含水量拼接为断面图，并加入地形数据。断面图见图 7.14。

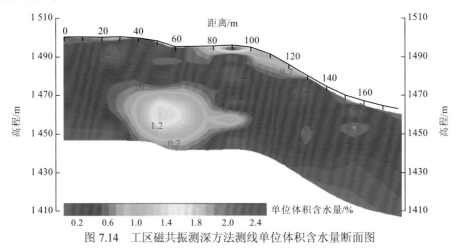

图 7.14　工区磁共振测深方法测线单位体积含水量断面图

磁共振测深方法测线的单位体积含水量断面等值线图见图 7.14，沿测线水平距离约 20～100 m（测点 MRS 1-1 号、MRS 1-2 号所在地段），高程 1450～1475 m 的基岩单位体积含水量大于 12%，明显高于周围岩石，这表明此处灰岩岩溶裂隙发育，已成为地下水的流通通道或汇集场所。测线其他区域单位体积含水量较低，这表明高单位体积含水量异常区域可能是石窟渗水的主要流通通道。

3. 自然电场法结合磁共振测深方法判断地下水补给关系

为确定地下水流向、补给关系，测区还布设有自然电场法测点。测点位置见图 7.13。探测工作中以 SP-0 点为零点，经过零点共布置了 4 条测线。其方向分别为东西（E—W）方向测线、南北（S—N）方向测线、南东—北西（SE—NW）方向测线、北东—南西（NE—SW）方向测线。每条测线除了原点之外有 6 个测点，点距为 20 m。其中 SE—NW测线的南东角因为是悬崖，所以该测线上只有 5 个测点，加上零点共计 24 个测点。

根据开工极差与收工极差，将野外测得的电位数据进行校正，然后采用 Surfer 绘制自然电位等值线图（图 7.15）。

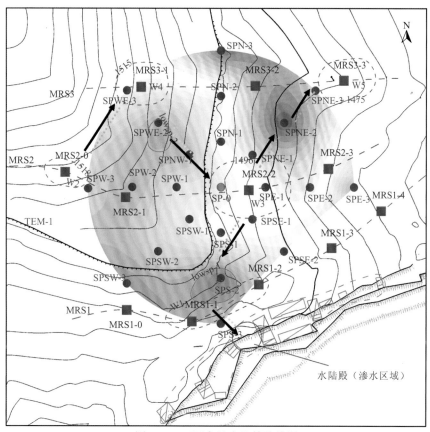

图 7.15   工区自然电位等值线图

自然电场法探测结果（图 7.15）表明，区域内地下水流向主要由西侧山顶流向东侧山底、由北西向南东方向流动或渗流（见图中箭头指向）。图 7.15 等值线图内存在有两处低自然电位圈闭，自然电位值小于−5 mV，推此两处地下岩溶裂隙发育，地表水补给岩溶水的流通通道。其中下侧的低自然电位异常与磁共振测深方法探测结果位置吻合，推断磁共振测深方法测深得出的地下水体受地表水补给或其他通道补给后水位升高，受压力影响，地下水沿裂隙向山底石窟方向渗流。

通过磁共振测深方法与自然电场法探测，可基本确定石窟上侧山体内地下水的流向，并且确定了通往石窟方向的水流通道。为石窟病害修复提供了关键性的基础资料。

参 考 文 献

[1] 钟世航. 我国考古和文物保护工作中物探技术的应用[J]. 文物保护与考古科学, 2004, 16(3): 58-64.

[2] 蒋宏耀, 张立敏. 我国考古地球物理学的发展[J]. 地球物理学报, 1997(s1): 379-385.

[3] 金皓. 环境因素对石质文物影响研究[J]. 文物世界, 2015(4): 78-80.

[4] 迟畅. 环境因素对文物的影响及文物考古环境保护问题探讨[J]. 环境科学与管理, 2013, 38(2): 11-13.

[5] 潘玉玲, 李振宇, 张兵. 核磁共振技术在秦皇陵考古中的应用效果[J]. 工程地球物理学报, 2004,

1(4): 299-303.

[6] 刘士毅. 物探技术的第三根支柱[M]. 北京: 地质出版社, 2016: 26, 30, 147.

[7] 鲁恺. 地面核磁共振方法在石质文物保护中的应用[J]. 文物保护与考古科学, 2018, 30(6): 92-97.

[8] 彭涛, 周载阳, 张向阳, 等. 综合物探技术在金灯寺石窟渗水病害勘查中的应用[C]//中国建筑学会工程勘察分会. 2016 年全国工程勘察学术大会议集(下册). 北京: 中国建筑学会工程勘察分会, 2016:265-272.

第8章　磁共振测深在滑坡探测与监测中的应用

　　滑坡是斜坡岩土体沿着贯通的剪切破坏面所发生的滑移地质现象，是一种常见的地质灾害，常常会毁坏村庄、摧毁厂矿、破坏铁路和公路交通、堵塞江河、损坏农田和森林等，给人民的生命财产和国家的经济建设造成严重损失。因此，对滑坡的探测与研究一直是科研工作者共同关注的问题。

　　滑坡的产生和演化与地下水活动、降雨及地表水下渗等的关系极其密切，水对滑坡的作用主要表现为增加滑坡体的容重，降低滑坡体中滑带的抗剪强度等。目前，滑坡地下水监测主要采取直接法，但由于存在实施困难、岩土体物性参数难以测定和花费过大等问题，很难推广应用。利用磁共振测深方法研究滑坡中地下水变化特征及其稳定性，是一种全新的思路和技术[1]。

　　在第 2 章中，滑坡模型及其 NMR 响应从理论上探讨了将磁共振测深用于滑坡监测与探测可行性，本章给出将磁共振测深在滑坡检测与探测中应用的实例。

8.1 磁共振测深在滑坡探测与监测中的作用概述

8.1.1 滑坡稳定性与地下水的关系

当前，国内外滑坡研究工作的重要特点之一便是研究方法、手段的不断创新和发展以及多学科交叉的趋势，已相继应用了模拟试验、数值模拟、数理统计、模糊数学、断裂力学、变分法、概率理论以及非线性理论和可靠性理论。在研究手段上，由传统监测试验手段向先进、实测、综合手段方向发展；在研究方向上，越来越重视地下水和降雨对滑坡的影响作用[1]。

滑坡的发生、发展与地下水的活动有着密切的关系。特别是一些大型滑坡，地下水非常丰富，是构成滑坡活动的重要影响因素。滑坡区普遍存在地下水。滑坡发生前后的水文地质条件会相应产生不同程度和不同性质的变化。滑坡发生后，滑移体上部的张性裂隙系统可以直接接受大气降雨的补给，滑动带土则形成相对不透水的隔水层，滑体内部的地下水常富集于中下部，斜坡含水层的原始地下水赋存条件常被破坏，在滑坡区内形成复杂的单独含水体。由于滑坡前缘舌部存在反倾段，在滑动带前缘常有成排的泉水出现，或形成带状湿地。滑坡地下水的排泄条件往往影响滑坡的稳定性。当地下水排泄条件不良时，会在滑动带附近积蓄动水压力，从而破坏滑坡的稳定。当地下水排泄不畅时，地下水多在斜坡前缘出露，不利于滑坡稳定。沿着滑坡裂隙发育的冲沟，往往有利于地下水的排泄。在冲沟发育地段滑坡的整体稳定性较好，而在冲沟不发育地段滑坡的整体稳定性一般较差。

地下水在硬质岩地层中沿软弱破碎带或薄风化层活动时，岩层可能沿该软弱面（带）滑动。黏性土层一般上部较松散，下部较致密，当水下渗后沿其上下部分界面活动时，常使上部土层沿此软弱面滑动。风化岩层干燥时呈散粒碎屑状，受水潮湿后易形成表面溜滑。坡积黏土中的地下水常沿黏土与下伏基岩的分界面活动，沿基岩顶面形成滑坡。在滑坡区内往往是下卧层面受水软化，具隔水作用，形成滑动面。滑动层则由于其松散性而容易吸收地下水。在下卧层和滑动层之间常具备供水条件。如下卧层顶面为地下洼槽时易于聚水。地下水量的增加，使土体的含水量增大，从而使强度降低。而地下水流速加大，在含有易溶矿物或粉细砂层的地层中，会产生潜蚀作用而降低强度[2]。

8.1.2 磁共振测深方法在探测与监测滑坡稳定性中的作用

地面核磁共振方法是目前唯一直接探测水的地球物理方法，其探测信息直接与地下水中氢核相关。换言之，有水就有 NMR 信号，没水就没 NMR 信号。并且其反演结果信息丰富，除可以确定地下的含水量多少外，还可以确定水体空间位置信息、含水层渗透性信息。

在滑坡面附近，岩土的力学性质发生变化，其含水性要高出完整岩石很多，渗透率大大增强。通过磁共振测深方法可以得到地下含水层含水量，并与岩层含水性正常平均值的对比，可以判断滑坡面的存在性。通过磁共振测深方法的观测，可以得到滑坡面的空间分布和滑坡地下水的空间分布特征，减少钻探工作量。

　　利用磁共振测深方法进行滑坡探测，每一次数据采集可以得到滑坡地下水的空间分布特征，通过对一年内在汛期和枯水期对滑坡进行两次监测，可以得到一年里汛期和枯水期的季节含水性变化特征。通过对一个滑坡的多年不同时期的监测，可以得到多年里滑坡地下水随时间变化的特征。根据上述分析，利用磁共振测深方法进行滑坡探测/监测，能够获得不同年份、不同季节的滑坡地区地下水随时间分布特征，通过对比分析和研究探测/监测资料，能够获得滑坡稳定性的信息，为预防、治理滑坡灾害提供理论依据。

8.2　磁共振测深滑坡探测与监测中的应用实例

8.2.1　磁共振测深在保扎滑坡探测中的应用

1. 保扎滑坡概况

　　保扎滑坡位于恩施市龙凤镇龙马村保扎，为一坐落于志留系之上的大型古滑坡复活体（图 8.1）。滑坡体前厚后薄，后缘厚度数米至数十米，前缘厚度最大可达 75 m 左右。根据滑坡前缘钻孔资料可知，滑体物质可分为三层。①表层为碎石土，厚 1～8 m 左右，由前缘向后逐渐变薄，中后部一般厚 1.65～4 m，前缘最厚达 75 m。碎石土为黄褐色，稍密，夹泥，含少量碎石，夹少量块石，碎石成分多为志留系粉砂岩，见少量泥盆系石英砂岩块石。②滑坡形成的块石土、碎裂岩，厚数米至数十米不等，且由前缘向后逐渐变薄，前缘一般厚 50～67 m，中后部一般厚 23～40 m。碎裂岩结构松散，呈块石堆积体状，块石含量局部含少量粉质黏土，块石呈棱角状和或次棱角状，块石成分为志留系粉砂岩，前缘局部含泥盆系石英砂岩块石。③滑带土，位于碎裂岩以下，岩性为灰绿色

(a) 1960年滑坡边界　　　　　　　　　　　(b) 1998年滑坡边界

图 8.1　保扎滑坡全貌[3]

碎石土，含少量碎石，碎石呈棱角状或次棱角状，充填粉质黏土，下伏志留系灰绿色粉砂岩，微风化，近滑带处相对破碎，向下岩体逐渐完整。滑床为志留系灰绿色中厚层砂岩与粉砂岩和页岩互层，整体上呈单斜构造，斜坡结构为顺向坡[4]。降雨与地下水活动是保扎滑坡的主要诱发因素。粉砂质页岩、粉细砂岩力学强度低，岩性软弱易风化，构造裂隙发育，大气降雨入渗致使滑带页岩在地下水的浸泡中软化，滑体中静水压力增大，滑体重量增加，造成滑体下滑，暴雨使滑坡体中含水量猛增，地下水位迅速抬高，增大了静水压力、孔隙水压力和浮托力，改变了暴雨前滑坡体的应力状态，造成降低滑坡体软弱层的抗滑力。滑坡前缘老沟河侵蚀下切，地形坡度不断增大，坡脚掏蚀，为斜坡破坏提供非常良好的临空面，也使斜坡稳定性变差。滑坡发生后，据访问调查后缘壁出露碗口粗的泉水，再次说明了降雨入渗和地下水渗透是滑坡的主要诱发因素。

2. 磁共振测深方法探测保扎滑坡的地下水特征

为了解保扎滑坡体内的地下水分布的空间特征、各岩土层渗透率变化情况、滑动面空间分布状况，为滑坡模型的建立、稳定性评价提供有用的基础资料，在测区内，磁共振测深方法布设 5 条剖面、15 个测深点，工作布置图见图 8.2。

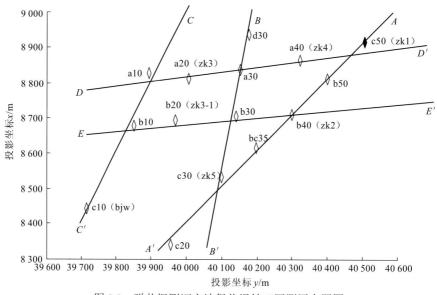

图 8.2 磁共振测深方法保扎滑坡工区测网布置图

探测仪器使用 NUMIS，NUMIS 是一种高灵敏度、高功率、全部由 PC 控制的核磁共振设备。计算机使得该系统操作尽可能地实现了自动化。但是，在进行野外滑坡监测时，为了获得高质量的数据，还必须很好地确定激发频率、选择天线类型、选择测量系数等。测量之前，首先使用质子旋进磁力仪测取工作区地磁场强度，初步求取拉莫尔频率，然后通过试验进一步确定激发脉冲频率。实际工作中，根据工区内待探测含水层的深度和含水量以及工区电磁干扰的强弱、方向，优化线圈形状和科学地敷设线圈。对部分噪音较大测点使用"8"字形线圈，干扰较小或所需探测深度较大的测点使用边长 100 m 的方形线圈测量。在开始测量之前，必须根据研究区的具体条件选择采集系数。本次测量中，记录长度设置为 240 ms，脉冲持续时间设置为 40 ms，16 个或 20 个脉冲矩测量，叠加次数依据测试场地电磁干扰确定，噪音较大的区域选取 208 次叠加，噪音较小的区域选取 128 次叠加。

数据反演使用 NUMIS 自带的 Samovar 反演软件进行反演，为了能在反演时进一步压制干扰，选择了合适的滤波时间常数（15 ms）和正则化参数（120）。

将各单点反演成果图按在测线位置拼接后可得各剖面反演成果图，见图 8.3～图 8.7。

各剖面成果图显示，保扎滑坡体内地下含水层空间分布规律明显，除个别测点外一般为三层含水层。最浅层一般在地下 2～10 m，第一层含水层与第二层含水层存在一处隔水层，隔水层厚度较小一般为 1～2 m。第一层含水层与钻孔揭露滑坡结构内最浅层的碎石土岩土层空间位置相对应，这表明表层的碎石土层中部较松散，地表地下水向下渗流集中于碎石土中部松散区域，磁共振测深方法指出，表层碎石土内含水层单位体积含水量约为 5%。岩土层底部普遍赋存有一薄层隔水层，结合钻孔资料推断为浅层滑动带土形成的相对不透水的隔水层，大气降雨后，雨水由地表入渗受该隔水层阻隔而大量集中于上部松散的碎石土内，增大滑坡载荷，且地下水沿滑动带土流动软化，使得岩体层的抗剪切性不断降低，诱使滑坡的发生与发展。

中部含水层位于地下 16～50 m 左右，与钻孔揭露的滑坡体内的块石土、碎裂岩相对应，磁共振测深方法探测结果显示该岩土层内含水量丰富，单位体积含水量约为 5%，层位下部的隔水层应该为滑动带土形成的隔水层。

底部的含水层推断为志留系灰绿色中厚层砂岩与粉砂岩和页岩互层滑床内的裂隙水。

磁共振测深方法的探测结果显示，保扎滑坡体内地下水整体较为丰富，并给出了各含水层空间分布。可以为滑坡机理研究提供重要的物性资料。

3. 磁共振测深方法划分滑带位置

前已述及，滑坡发生前后的水文地质条件会相应产生不同程度和不同性质的变化。保扎滑坡是一大型古滑坡复活体，历史上曾多次发生滑动。

磁共振测深方法在保扎滑坡区探测结果显示滑坡体的中下部普遍赋存有一厚度较大的含水层，而含水层的下部为一处厚度相对较小的隔水层。这一特征完全吻合滑坡体内含水量较高的松散结构的碎石土与含水量较低的滑动带土形成的隔水层的物性特征。基于此，我们可以根据磁共振测深测点的探测结果与钻孔结果相结合，给出更准确的滑坡滑面。

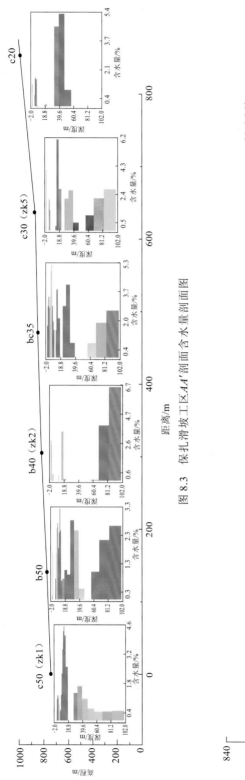

图 8.3 保扎滑坡工区 *AA'* 剖面含水量剖面图

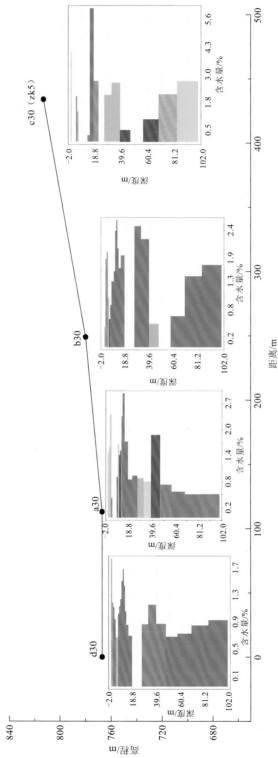

图 8.4 保扎滑坡工区 *BB'* 剖面含水量剖面图

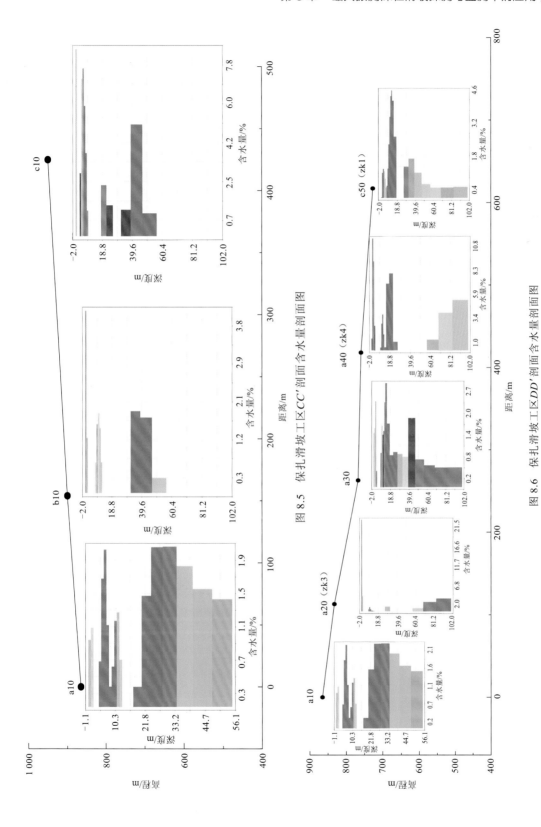

图 8.5　保扎滑坡工区 CC′ 剖面含水量剖面图

图 8.6　保扎滑坡工区 DD′ 剖面含水量剖面图

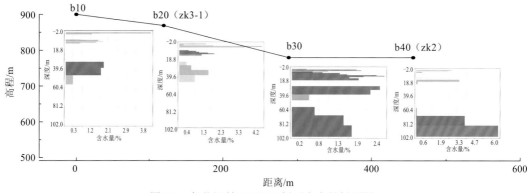

图 8.7 保扎滑坡工区 *EE'* 剖面含水量剖面图

8.2.2 磁共振测深监测赵树岭滑坡内地下水分布特征

1. 磁共振测深研究赵树岭滑坡地下水空间分布特征

中国地质大学（武汉）核磁共振研究组利用磁共振测深方法对赵树岭滑坡进行了监测工作，测区布设有一组磁共振测深测深点，分别在 2001 年 3 月、2001 年 8 月、2002 年 3 月、2002 年 8 月、2003 年 3 月、2003 年 8 月 6 个时期进行监测。

赵树岭滑坡的监测工作使用 NUMIS，在进行野外滑坡监测时，为了获得高质量的数据，还必须很好地确定激发频率、选择天线类型、选择测量系数等。我们首先使用 MP-4 质子旋进磁力仪在工作区实地测量地磁场强度，要求磁场测量误差小于 10 nT，依据地表实测地磁场强度初步求取拉莫尔频率。然后，将该频率值作为初值输入仪器内进行激发频率试验，进一步确定激发频率。

三峡库区巴东赵树岭滑坡位于巴东新城区，周围有高压输电线、变电站、变压器、民用电等电磁干扰。为了压制干扰敷设了能够降低噪声水平的"8"字形线圈；信号测量范围首先设置为 30 000 nV，随后再作修改；记录长度设置为 250 ms；脉冲持续时间设置为 40 ms；脉冲矩分别设置 16 个和 20 个，在同一个点上进行两次数据采集；256 次叠加采集。

数据反演使用 NUMIS 自带的 Samovar 反演软件，该软件可以很快获得对应于一组实测数据的解（含水量和衰减时间常数随深度的变化），找水理论指出，在地表所测到的 NMR 信号与地下各层的含水量之间存在一个线性关系。

利用该软件对实测数据进行反演。为了能在反演时进一步压制干扰，滤波时间常数设置为 50 ms，正则化参数设置为 100。最终反演成果图见图 8.8～图 8.10。

由图 8.8～图 8.10 可看出，在浅地表有一含水层，此含水层不是我们研究的主要对象；18 m 深度附近有一含水层，含水量较大；在 40 m 深度附近有一主要含水层，含水量大；18 m 深度附近的含水层渗透系数较大，40 m 深度附近的含水层渗透系数大；两层水之间的岩层含水量低，为相对隔水层。由此我们可以判断，在 18 m 附近可能有一个滑动面；在 40 m 深度附近可能有一滑动面。

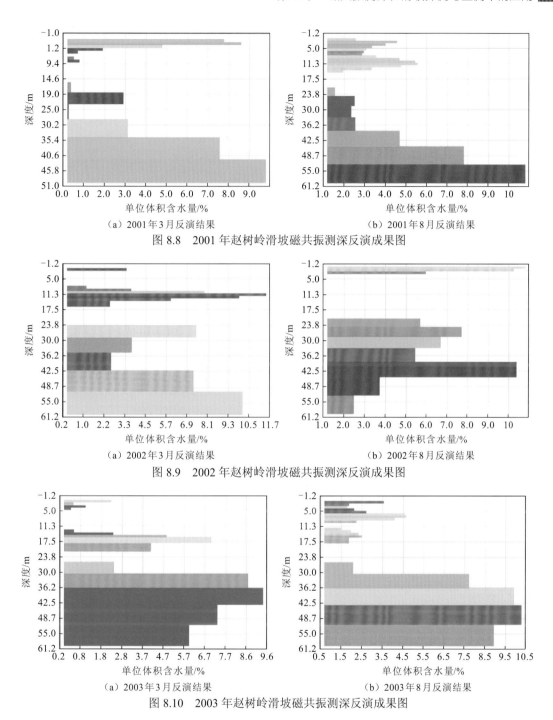

（a）2001 年 3 月反演结果　　　　　（b）2001 年 8 月反演结果

图 8.8　2001 年赵树岭滑坡磁共振测深反演成果图

（a）2002 年 3 月反演结果　　　　　（b）2002 年 8 月反演结果

图 8.9　2002 年赵树岭滑坡磁共振测深反演成果图

（a）2003 年 3 月反演结果　　　　　（b）2003 年 8 月反演结果

图 8.10　2003 年赵树岭滑坡磁共振测深反演成果图

图 8.11 为赵树岭滑坡高密度电阻率法反演成果与岩心柱状图。根据赵树岭滑坡磁共振测深反演结果、电阻率法反演结果和钻孔柱状图，可以看出：在深度 0~20 m 内，电阻率为相对低阻，有局部高阻异常，其与钻孔柱状图中块裂岩相对应，核磁共振结果在该深度范围含水量和渗透率有一定变化；在深度 20~40 m 时，电阻率为相对高阻，与

钻孔柱状图中破碎散裂岩大致相对应，核磁共振结果在该深度范围含水量和渗透率从小到大变化；40 m 向下，电阻率为相对低阻，与钻孔柱状图中泥质夹砂质泥岩大致相对应；高密度电法结果显示，在与等高线大致平行方向，电阻率有一定变化，出现局部小高阻异常，反映地下岩体的横向不均匀；两条平行的电法剖面有相近的规律，但也有一些不同，反映滑坡面在不同高度和方向变化不是十分规则。通过以上分析可见，磁共振测深方法获得了巴东赵树岭滑坡地下水空间分布及季节性变化有用实测数据，为建立符合实际的滑坡模型及进一步稳定性分析评价提供了依据。

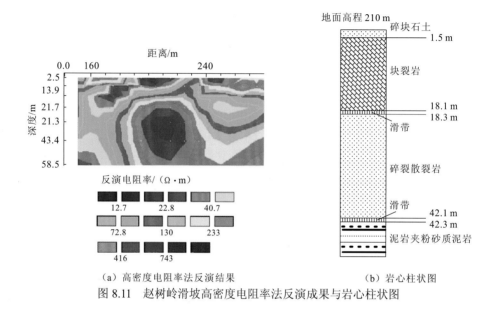

（a）高密度电阻率法反演结果　　　　　　　（b）岩心柱状图

图 8.11　赵树岭滑坡高密度电阻率法反演成果与岩心柱状图

2.磁共振测深方法研究赵树岭滑坡地下水时间分布特征

上已述及，为了利用磁共振测深方法获取巴东赵树岭滑坡地下水空间分布、季节性变化信息,共进行了 6 次数据采集,在汛期和枯水期各三次。各时期反演成果图见图 8.8～图 8.10。

不同时期的磁共振测深探测结果显示：浅地表含水层的含水量随季节变化大；三年观测的汛期与汛期反演结果对比表明，深度 18 m 附近含水层的含水量有一定变化，含水层的深度也有些变化。其原因是每次采集数据时，为了压制干扰而调整磁共振测深方法天线的方位，使得天线的位置不完全相同所致；深度 40 m 处含水层含水量虽有变化，但变化也不大，含水层的深度也基本不变。

枯水期三次观测结果对比与汛期有相似的规律；深度 40 m 的滑动面在汛期和枯水期的含水量有一定的变化，汛期的含水量大于枯水期的含水量（图 8.12）。

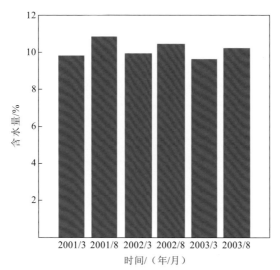

图 8.12 赵树岭滑坡 40 m 深处单位体积含水量随时间变化对比图

8.2.3 磁共振测深监测白水河滑坡内地下水分布特征

1. 白水河滑坡概况

三峡库区秭归县白水河滑坡位于长江南岸,距三峡大坝坝址 56 km,属沙镇溪镇白水河村。白水河滑坡为老滑坡,历史上频繁发生顺层滑坡。

滑坡体处于长江宽河谷地段、为单斜地层顺向坡地形,南高北低,呈阶梯状向长江展布。其后缘高程为 410 m,以岩土分界处为界,前缘抵长江 135 m 水位,东西两侧以基岩山脊为界,总体坡度约 30°。其南北向长度 600 m,东西向宽度 700 m,滑体平均厚度约 30 m。

滑坡物质组成为第四系残坡积碎石土、滑坡堆积块石,块石块径一般在 0.5 m 以内,碎石粒径一般为 2~8 cm,碎石土土石比为 8∶2~6∶4。据河北省地质工程勘查院(原地质矿产部保定工程勘察院)提供的钻探资料,该滑坡有两个滑带:上滑带为第四系覆盖层与基岩块裂岩接触带,厚 0.9~3.13 m,以粉质黏土为主,夹少量碎石、深灰色可塑-软塑,含碳质,碎石多为 2~8 cm,表面有滑动后磨光现象及擦痕,埋深 12~25 m;下滑带为块裂岩底部与下伏基岩即砂岩滑床接触带,为含碳质粉砂质泥岩,深灰色,岩性软,由薄层含碳质泥岩组成,该段不透水,埋深 18.9~34.1 m。上滑带滑床为块裂岩体,灰色,结构致密,坚硬、为中厚层泥质粉砂岩,岩心较完整,呈柱状、长柱状,该块裂岩层厚 4.2~17.2 m。下滑带滑床为深灰色薄至中厚层粉砂岩夹薄层含碳质泥质粉砂岩:结构较致密,坚硬,岩心多呈柱状,顶部薄层状基岩受滑动影响呈泥状、片状。

2. 磁共振测深方法研究白水河滑坡地下水空间分布特征

2012 年 5 月~2015 年 7 月,中国地质大学(武汉)核磁共振科研组先后采用磁共振测深方法对三峡白水河滑坡探测 6 次（2012 年 5 月、2013 年 1 月、2013 年 10 月、2014 年 8 月、2014 年 11 月、2015 年 7 月）。其间，2014 年 9 月和 2015 年 5 月，白水河地区发生较大规模滑坡。我们使用核磁共振测深方法对滑坡进行探测，探测仪器是用 NUMIS^{Plus} 系统，共完成 5 条测线的 17 个测深点，测网布设见（图 8.13）。

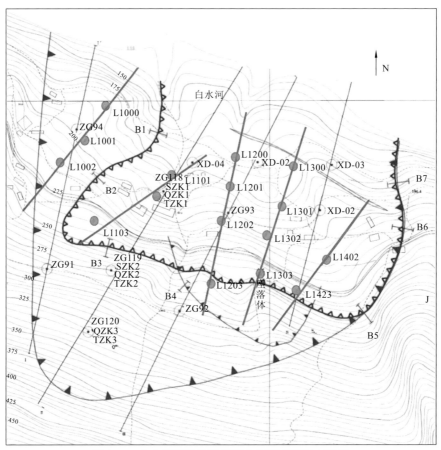

图 8.13　白水河滑坡地形及磁共振测深测网布置图

(图中蓝色测点为磁共振测深测点，蓝色测线为磁共振测深测线)

本工区地磁场倾角 46° 左右，磁场强度 B_0=50 219 nT，激发频率为 2 138 Hz。据工区地质资料，工区内待探目的层即白水河滑坡内滑坡带深度大致在 10～40 m，由于工区内电磁噪声干扰较大，工区敷设的线圈形状选用方 "8" 字形线圈，边长 50 m，探测深度 50 m 左右。测区电磁噪声比 NMR 信号大，测量范围取 4 倍的环境噪声值，采用 8 000～20 000 nV 作为测量范围。记录长度选择 240 ms。NUMIS 的脉冲持续时间是可程控的，脉冲的持续时间设置成 40 ms，脉冲间歇时间为 30 ms。16 个脉冲矩测量，叠加次数的选择兼顾了测量质量和总的测量时间两个方面，本工区工作的磁共振测深测点测量的叠加次数为 64 次。

磁共振测深方法的数据反演使用 NUMIS 自带的 Samovar 反演软件，该软件可以很快获得对应于一组实测数据的解（含水量和衰减时间常数随深度变化的直方图）。限于本书的篇幅，本节仅选出测区内 L1201、L1202、L1203 测线上的三个测点的反演结果（图 8.14～图 8.19），说明磁共振测深方法在探测/监测滑坡的效果。

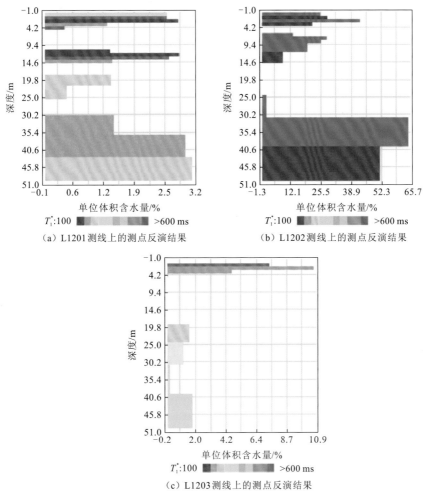

（a）L1201测线上的测点反演结果　　　（b）L1202测线上的测点反演结果

（c）L1203测线上的测点反演结果

图 8.14　白水河滑坡 2012 年 5 月磁共振测深反演结果

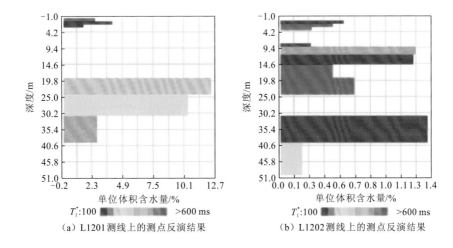

（a）L1201测线上的测点反演结果　　　（b）L1202测线上的测点反演结果

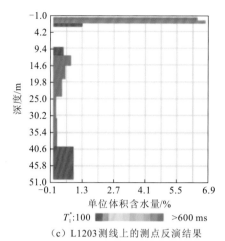

（c）L1203 测线上的测点反演结果

图 8.15　白水河滑坡 2013 年 1 月磁共振测深反演结果

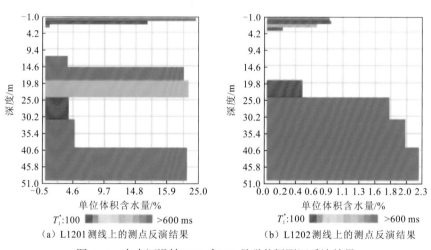

（a）L1201 测线上的测点反演结果　　　（b）L1202 测线上的测点反演结果

图 8.16　白水河滑坡 2013 年 10 月磁共振测深反演结果

L1203 测线无数据

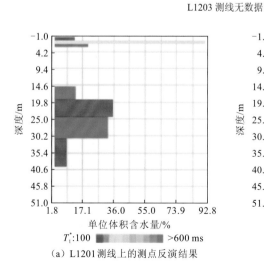
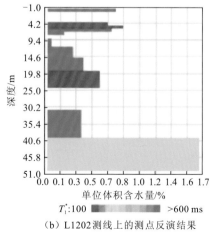

（a）L1201 测线上的测点反演结果　　　（b）L1202 测线上的测点反演结果

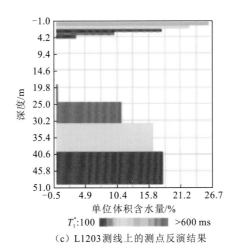

（c）L1203测线上的测点反演结果

图 8.17　白水河滑坡 2014 年 8 月磁共振测深反演结果

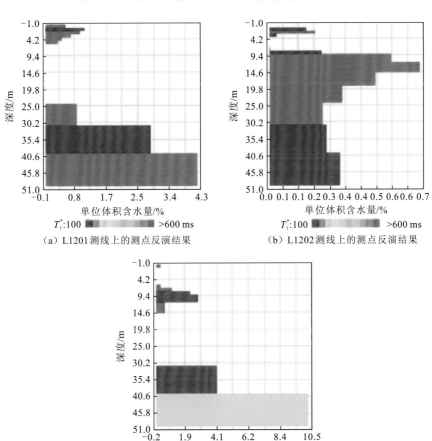

（a）L1201测线上的测点反演结果　　　　　（b）L1202测线上的测点反演结果

（c）L1203测线上的测点反演结果

图 8.18　白水河滑坡 2014 年 11 月磁共振测深反演结果

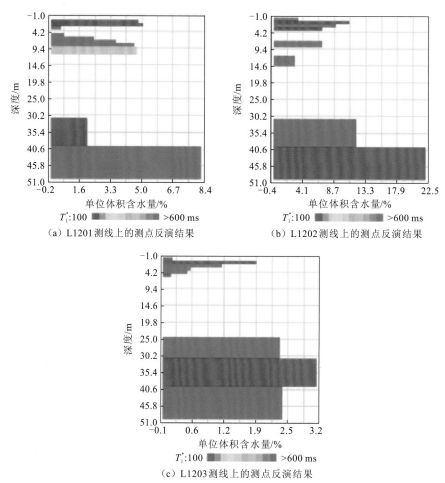

（a）L1201测线上的测点反演结果　　　　　（b）L1202测线上的测点反演结果

（c）L1203测线上的测点反演结果

图 8.19　白水河滑坡 2015 年 7 月磁共振测深探测结果

从上述磁共振测深方法的反演结果可以看出，地下深部分别有两个含水量较大的含水层，结合视纵向弛豫时间常数 T_1^* 和渗透系数 k^*，推断分别在深度为 10～22 m 和 13.5～37 m 存在滑带。同时根据多个磁共振测深测点的反演结果，可得到不同区域的滑带的位置，通过合理的布置测点，可以推断出整个滑坡中滑带的空间分布特征。

对比不同季节磁共振测深方法反演结果的滑带含水层埋深和含水量大小，可看出两个滑带含水层埋深基本不变，蓄水期的地层含水量大于枯水期的含水量，其中枯水期含水量最小，具体见表 8.1 和图 8.14～图 8.19。通过长期对地下水分布的监测可为滑坡预测提供有效依据。

表 8.1　磁共振测深方法不同时间白水河滑坡滑带位置

观测时期	观测测点所在测线	第一层滑带区域深度/m	第二层滑带区域深度/m	备注
2012 年 5 月	L1201	25～30	无	枯水期
2012 年 5 月	L1202	8～10	30～40	枯水期

观测时期	观测测点所在测线	第一层滑带区域深度/m	第二层滑带区域深度/m	备注
2012 年 5 月	L1203	20～25	35～45	枯水期
2013 年 1 月	L1201	23～29	无	枯水期
2013 年 10 月	L1201	17～24	无	蓄水期
2013 年 1 月	L1202	14～20	32～38	枯水期
2013 年 10 月	L1202	无	27～35	蓄水期
2013 年 1 月	L1203	15～22	28～35	枯水期
2013 年 10 月	L1203	无数据	无数据	蓄水期
2014 年月 8 月	L1201	15～22	无	枯水期
2014 年 11 月	L1201	25～33	无	蓄水期
2014 年 8 月	L1202	5～9	17～24	枯水期
2014 年 11 月	L1202	2～4	10～17	蓄水期
2014 年 8 月	L1203	3～5	25～31	枯水期
2014 年 11 月	L1203	12～16	无	蓄水期
2015 年 7 月	L1201	7～10	无	枯水期
2015 年 7 月	L1202	7～9	11～15	枯水期
2015 年 7 月	L1203	25～30	无	枯水期

3. 磁共振测深方法划分白水河滑带位置

前已述及，从磁共振测深的反演结果可以看出，地下深部分别有两个含水量较大的含水层，结合视纵向弛豫时间常数 T_1^* 和渗透系数 k^*，推断分别在深度为 10～22 m 和 13.5～37 m 存在滑带。同时根据多个磁共振测深测点的反演结果，可得到不同区域滑带的位置，通过合理的布置测点，可以推断出整个滑坡中滑带的空间分布特征。由于测区每条测线测点较少，且测线间距较大，难以建立二维剖面进行分析，所以将磁共振测深数据反演出的滑带位置直接进行三维绘制，模拟地下滑带分布。

白水河工区 2012 年 5 月磁共振测深方法监测数据反演后绘制的滑带三维空间分布推断图如图 8.20～图 8.22 所示，图中 x 轴和 y 轴为地理坐标，z 轴为高程。图 8.20 为白水河滑坡坡面地形及上、下滑带三维空间分布图，其中第一层为地表的曲面图，第二、第三层分别为滑坡上下滑带的空间曲面图；图 8.21 中为滑坡上滑带三线空间曲面图；图 8.22 中为滑坡下滑带三维空间曲面图，从上述图中可以看出滑动面和地表起伏大致一致，其中上滑带埋深大致 9～30 m，下滑带埋深大致 30～45 m，呈南高北低的趋势。

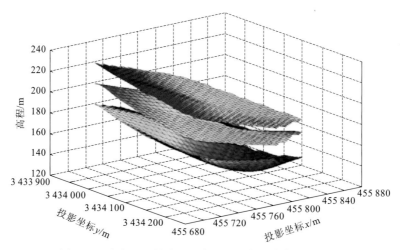

图 8.20 白水河滑坡地形及上、下滑带三维空间分布图

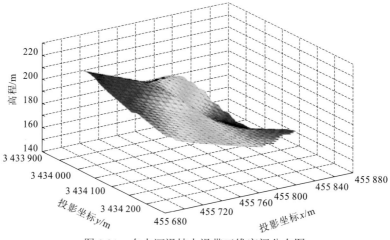

图 8.21 白水河滑坡上滑带三维空间分布图

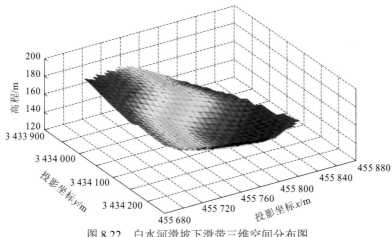

图 8.22 白水河滑坡下滑带三维空间分布图

8.2.4　磁共振测深在杨家山滑坡探测中的应用

2007 年 9 月，中国地质大学（武汉）核磁共振研究组利用磁共振测深方法对杨家山滑坡进行了探测工作。本次探测工作的主要目的在于通过磁共振测深方法得到地下含水层单位体积含水量，并与岩层含水量正常平均值的对比，判断出滑坡面的存在性，判断滑坡面数量和每个滑坡面的深度；通过计算出地下各岩层的渗透系数，得到渗透系数随深度变化曲线图。

探测工作共在杨家山滑坡上部布设磁共振测深测点 12 个（图 8.23）。杨家山滑坡探测工作使用 NUMIS，在进行野外滑坡监测时，为了获得高质量的数据，还必须很好地确定激发频率、选择天线类型、选择测量系数等。我们首先使用质子旋进磁力仪在工作区实地测量地磁场强度，初步确定测区的拉莫尔频率。在进行磁共振测深探测前，再次通过试验进一步确定激发频率。杨家山地区周围有高压输电线、变电站、变压器民用电等电磁干扰。为了压制干扰，采取能够降低噪声水平的"8"字形线圈。根据干扰水平和所需探测深度，部分测点采用正方形线圈。记录长度设置为 240 ms，脉冲持续时间设置为 40 ms，脉冲矩个数设置为 16 或 20，208 次或 128 次叠加采集，数据质量较好。

利用 NUMIS 自带的 Samovar 反演软件对实测数据进行反演。为了能在反演时进一步压制干扰，滤波时间常数设置为 15 ms，正则化参数设置为 120。图 8.24、图 8.25 分别为 zk7、zk9 钻孔与对应位置的磁共振测深反演系数比较。

图 8.24、图 8.25 显示，钻孔揭露滑带所在埋深位置恰好对应了磁共振测深反演系数内异常部分。滑带所在的区域岩土层含水量一般较高、渗透性增强。这是由于滑坡在发展过程中，滑带上部滑体与下部滑床之间的相对运动使得滑带周围的岩体较为破碎，地下水由地表入渗至破碎岩体内使得该区域含水量增加。基于此规律，我们可以通过滑坡上部的多个磁共振测深测点、测线对滑坡体内地下水分布特征、岩土层渗透性特征、滑带赋存状况进行观测。图 8.26、图 8.27 分别为杨家山滑坡 *AA′* 剖面反演含水量剖面图、

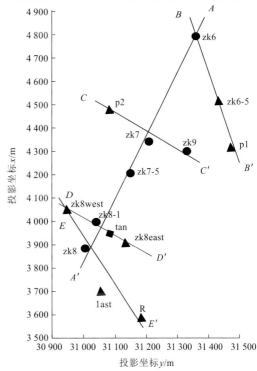

图 8.23　杨家山滑坡磁共振测深测点布置图

BB′ 剖面磁共振测深反演渗透系数剖面图。图中清楚地显示了滑坡内地下水与岩土层渗透性的分布特征，同时也据此可以判断滑带所在位置，确定滑坡内滑面空间赋存位置。据此可推断得到杨家山滑坡滑面的三维立体图见图 8.28。

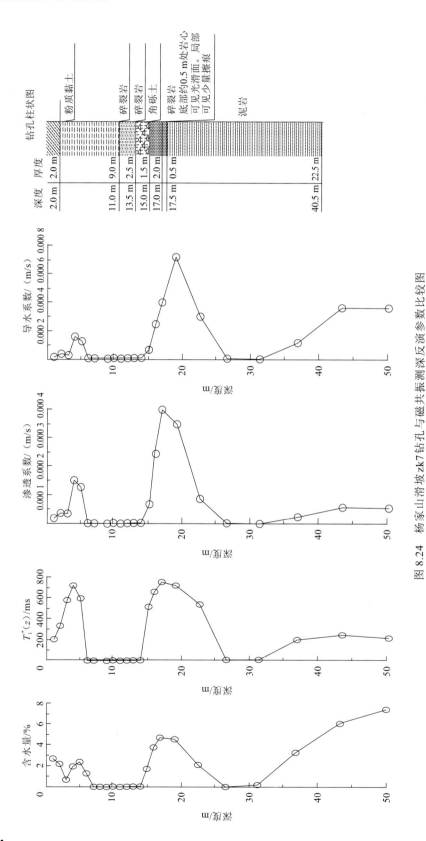

图 8.24 杨家山滑坡 zk7 钻孔与磁共振测深反演参数比较图

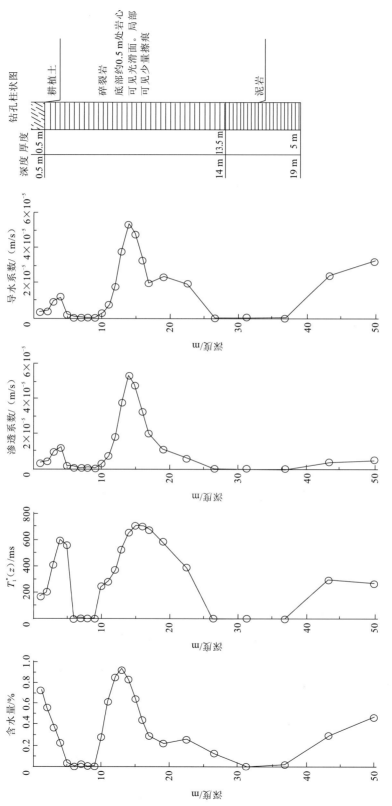

图 8.25 杨家山滑坡 zk9 钻孔与磁共振测深反演参数比较图

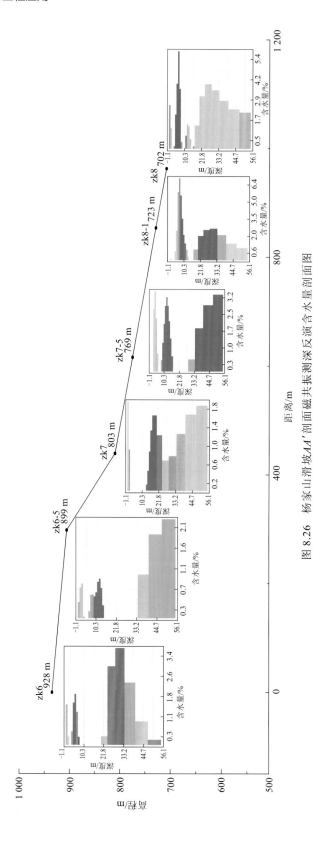

图 8.26　杨家山滑坡AA′剖面磁共振测深反演含水量剖面图

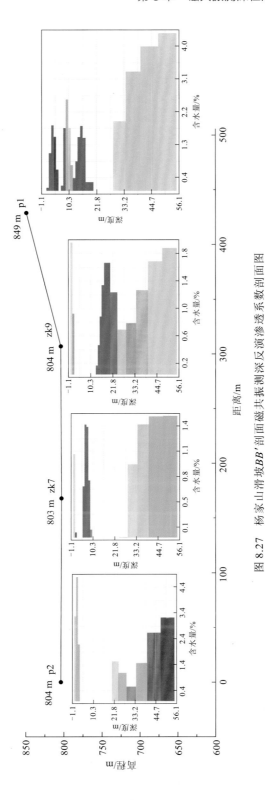

图 8.27　杨家山滑坡 BB' 剖面磁共振测深反演渗透系数剖面图

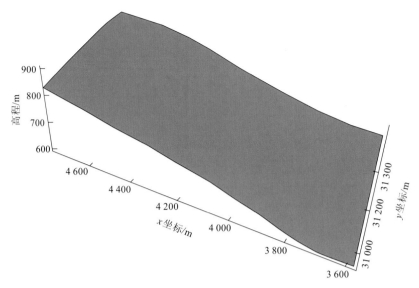

图 8.28　杨家山滑坡滑面三维立体图

参 考 文 献

[1] 柴学锐. 水位波动对边坡稳定性影响[D]. 天津: 天津大学, 2018.

[2] 李振宇. 利用地面核磁共振研究滑坡地下水特征及稳定性[D]. 武汉: 中国地质大学(武汉), 2004.

[3] 曾斌. 恩施地区志留系地层斜坡灾变智能化预测研究[D]. 武汉: 中国地质大学(武汉), 2009.

[4] 江亚鸣, 杨永, 陈敏, 等. 湖北省恩施市保扎特大型滑坡特征及防治对策[J]. 资源环境与工程, 2015, 29(4): 454-458.

第9章 磁共振测深在堤坝检测中的应用

　　水库大坝与河川堤防作为一种重要的水利工程设施，其安全性时刻关乎国家经济建设与人民生命财产安全。我国超过90%的库坝、堤防是采用抛填、碾压等工艺以土料、石料或混合料堆筑成的土石坝。受使用年限及修筑工艺等条件限制，多数堤坝坝体填筑不密实，坝体或坝基渗漏的现象较为普遍，这些库坝、堤防的"病害"存在潜在危险，磁共振测深方法是诊断"病害"的新方法。

　　在本书第2章中磁共振测深的堤坝模型正演计算结果，从理论上探讨了磁共振测深方法在堤坝上的核磁共振响应特征及其用于堤坝监测与探测的可行性，本章给出将磁共振测深方法用于堤坝检测与探测的应用实例，进一步说明该方法在库坝、堤防"病害"诊断中的效果和可行性。

9.1 磁共振测深在堤坝检测中的作用概述

据不完全统计。我国目前已修筑超过 27×10^4 km 的堤防，9 万余座水库大坝，还有很多未计入统计数据的尾矿库坝。统计结果中超过 50% 的堤坝存在风险隐患，约三分之一有不同情况的渗漏等问题，严重的甚至会出现管涌、裂隙涌水的情况[1]。

国际大坝委员会规定：坝高超过 15 m，或者库容超过 30×10^4 m³、坝高在 5 m 以上的坝为大坝。根据 1986 年的统计，全国高于 15 m 的堤坝有 18 820 座，高 15～30 m 的坝有 16 533 座，占到了总数 88%。1949 年后至今，我国已建成的九万多座水坝中，土石坝占总数的 90% 左右。土石坝是指利用坝址附近的土料、石料或土石混合料，经过抛填、碾压或夯实等方法堆筑而成的挡水建筑物。土石坝由较松散的土石料填筑而成，坝体剖面需要做成上、下游边坡较平缓的梯形断面。土石坝的失稳是以局部坝坡坍塌的形式出现。当土体的抗剪强度较小时，在渗透压力和土体上部重力的作用下，局部坝坡土体将发生滑坡。在水压作用下，水通过土体孔隙的能力称为渗透性。土的渗透性与土粒的大小、级配、孔隙比有关。土的渗透在工程上存在两个主要问题是水量渗漏和渗透变形。透过土坝或地基的水量渗漏会造成水库的水量流失，从而直接造成工程的经济损失。在上下游水位差的作用下，库水会通过土石坝坝身渗透。土的渗透性决定了土石坝在运行时受到渗透作用的影响程度。当坝基为沙性土或其他软土时，也会产生坝基渗透。土石坝在渗流的作用下可能会发生渗透变形，造成坝脚渗透破坏，甚至会导致工程失事。土体渗透变形的形式通常可归纳为管涌、流土、接触冲刷与接触流失 4 种类型。

目前，堤坝隐患探测的地球物理方法主要有反射纵波法、反射横波法、瞬态面波法、电测深、中间梯度法、瞬变电磁法、探地雷达、高密度电阻率法、可控源声频大地电磁法等[2]。众所周知，大部分堤坝隐患与水的作用是密不可分的，上述各种地球物理方法只能间接获取地下水信息，而磁共振测深方法是一种可以快速无损地进行地下水资源探查的地球物理新方法。且该方法在外业施工布设简单，成本相对低廉。在区域内开展地下水探查工作时，磁共振测深方法能在不打钻的前提下直接获知地下含水层深度、含水量和对应的孔隙度与渗透系数等。与其他物探技术相比，磁共振测深方法在堤坝检测工作中有着独特的优势和广阔的应用前景。

9.2 磁共振测深在大堤检测中的应用

我国是世界筑坝大国，我国堤坝的 90% 为土石坝，大江大河的干堤绝大部分是经历代加高培厚而成，堤身和堤基填筑材料复杂，堤防隐患较多亟待检测和治理。

大部分堤坝隐患与水的作用是密不可分的，传统的地球物理方法只能间接获取水的信息，而磁共振测深方法是目前可以直接探测土石堤坝中水的赋存状态的方法，作为一种新的技术手段，在堤坝安全检测工作中发挥了重要作用。

中国地质大学（武汉）核磁共振科研组在黄河大堤（郑州段）上进行了大堤隐患探测试验，测区内地形起伏较小，根据钻孔揭露，第四系（Q）广布全区，其上部多为黏质砂土、砂质黏土及粉细砂，下部为黏土层。下伏基岩为中奥陶统（O_2）泥质灰岩、灰岩及白云质灰岩。

工区内黏质砂土、砂质黏土、粉细砂、黏土、基岩具有明显的电阻率差异。一般而言，处于潜水面上部的第四系覆盖层，由于其含水不饱和，相对于下部饱和水层具有较高的电阻率。潜水面以下的第四系一般认为是含水饱和层，此时岩土层的电阻率同时受黏质含量、颗粒粗细、密实程度与地下水矿化度影响。已有资料显示，本区地下水矿化度一般为 0.8 g/L，结合本次探测结果可知研究区内各岩土层电阻率由小到大依次为黏土、砂质黏土、黏质砂土、粉细砂、泥质灰岩、灰岩（破碎）、灰岩（较完整）。

图 9.1 为磁共振测深方法在黄河大堤郑州段进行渗漏探测的工区测点布置图。探测采用边长 37.5 m 的"8"字形线圈，测线平行于黄河布设，距河岸 75 m，当地拉莫尔频率为 2210 Hz。使用 12 个脉冲矩，图 9.2 显示了测深点 3-1 单点实测和一维反演结果，从图中可以看出，该测点处测量得到的各脉冲矩的 NMR 信号均有较明显的含水显示，即各脉冲矩的 E_0-t 曲线呈指数规律衰减[图 9.2（a）]；实测 E_0-q 曲线振幅出现极大值，也是有水显示[图 9.2（b）]。经反演后得到的单位体积含水量随深度变化的直方图[图 9.2（c）]，由图可见，地下潜水面深度约在 15 m 左右，地下岩土的孔隙度和渗透性较弱。

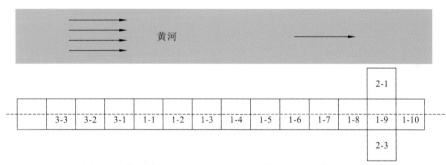

图 9.1　黄河大堤郑州段磁共振测深检测工区测点布置图

图 9.3 则显示了该测线 0～70 m 段的磁共振测深反演得到的含水量剖面图。从图中也可以看出，测线该段含水量由地表向下逐渐增加，约在 15 m 深度左右达到 5%，而在测线 0 m 及 35 m 处约 25 m 深度存在两个含水量较大的区域，推断可能是大堤渗漏的通道。图 9.4 及图 9.5 分别为地震面波法及地震映像法在工区相同位置的探测结果。这两种物探方法在相同位置及深度处也探测出了明显异常，与磁共振测深的探测结果形成较好的对应。

综合磁共振测深方法在黄河大堤（郑州段）上的试验结果，并结合地震面波法探测结果（图 9.4）和地震映像探测结果（图 9.5），可以得出以下结论。

（1）由单个磁共振测深测点可以获取该点垂直向下含水体深度、厚度和单位体积含水量大小等信息；根据这些信息可以推断堤坝是否渗漏、渗漏程度和渗漏位置；

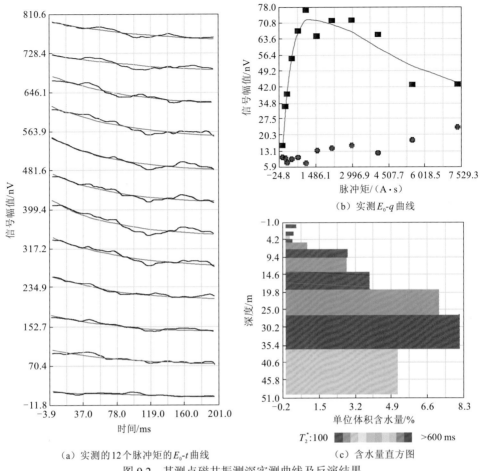

（a）实测的12个脉冲矩的E_0-t曲线

（b）实测E_0-q曲线

（c）含水量直方图

图9.2　某测点磁共振测深实测曲线及反演结果

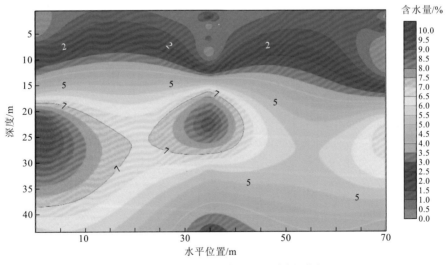

图9.3　磁共振测深含水量反演剖面图

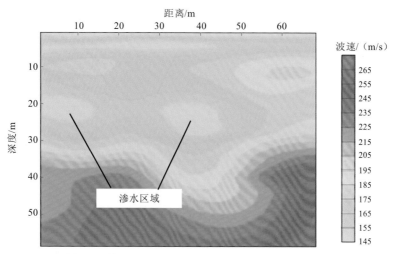

图 9.4　黄河郑州段堤坝上地震面波法断面等值线图

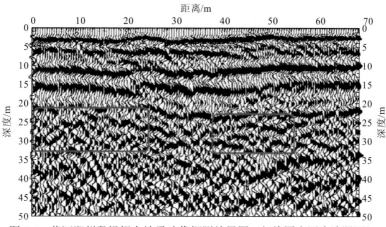

图 9.5　黄河郑州段堤坝上地震映像探测结果图（红线圈定区为渗漏区）

（2）由磁共振测深方法剖面观测可以得到该剖面下地下水的存在性、单位体积含水量大小及其随深度变化情况以及渗透系数在二维空间变化情况；

（3）磁共振测深方法试验结果与地震映像法、地震面波法结果吻合较好，说明磁共振测深方法能够提供堤坝隐患的相关信息。

9.3　磁共振测深在坝体检测中的应用

9.3.1　安徽滁州堤坝浸润线深度探测

本次研究对安徽滁州某水库大坝进行检测。大坝为黏性均质土坝。水库地形图及坝体实际情况见图9.6。

图9.6 水库大坝示意图

大坝自坝顶至坝基各岩土层分别为素填土、粉质黏土、黏土和石灰岩强风化-中风化4层。坝基主要分布为第四纪冲积-洪积层，厚度一般 2～5.50 m。坝体和坝基岩性自上而下分层如下：第 0 层，素填土，层厚 2.00～7.80 m；第 1 层，粉质黏土（Q_4^{al}），层厚0.90～2.20 m，层顶埋深 4.50～7.50 m，层底标高 35.69～39.38 m；第 2 层，黏土（Q_3^{al}），层厚 1.05～2.80 m，层顶埋深 6.50～9.70 m，层底标高 34.64～37.38 m；第 3 层，石灰岩强风化-中风化，层厚≥0.55 m，层顶埋深 5.95～7.95 m，层底标高≤37.83 m。

该大坝为黏性均质土坝，含水量、孔隙度均一。现场工况是大坝未蓄水，但大坝内（上游）仍残留有一定量的上游水，故本次的主要任务是利用地面核磁共振技术探查大坝未蓄水时残留水导致的浸润面的位置。

本次试验采用的仪器是法国 IRIS 公司核磁共振系统（NUMIS^Poly），综合考虑大坝的实际情况和磁共振测深方法的勘探深度，野外数据采集工作中，测点沿坝轴线布置两个测面，测量中心分别位于桩号 0+020 和 0+060 断面，线圈形状为方形，敷设在坝顶及坝下游的坝坡上，线圈中心所在位置位于坝坡的中间偏下，坝轴距为 10.1 m，高程 41.76 m（图9.7 及图9.8）。为降低电磁噪声影响，提高信噪比，在垂直于大坝轴线的上游约 100 m处，远离主线圈的地方设置一个参考道，边长为 10 m 的方形线圈（7 匝）。

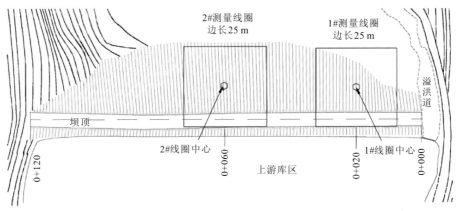

图9.7 水库大坝磁共振测深方法工区布置平面示意图

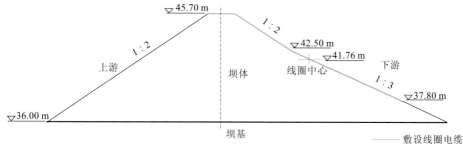

图 9.8　水库大坝磁共振测深方法测量线圈布置剖面图

1#测点位于大坝东侧，中心点位于右坝段桩号 0+020。反演结果显示，在地表附近有一定的 NMR 信号异常响应，NMR 信号衰减时间在 150 ms 左右，地表为砂土层。探测前水库坝址区曾经有一次降雨，浅表地层雨水入渗，导致反演结果局部异常高，探测结果与实际情况吻合。

T_1^* 和渗透系数随着深度的增加，出现微弱的下降，含水层的 T_1^* 值为 120～300 ms 时为砂土层，之后在线圈中心点以下 4.7 m 处（线圈中心为基点，相当于坝顶以下 8.64 m，高程 37.06 m）出现小的波峰，显示距坝轴线下游 10.1 m 处浸润面的所在位置。水库虽未蓄水，但水库内仍残留一定的水，浸润面（线）仍然存在，只是接近坝基。水库中的残留水从土坝迎水面经过坝体向下游渗透形成孔隙水，浸润面（线）以下饱含孔隙水。

中心点以下 5.2～9.0 m（高程 37.06～31.86 m），单位体积含水量、T_1^* 和渗透系数明显减小，显示此处坝基不透水，是良好的隔水层，与坝址地质条件一致。

在中心点下 11 m（高程 30.76 m）以下，单位体积含水量、T_1^* 和渗透系数均表现为局部异常高，显示坝基下为砾石层、有一个含水层。由图 9.9（b）可以看出，含水层的 T_1^* 大于 600 ms，表明该含水层的孔隙较大，利于自由水的赋存，且渗透系数大。因此，此处是一个良好的含水层。该层对应石灰岩强风化-中风化层，与实际地质特征也是一致的。

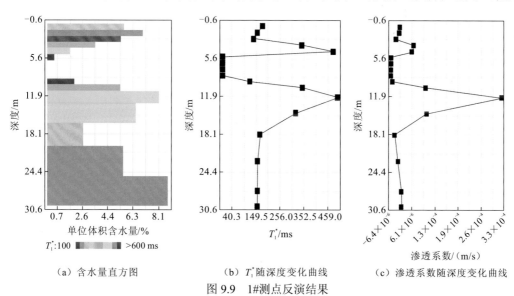

（a）含水量直方图　　　（b）T_1^* 随深度变化曲线　　　（c）渗透系数随深度变化曲线

图 9.9　1#测点反演结果

2#测点中心点位于桩号 0+060，近于大坝的中间部位，其反演结果（图 9.10）与 1# 测点的反演结果的变化规律一致，只是浸润面（线）的深度小一些。因该处坝高较高，浸润面（线）较 0+020 断面稍高，符合土坝渗流一般规律。磁共振测深方法探测的坝体、坝基的含水指标及渗透性与当地的水文资料基本一致。

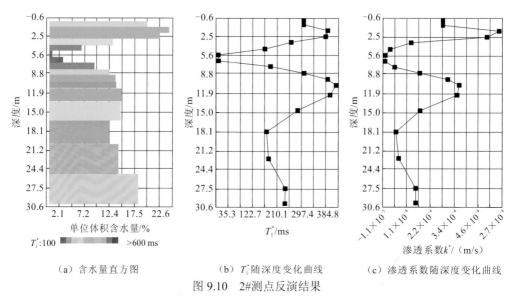

(a) 含水量直方图　　　　(b) T_1^* 随深度变化曲线　　　(c) 渗透系数随深度变化曲线

图 9.10　2#测点反演结果

9.3.2　云南鲁甸堤坝浸润线深度探测

红石岩堰塞坝综合水利枢纽工程位于云南省昭通鲁甸县牛栏江上。因 2014 年 8 月 3 日鲁甸 6.5 级地震，牛栏江北岸山体滑坡形成堰塞体，现将堰塞体作为坝体建设水利枢纽工程。而堰塞体由山体崩塌快速堆积而成，因此存在密实度、渗透不均匀的现象。而浸润面深度是堤坝隐患探测中备受关注的数据，地面核磁共振技术可观测地下水分布，推断坝体中浸润面深度[3]。

红石岩堰塞坝综合水利枢纽工程坝址位于鲁甸县火德红镇李家山村红石岩组，原红石岩电站大坝（目前已被淹没）下游约 1 km 处（图 9.11）。河谷呈对称"V"字形峡谷，河床上部为第四系洪冲积层，下部为奥陶系石英砂岩、页岩夹砂岩及白云岩构成。右岸斜坡坡体陡峻，近河谷坡为陡崖，坡度约为 50°～80°。由奥陶系、志留系、泥盆系的

图 9.11　牛栏江堰塞体航拍图

石英砂岩、灰岩、白云岩、灰质白云岩、泥质灰岩、页岩及泥质砂岩构成，岩性软硬相间。河谷左岸为一古滑坡堆积体，左岸地形坡度为 20°～36°。

坝址区两岸岩层走向有一定差异，倾角较平缓。左岸岩层产状 N20°～30°W、SW∠15°～30°，右岸岩层倾向山里偏下游，岩层产状 N20°～60°E、NW∠10°～30°。坝址区小规模的断层及节理裂隙较为发育，节理主要有三组。

坝址区岩体风化明显受岩性、构造及地形地貌的影响，据红石岩电站资料分析，两岸岩体垂向强风化深度约 20～25 m；左岸水平深度约 20～25 m，右岸水平深度约 25～30 m。

坝址区河谷下切剧烈，右岸坡为近于直立的陡壁，在张应力及其他地质作用下，卸荷裂隙较为发育，面较起伏，在崩塌体下滑后，岸坡后缘最新卸荷裂隙宽度为 1～10 cm，水平分布深度为 50 m 左右，大部分无充填，破坏岩体的完整性。左岸为古滑坡堆积体，仅高出堰塞体，很多的山坡上基岩存在卸荷现象。

坝址区地下水以裂隙潜水、岩溶溶隙潜水及孔隙水为主。裂隙潜水赋存于基岩裂隙中，岩溶溶隙潜水赋存于少量白云岩、灰岩等可溶岩地层中，孔隙水赋存于第四系松散层中。受岩层层状构造及节理裂隙构造带的影响，含水层呈层状或带状分布，水量一般较小。主要接受大气降水及邻区的侧向补给，并以泉水的形式在沟头、坡脚处出露，排泄点高低不一。右岸地下水位较高，左岸地下水位尚不明朗。

作为坝体的堰塞体，为快速倾倒崩滑造成，其物质主要来自右岸高处，左岸亦有崩滑物质汇入，以碎块石为主。在右岸高速下滑的灰岩、白云岩块石冲击下，河床冲积层、左岸古滑坡堆积物、原坡面的坡残积层、基岩中的砂泥岩软弱层被破碎并充到坚硬的灰岩、白云岩块、碎石中间，形成了密实堆积体，使得堰塞体的渗透性很小，目前堰塞体下游渗流量小于 0.5 m³/s，证明了这种推测，但考虑到自然形成的堰塞体存在较大的不均一性、不可控性和渗流作用的破坏性，应通过水文地质勘探、试验查明其渗透性特点。堰塞体上部大块石堆积松散，架空明显，渗透性将是较大的。

碎块石成分主要为弱风化、微风化及新鲜灰岩、白云岩。其渗透稳定主要受控于组成物质的颗粒级配、堆积体密度。如前所述，堰塞体下部物质密实度高，颗粒级配较好，估计抗渗透性较好，产生涌透破坏的可能性较小。堰塞体上部颗粒直径相差大，粉粒、黏粒含量少，存在渗透破坏的可能，破坏型为管涌型。建议对堰塞体进行必要的防渗处理，可采用面板防渗或帷幕灌浆防渗措施。

坝址河床由洪冲积层组成，以砂砾石、漂石为主，夹砂土层。洪冲积层颗粒大小不均，分选性较差，孔隙大、透水性强，存在渗漏问题。冲积层在渗透水压力作用下，有发生渗透变形破坏的可能。

坝址岩石地层以奥陶系石英砂岩、页岩夹砂岩及白云岩构成，砂泥岩为裂隙舟岩体，白云岩为岩溶透水岩体，可能产生坝基渗漏。

本次地面核磁共振工作目的是获取堰塞体地下水赋存情况，与相关资料对比堰塞体中介质分布情况并推测浸润面深度。现场工作得到一条沿东南方向垂直于坝体（堰塞体）的剖面，工区地磁场倾角 42°左右，磁场强度 B_0 = 48 600 nT。根据工区内待探目的层的深度和含水量以及工区电磁干扰的水平、方向，选择了边长 100 m 的大方形线圈，探测深度可达 100 m，测点点距 40 m。值得注意的是，在磁共振测深工作完成后堰塞湖进行了泄洪工作，水面下降约 20 m，泄洪后在测线附近布设了钻探。工区布置情况见图 9.12。

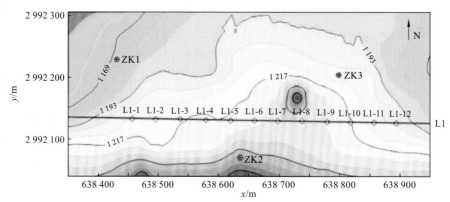

图 9.12　磁共振测深方法工区布置图（蓝色点为磁共振测深测点；红色点为钻孔）

图 9.13 为该测线中较典型的一个核磁共振测深测点（L1-12）反演结果。由图 9.12 可以看出除降雨所产生的地表水外，该点从 32 m 左右开始含水，含水量是随深度逐渐变大，在 57 m 附近达到 4.5%左右，随后保持稳定。因此推断此处浸润线深度为 57 m。

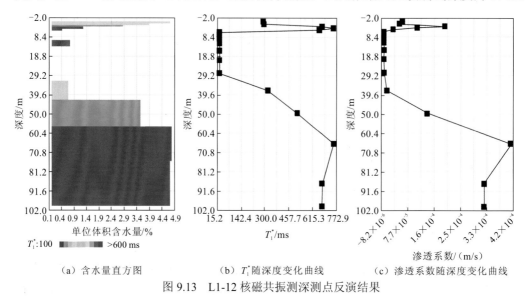

（a）含水量直方图　　　（b）T_1^* 随深度变化曲线　　　（c）渗透系数随深度变化曲线

图 9.13　L1-12 核磁共振测深测点反演结果

在 L1 测线剖面所有测深点反演后，将含水量提取出来，对应高程数据绘制等值线图，如图 9.14 所示。

由图 9.14 可知，L1 测线剖面除降雨所产生的地表水外，总体上含水量是随深度逐渐变大的。而由于坝体为快速倾倒崩滑造成，内部结构不均，L1 测线剖面深部在 0～40 m（L1-1、L1-2）及高程 400 m（L1-11）处附近存在含水量较高的现象。而通过各点地面核磁共振含水量反演结果推断得出的浸润线深度大致与 4%含水量等值线重合。

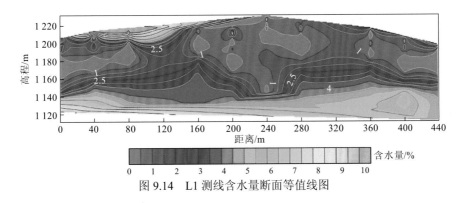

图 9.14　L1 测线含水量断面等值线图

下面通过与钻孔资料比对，验证含水量推测的坝体浸润线深度的准确性。图 9.15 是部分钻孔获得的浸润线深度与面 L1 测线剖面上的含水量等值线图比对。ZK1 在 L1 测线剖面北侧，测得浸润面深度为高程 1 130 m，ZK2 在 L1 测线剖面南侧，浸润面深度在高程 1 123 m，ZK3 在 L1 测线剖面北侧，浸润面深度在高程 1 128 m。从图中可以看出，在水位下降 20 m 后，钻孔标定出的浸润线深度整体上低于地面核磁共振推测浸润线深度约 10~20 m，且其差距随着逐渐远离水面而减小，这符合库水水面变动时，坝体内浸润线的变化的滞后性[4]。因此，磁共振测深方法推断得出的坝体浸润线深度具有较高的参考价值。

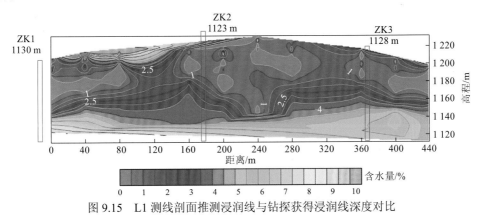

图 9.15　L1 测线剖面推测浸润线与钻探获得浸润线深度对比

9.3.3　湖北咸宁坝体渗漏探测

南川水库位于长江中游南岸金水河干流淦河上游咸安区桂花镇南川村。大坝的整个坝体填筑材料为黏土和不均匀的砾（碎）石混合料，属黏土砾（碎）石混合坝。该水库的正常蓄水位为 104 m。

南川水库是一座以防洪、灌溉为主，兼有发电、城镇供水和生态补水等综合效益的大型水库，经认证水库存在一些严重的工程险情和问题，主要包括大坝上游坝坡抗滑稳定安全系数不满足规范要求，输水建筑物的竖井歪斜断裂、闸门启闭困难，大坝河床右侧、右坝肩和溢洪道闸室段基岩存在较强透水带，以及泄洪隧洞消能设施不完善等。故本次探测的目的是为寻找坝体渗漏区域[5]。

　　本次在咸宁市南川大坝实施地面核磁共振外业勘查、数据采集工作，共完成 11 个核磁共振测深测点。据工区地质资料，工区内待探目的层即南川大坝内部土石填充地区，深度大致在 50 m，且工区内电磁干扰较大，故本次工作 11 个测点（L1 测线有 6 个测点，L2 测线有 5 个测点）敷设的线圈形状是方"8"字形线圈，边长为 50 m，探测深度为 50 m 左右，点距为 15 m，L1 测线长度为 75 m，L2 测线长度为 60 m。工区地磁场倾角 46° 左右，磁场强度 $B_0=49\,094.3$ nT，本次拉莫尔频率为 2 090.3 Hz。仪器采用的核磁共振仪器是法国 IRIS 公司核磁共振系统（NUMIS^{Plus}）。

　　根据工区已知地质资料和地形特征，布置磁共振测深方法的测线见图 9.16、图 9.17。蓝色线段表示核磁共振方法 L2 测线的天线敷设位置，紫色线段表示核磁共振方法 L1 测线的天线敷设位置。测线方向沿着大坝呈南北方向展布，大致与长江及沿江公路垂直。

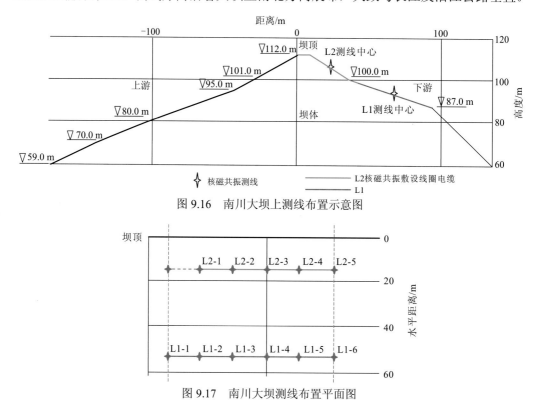

图 9.16　南川大坝上测线布置示意图

图 9.17　南川大坝测线布置平面图

　　图 9.18 为较典型的一个核磁共振测深点（L1-1）反演结果。由图可以看出，该点在约 4~7 m 左右含水量较高，且渗透系数也明显高于其他深度，推断此处发生渗漏的可能性较高。此外在 40 m 以下深度也发现较大的含水量分布。由于该水坝蓄水水位较高，且测量时采用线圈较大，所以推测为受库水影响而产生的虚假异常。

　　在 L1、L2 测线所有测深点反演后，将含水量和渗透系数提出，绘制等值线图，见图 9.19。

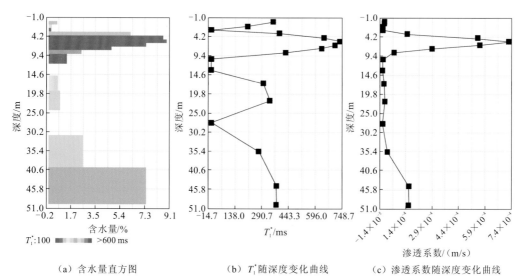

（a）含水量直方图　　　　　（b）T_1^* 随深度变化曲线　　　　（c）渗透系数随深度变化曲线

图 9.18　L1-1 核磁共振测深点反演结果

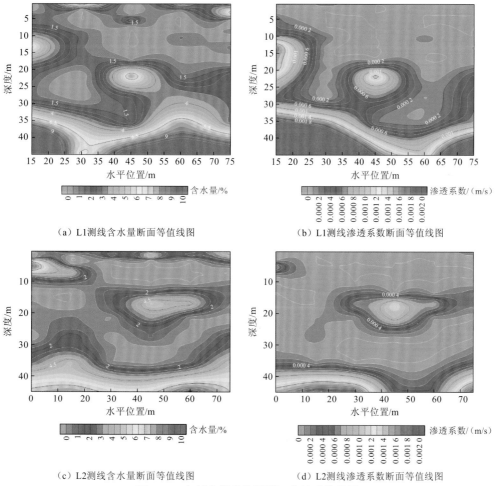

（a）L1 测线含水量断面等值线图　　　　　（b）L1 测线渗透系数断面等值线图

（c）L2 测线含水量断面等值线图　　　　　（d）L2 测线渗透系数断面等值线图

图 9.19　南川大坝磁共振测深方法反演结果

本次外业勘察时同时使用了磁共振测深方法和高密度电法对南川大坝的渗漏问题进行了探查。在对磁共振测深数据进行处理解释后，与高密度电法的反演成果图进行对比。图9.20是高密度电阻率法成果图，图中红色线框标出的位置是磁共振测深测线对应位置。

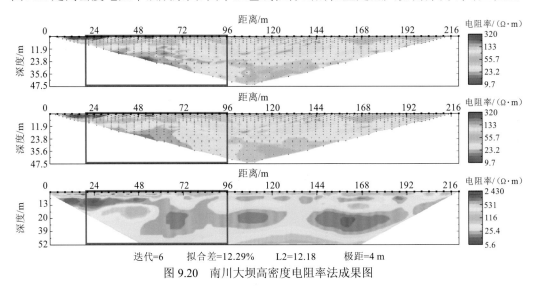

图9.20　南川大坝高密度电阻率法成果图

从高密度电法的测线位置与磁共振测深的 L1 测线布设位置来看，两者存在着大约为 6 m 的高程差，而 L2 测线的位置与高密度电法测线的位置存在着大约 8 m 的高程差。因此在结合两者资料分析解释时需将高程差考虑在内。选取关心区域（红色线框标注的部分）的高密度电阻率法结果与磁共振测深结果进行对比。

在高密度电阻率法成果图中可以看出，在地下深度为 0～2.5 m 处的位置存在着高阻异常。结合工区实际情况，测线布设位置接近于现浇砼护坡，考虑受浇筑混凝土电阻率影响。其次，高密度反演二维剖面图中关心区域存在着 1 个低阻异常带，位于为横向坐标为 21～48 m，深度为 5～13 m，电阻率约为 5.6～25.4 Ω·m。另外图中横向坐标为 63～78 m，深度为 18～30 m 处阻值相对较低。

在磁共振测深测线 L1 剖面图中，存在含水量异常的第一个区域横向坐标为 0～18 m，深度为 3.5～8 m 处。区域对应的含水量为 5%～10%，属于含水量较高的区域，对应高密度测线横向坐标为 21～39 m，深度 9.5～14 m，与高密度电阻率法标定的低阻异常带对应良好，可得出该区域的电阻率值较低，且含水量较高，渗透系数较大，推断为渗漏发生的位置。第二个含水量异常的区域对应的高密度测线位置为横坐标为 61～76 m，深度为 19～28 m。该处对应阻值较低，渗透系数也相对较大，推断为渗漏发生的可能位置。

在磁共振测深测线 L2 剖面图中，深度在 38～50 m 内受坝内蓄水高度影响存在高含水量的虚假异常，此外，L2 测线位置也存在两个含水量较大区域。结合高程差计算后，该测线显示的含水量较高区域的地方对应的电阻测线相对位置分别为横向坐标为 36～39 m，深度为 4～10 m，与低阻异常带所在位置吻合；横向坐标为 61～76 m，深度为 14～20 m，对应电阻率值较低。两个图中异常区域的边界存在着一定差别，但整体吻合程度较高。

　　工区磁共振测深测量可以较好地反映南川大坝内部土石填充地区的地下水赋存情况，磁共振测深含水量和高密度电法电阻率有着良好的对应关系。磁共振测深对渗漏区域含水量异常有着良好的识别效果，可用于推测渗漏发生位置，验证了磁共振测深方法在堤坝渗漏检测中的有效性。

参 考 文 献

[1] 潘家铮, 何璟. 中国大坝 50 年[M]. 北京: 中国水利水电出版社, 2008.

[2] 陈建生, 董海洲. 堤坝渗漏探测示踪新理论与技术研究[M]. 北京: 科学出版社, 2007: 1.

[3] 郑宗斌. 地面核磁共振在堤坝渗漏探测中的应用研究[D]. 武汉: 中国地质大学(武汉), 2015.

[4] 杨金, 简文星, 杨虎锋, 等. 三峡库区黄土坡滑坡浸润线动态变化规律研究[J]. 岩土力学, 2012, 33(3): 853-858.

[5] 卢向星. 磁共振测深堤坝检测正演研究[D]. 武汉: 中国地质大学(武汉), 2018.

第 10 章　磁共振测深在冻土及陆域水合物研究中的应用

　　地球上的永久冻土约占陆地面积的 20%，永久冻土层对陆地环境可产生有益的影响。随着人类活动空间的扩大以及对资源需求的增多，人类逐渐将目光投向了太空、海洋和寒冷的极区。多年冻土的寒区有着独特的地质、地球物理环境特性，是一个很脆弱的环境体系，也是需要研究和开发的地域。

10.1　冻土性质与特点

随着全球气候的变暖，在北极圈及世界上许多的高海拔地区的冰川、冻土等都开始融化，对全球的气候变化造成严重的影响。大量的冰川融化使得地表的反射率下降，海平面上升，导致气候异常[1]。而大面积的冻土融化使得原来被锁在其中的 CO_2、CH_4 等温室气体释放到大气之中，增加了大气中的温室气体含量，使得温室效应更加强烈，碳循环进入一个恶性循环过程[2]。

多年冻土具有独特的工程地质性质，其引发的一系列现象如水分迁移、冻结引起冻胀、冰的融化、变形形成沉陷等对工程建筑的稳定性有着很大的影响。例如，公路的冻融翻浆、冻胀丘、桥梁房屋中因为冻拔引起的不均匀变形、底部上拱等。就我国而言，冻土分布区域非常广泛，而随着国家对西部地区开发建设的逐渐投入，解决冻土地区地质工程问题尤为重要。如何在复杂的自然和地质环境下快速、准确查清和评价多年冻土在三维空间的分布、特征、类型等实际本底情况，对在寒区开展的各种工程和科研工作至关重要[3]。

磁共振测深方法能够有效地区分水分子的固态相和液态相，因此该方法已成为一种检测冻土、未冻土中水含量的新方法，可用来研究冻土层的结构。

10.2　磁共振测深在冻土研究中的应用

通常将多年冻土分为高纬度多年冻土和高海拔多年冻土。在我国，多年冻土主要分布在东北地区，高海拔多年冻土主要分布在青藏高原及东部一些较高山地。

利用磁共振测深研究了羌塘盆地鸭湖地区的多年冻土的赋存状态，研究结果表明，磁共振测深方法在研究冻土的分布、监测冻土融化方面是一种有效的物探方法，现以实例说予以说明。

1.实例 1：探查羌塘地区多年冻土层下限

羌塘盆地位于青藏高原北部，盆地的主体部分位于昆仑山、冈底斯山、唐古拉山之间。羌塘盆地是在晚古生代裂谷演化背景上发育起来的叠合盆地，沉积了泥盆系、石炭系、二叠系、三叠系、侏罗系、白垩系、古近系、新近系和第四系 9 大沉积层。其中，鸭湖区块出露地层为上三叠统扎那组、姜钟组、土门格拉群，新近系康托组和古近系唢呐湖组等，出露地层以泥质粉砂岩、泥岩与含海绿石长石石英砂岩、岩屑石英砂岩、含煤碎屑岩地层等为主；区内第四系主要分布于区块内的西北部和东北部地区；区内构造和地层的展布方向主要为北西西向。

图 10.1 为羌塘地区鸭湖工区磁共振测深方法在某测点的反演解释结果。从图可以看出，在浅层，深度小于 22.6 m 区段有明显含水反映，视纵向弛豫时间 T_1^* 明显变大，渗

透系数比较大。其之后深度段 T_1^*、k^* 比较稳定，即在 22.6～65 m 深度段，单位体积含水量、视纵向弛豫时间 T_1^*、渗透系数 k^* 小而稳定，意味此深度地段的地层不含水，说明地层稳定；65～150 m 的含水层的单位体积含水量为 4%～6%，T_1^* 幅值减小。根据单位体积含水量、视纵向弛豫时间 T_1^* 和渗透系数的变化特点，推断出冻土层的分布范围大致在 22.6～65 m 深度段。

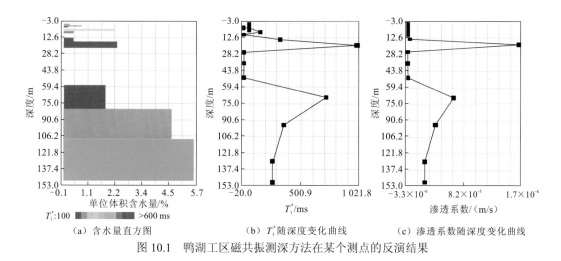

(a) 含水量直方图　　　　　(b) T_1^* 随深度变化曲线　　　　　(c) 渗透系随深度变化曲线

图 10.1　鸭湖工区磁共振测深方法在某个测点的反演结果

经对鸭湖工区多条磁共振测深剖面资料进行处理和反演，依据 NMR 信号响应特点、含水量、岩层孔隙大小等因素，结合区域地质背景，圈定出鸭湖工区冻土的分布范围，其深度下限如图 10.2 所示。

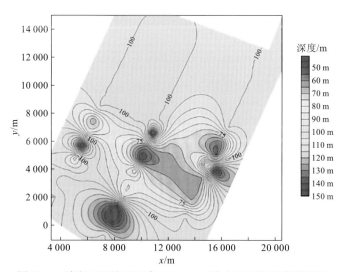

图 10.2　鸭湖工区地下深度 0～150 m 冻土层下限深度平面图

2. 实例 2: 监测冰川融化

Legchenko 等[4]利用三维磁共振测深方法对法国北部阿尔卑斯山区的 Tête Rousse 冰川内积水进行了监测,监测结果表明,不同海拔高度含水量发生变化。图 10.3 为 2009 年在该冰川的主溶洞之上观测的该溶洞中水体在不同海拔高度含水量平面图。由图可见,由海拔 3 100 m 到 3 160 m 含水量逐渐降低,含水体的范围也逐渐减小。

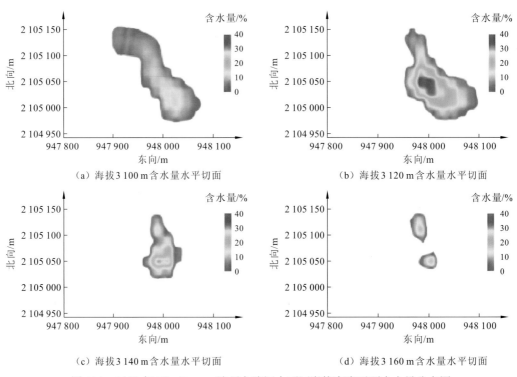

图 10.3　2009 年 Tête Rousse 冰川主溶洞中不同海拔高度平面含水量分布图

图 10.4 为该溶洞经过人工抽排积水,而后冰雪融水再次充填后在 2011 年的观测结果。对比图中结果可以看到,虽然该溶洞的位置并未发生太大变化,但对比洞内最大含水量从 2009 年的 40%(图 10.3)下降到了 15%(图 10.4),而且溶洞的规模有所减小。其报道的结果有力地说明了利用磁共振测深方法可以很好地对冰川融水进行监测。

3. 实例 3: 探查冻土区中的热融区分布

在冻土区,处于冻结状态和融化状态的沉积层中自由水的含量有显著差异,这为使用核磁共振方法来研究冻土层的状态提供了前提。美国斯坦福大学就利用磁共振测深方法来对阿拉斯加冻土区的热融区分布进行研究。

如图 10.5(a)所示的 5 种热融区存在状态是:曲线①为无热融区,曲线②为冻土下孤立的热融区,曲线③为热融湖下较浅的热融区,曲线④为冻土层下有富水层,曲线⑤为开放式热融区,他们计算了各种状态下相应的核磁共振响应曲线[5]。

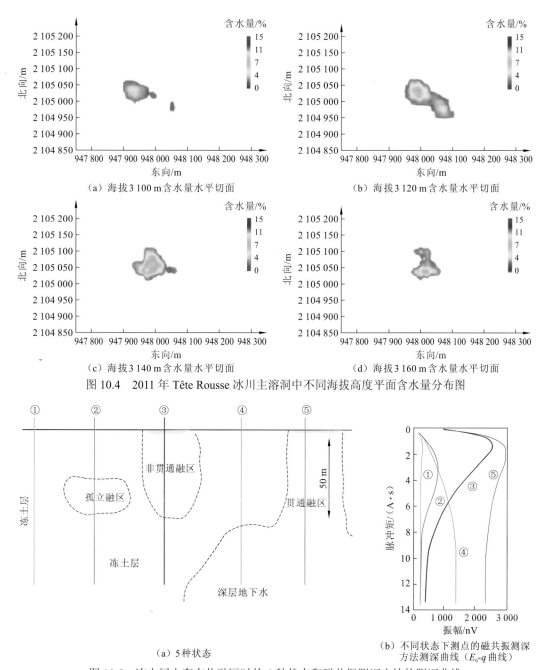

（a）海拔 3 100 m 含水量水平切面　　（b）海拔 3 120 m 含水量水平切面

（c）海拔 3 140 m 含水量水平切面　　（d）海拔 3 160 m 含水量水平切面

图 10.4　2011 年 Tête Rousse 冰川主溶洞中不同海拔高度平面含水量分布图

（a）5 种状态　　（b）不同状态下测点的磁共振测深方法测深曲线（E_0-q 曲线）

图 10.5　冻土层中存在热融区时的 5 种状态和磁共振测深方法的测深曲线

从图 10.5（b）中清晰可见不同的热融区模型的 NMR 信号具有不同的特征。当地下整体都为连续的冻土层分布时，其 NMR 信号响应非常微弱，基本观测不到 NMR 信号 [图 10.5（b）曲线①]。开放式的热融区和热融湖下的热融区的 E_0-q 曲线 [图 10.5（b）曲线③、⑤]其振幅值要远远高于没有热融区存在时的情况。而对于深处的含水层和孤立的热融区情况，其 E_0-q 曲线有一定的峰值，但由于其整体含水量不多，其响应信号的幅值不如第③和第⑤种情况强。

实例表明，利用磁共振测深方法研究、探测冻土区中的热融区分布是可行的且效果明显。

10.3　磁共振测深在陆域水合物研究中的应用

天然气水合物是一种白色固体结晶物质，外形像冰，有极强的燃烧力，俗称为"可燃冰"。据理论计算，$1\ m^3$ 的天然气水合物可释放出 $164\ m^3$ 的甲烷气和 $0.8\ m^3$ 的水。这种固体水合物只能存在于一定的温度和压力条件下，一般它要求温度低于 $0\ ℃$，压力高于 $10\ MPa$，一旦温度升高或压力降低，固体水合物便趋于崩解，甲烷气则会逸出。由于封存环境的特殊性，天然气水合物往往分布于深水的海底沉积物中或寒冷的永冻土中[6-8]。

在祁连山木里地区进行了磁共振测深探测陆域水合物的试验研究。试验区位于青藏高原多年冻土区，试验研究取得了一定的效果。现以实例说明试验效果。

磁共振测深方法的试验点 L1-630 是位于钻孔 DK-3 旁的一个测点，试验点 L30-500 位于钻孔 DK-4 旁。

图 10.6 为 L1-630 测点反演解释结果。图 10.6 中纵坐标为深度，横坐标分别为水的单位体积含水量、T_1^*、渗透系数（以下反演解释结果图的坐标相同）。从图可以看出，在 $50\sim150\ m$ 有几层弱的含水体，视纵向弛豫时间常数 T_1^* 和渗透系数都是逐渐增大，这说明此间的地层的孔隙逐渐增大，有利于液态氢合物的赋存。

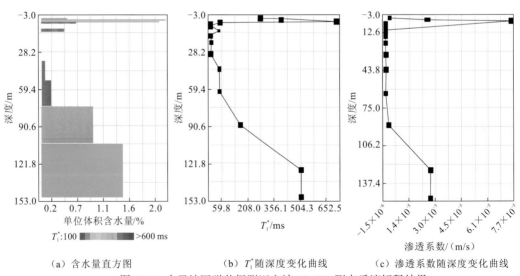

（a）含水量直方图　　　　（b）T_1^* 随深度变化曲线　　　（c）渗透系数随深度变化曲线

图 10.6　木里地区磁共振测深方法 L1-630 测点反演解释结果

图 10.7 为钻孔 DK-3 的综合测井曲线，图中钻孔标示（黄色）的含水合物的深度段在 $130\sim150\ m$ 的位置。与磁共振测深方法的测量结果一致。

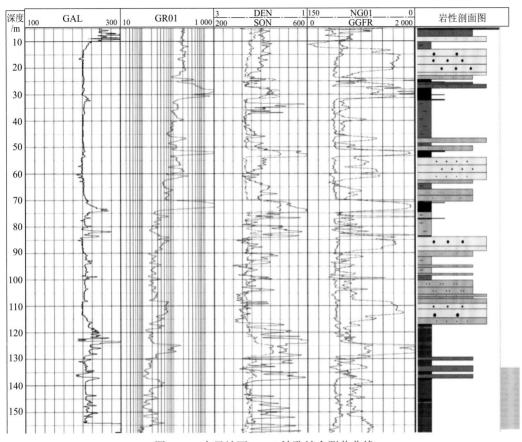

图 10.7　木里地区 DK-3 钻孔综合测井曲线

NG01 为自然伽马；GGFR 为人工伽马；SON 为声速时差；GR01 为视电阻率曲线；CAL 为井径；DEN 为补偿密度

图 10.8 为 L30-500 测点反演解释结果。该测点位于钻孔 DK-4 的正上方。L30-500 测点反演解释结果与 L1-630 测点反演解释结果完全不同，从图 10.8 中可以看出，在 60～150 m 有两层弱含水体，单位体积含水量很小（0.9%），而深部 100～150 m 深度段 的 T_1^* 很小，说明深部的孔隙较小，不利于液态烃类物的赋存。

图 10.9 为 DK-4 钻孔的综合测井曲线。有关资料指出，原来推测 110～150 m 存在 水合物（图 10.9 中黄色标示），但实际上在该钻孔并未取到水合物的实物岩心，只有气 体异常；另外，分析综合测井曲线，也无明显异常反应。因此，推断 DK-4 井可能并不 含水合物或者含很少的天然气水合物。

综上所述，磁共振测深方法的解释结果与钻孔资料、综合测井曲线对比表明，磁共 振测深方法解释结果与已有的资料比较吻合，这为在我国陆域开展天然气水合物探测提 供了一种新方法。

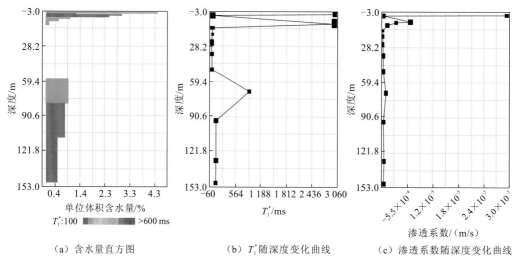

（a）含水量直方图　　　　（b）T_1^* 随深度变化曲线　　　（c）渗透系数随深度变化曲线

图 10.8　木里地区磁共振测深方法 L30-500 测点反演解释结果

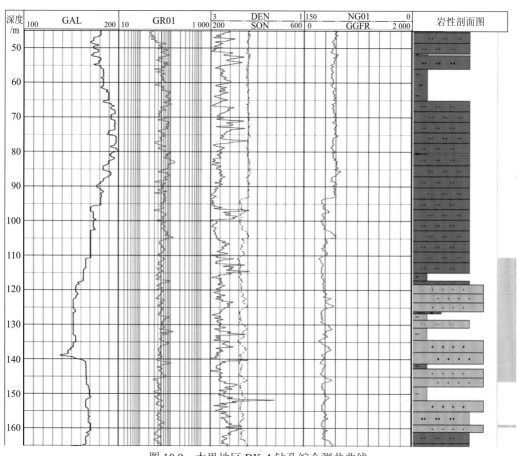

图 10.9　木里地区 DK-4 钻孔综合测井曲线

NG01 为自然伽马；GGFR 为人工伽马；SON 为声速时差；GR01 为视电阻率曲线；CAL 为井径；DEN 为补偿密度

参 考 文 献

[1] OVERPECK J, HUGHEN K, HARDY D, et al. Arctic environmental change of the last four centuries[J]. Science, 1997, 278(14): 1251-1256.

[2] ZIMOV S A, SCHUUR E A G, CHAPIN III F S. Permafrost and the global carbon budget[J]. Science, 2006, 312(5780): 1612-1613.

[3] 俞祁浩, 程国栋.物探技术在我国多年冻土勘测中的应用[J]. 冰川冻土, 2002, 24(1): 102-108.

[4] LEGCHENKO A, VINCENT C, BALTASSAT J M, et al. Monitoring water accumulation in a glacier using magnetic resonance imaging[J]. The cryosphere, 2014, 8(1): 155-166.

[5] PARSEKIAN A D, GROSSE G, WALBRECKER J O, et al. Detecting unfrozen sediments below thermokarst lakes with surface nuclear magnetic resonance[J]. Geophysical research letters, 2013, 40(3): 535-540.

[6] 郭平, 刘士鑫, 杜建芬.天然气水合物气藏开发[M]. 北京: 石油工业出版社, 2006: 1.

[7] 蒋国盛, 王达, 汤凤林, 等.天然气水合物的勘探与开发[M]. 武汉: 中国地质大学出版社, 2002: 1.

[8] 卢振权, 祝有海, 张永勤, 等. 青海省祁连山冻土区天然气水合物基本地质特征[J]. 矿床地质, 2010, 29(1): 182-191.

第 11 章 磁共振测深在生态环境检测中的应用

近年来，我国城市地下水污染状况日趋严重。从我国 118 个大中型城市的地下水监测资料分析表明，我国城市地下水已普遍受到污染，其中地下水受到较重污染的城市占 64%，受到轻污染的城市占 33%。

地下水污染主要是由各种污染源向地下渗漏引起的，渗漏污染严重的有垃圾填埋场、石油加油站及各类输油管（罐）和各种农业污水沟塘等[1]。其中，加油站渗漏污染日趋严重，已成为世界性的问题。长期的锈蚀作用，使钢管逐渐出现破损，泄漏事故时有发生，因此必须研究新方法、新技术监测加油站渗漏污染。磁共振测深方法作为唯一可以直接探测地下水的物探新方法，该方法的原理是利用了原子核中质子（氢核）弛豫特性差异产生的核磁共振响应来探测地下水，而石油等是含有质子流体的烃类物质，因此用磁共振测深方法能够观测到地下烃类流体产生的核磁共振响应，从而根据核磁共振响应特征特点来发现、圈定污染源。

本章首先阐述磁共振测深方法探查地下水被污染的基本理论依据，然后以地下水被汽油污染为例，说明利用磁共振测深方法对石油等含烃类流体物质污染地下水的检测效果和该方法探测地下水污染的应用前景。

11.1　磁共振测深方法探查地下水污染的基本理论依据

磁共振测深方法具有直接找水、解释结果可量化的特点[2]，且不打钻便可以提供含水体的特性信息，如单位体积含水量（有效孔隙度）、渗透系数和导水系数或直接测定物质成分等，为探查地下水及其污染程度提供了新系数，特别是得到表征地下水的核磁共振响应特性的系数：横向弛豫时间 T_2、纵向弛豫时间 T_1 或视横向弛豫时间 T_2^* 或视纵向弛豫时间 T_1^*，这些系数能够获取与质子流体所处的物理和化学环境有关的信息，判断地下水被污染程度。

我国目前使用 NUMIS^{Plus} 和 NUMIS^{Poly} 等核磁共振仪器[2]能够获得研究区段地下水的 T_2^*、T_1^*，为磁共振测深方法探查地下水被烃类污染提供了新的技术手段。

彭望[3]的试验结果指出，与原状水土介质相比，被烃类物质污染后的水土介质，其电磁特性及电阻率都发生了变化。由于较长时间的物理化学作用，烃类污染物通常会呈现低电阻率、低介电常数特性。彭望进行的物性实验和数值计算，研究了烃类污染物的核磁共振特性。该实验是在中国科学院武汉分院岩土与力学研究所的磁共振实验室进行的，所使用的仪器是 PQ001 核磁共振分析仪。该实验测定了原状水土介质、被烃类物质污染后的水土介质的核磁共振响应特性。

物性实验得出 T_2^*、T_1^* 系数特征是：①同一流体在不同孔隙度的多孔介质中，其 T_2^* 是随着多孔介质平均孔隙度的增大而增大的，而多孔介质平均孔隙度对 T_1^* 基本没有影响；②在平均孔隙度相同的多孔介质中，烃类物质的弛豫时间常数值比水的弛豫时间常数值大，其中 T_1^* 比 T_2^* 大的更明显；③含水的多孔介质，当烃类物质加入后，两个弛豫时间常数值都会变大，对 T_2^* 的影响因素有多孔介质孔隙度的大小和多孔介质中的流体类型，T_1^* 的影响因素仅是多孔介质中流体的类型。

对原状多孔水土介质和被烃类物质污染后的水土介质进行了数值计算，计算模型系数：地下 10~15 m 有一个含水量为 15%的含水层，含水层厚度为 5 m（未受污染），这个浅层的含水层受到烃类物质的污染，烃类物质的含量为 5%，烃类物质的厚度为 5 m。

计算表明，含水层被污染前后的核磁共振响应明显不同，符合上述实验规律：在孔隙度相同的多孔介质中被烃类物质污染后的含水层有明显的核磁共振响应，见图 11.1 中 E_0-q 曲线，曲线 1 表示污染前的含水层，曲线 2 表示被烃类物质污染后的含水层。

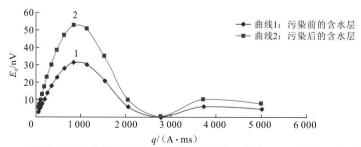

图 11.1　污染前后含水模型的磁共振测深方法测深曲线（E_0-q 曲线）对比图[3]

振幅 E_0 值随着 T_2^* 变大而增大。E_0 - t 曲线的衰减速度变慢。由此可见，磁共振测深方法探查地下水烃类污染物时，信号的初始振幅 E_0 不仅受到含水量的影响，还受到多孔介质中流体性质的影响。

11.2　磁共振测深方法探查含水层被烃类污染实例

磁共振测深方法利用了不同物质原子核弛豫特性差异产生的核磁共振效应，观测、研究在地层中水质子或液态烃类物质的氢核产生的 NMR 信号的变化规律，进而查明地下水体分布和判断地下水体是否受到污染。

在我国，磁共振测深方法探查地下水已取得了明显的成效并积累了经验。而用该方法探查诸如液体烃类物质，国内的研究刚刚起步。

俄罗斯科学院的专家们，已率先对该方法进行了试验研究，并证实该方法可以检测烃类物对地下水的污染情况。

俄罗斯的 Shushakov 等[4]用核磁共振找水仪 Гидроскп-3 进行了探查烃类（汽油）污染的试验工作。Гидроскп-3 的脉冲宽度 40 ms，间歇时间为几个毫秒，能够测定 T_1 和 T_2 及 T_2^*，这些系数对于研究多孔介质孔隙的微结构、逆磁性和顺磁性以及烃类污染有重要意义。

探查汽油污染的试验选在两个场地上，第一个场地是在西伯利亚阿巴坎（Abakan）地区叶尼塞河河岸的一座加油站附近，即在 52 号钻孔附近（已发现储油罐漏油的加油站）；第二个场地是在远离污染源，即距加油站 150 m 的河漫滩上。

在第一个场地（有地下水、污染源——汽油）进行磁共振测深方法测量时，使用 4 个激发脉冲矩（3 273 A·ms、4 636 A·ms、5 110 A·ms 和 5 577 A·ms）进行激发。其中用小脉冲矩 3 273 A·ms 激发时，E_0-t 曲线衰减很快，其余脉冲矩的各 E_0-t 曲线却衰减很慢。这样，从 FID 记录得到两个视横向弛豫时间 T_2^*，其中一个为 8～10 ms，另一个为 90 ms（图 11.2）。

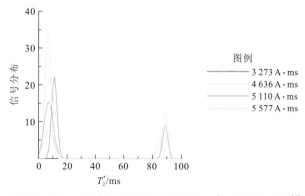

图 11.2　第一个场地磁共振测深方法的 T_2^* 与信号分布图[4]

在第二个场地,磁共振测深方法用 5 个激发脉冲矩进行测量,激发脉冲矩分别为 3 734 A·ms、4 204 A·ms、4 638 A·ms、5 129 A·ms、7 378 A·ms。测量结果表明,5 个激发脉冲矩的 $E_0\text{-}t$ 曲线均很快衰减,故从 FID 记录只得到一个视横向弛豫时间 T_2^* 为 20 ms(图 11.3),其是浅部地下水的核磁共振响应。

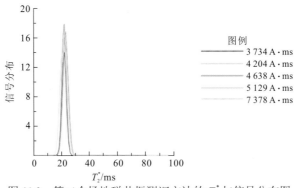

图 11.3　第二个场地磁共振测深方法的 T_2^* 与信号分布图

图 11.4 是来自第一个场地磁共振测深方法试验结果,即是#52 孔附近 NMR 信号振幅与衰减时间、脉冲矩关系的 3D 图像,由图 11.4 明显可见汽油污染了地下水的情形,汽油位于地下水的上方,其 T_2^*=90 ms,而短的时间常数(8~10 ms)则是地下水的响应。

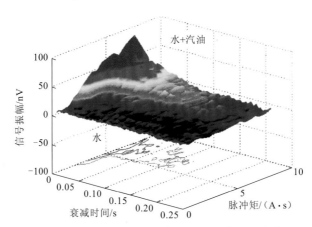

图 11.4　#52 孔附近 NMR 信号振幅与衰减时间、脉冲矩关系的 3D 图像[4]

上述解释结果已被钻孔和核磁共振测井资料所证实。52 号钻孔资料指出,该场地的地下水中溶解的烃类浓度为 7.15 mg/L。

试验表明,利用磁共振测深方法检测液体烃类物质对地下水污染是有效的。

11.3　磁共振测深方法在地下水污染检测工作中的应用前景

磁共振测深方法在地下水污染检测工作中,将在三方面发挥作用。

(1)加油站和石油管道漏油检测。原油或成品油的渗漏和加油站和石油管道漏油对地下水造成污染，可以利用磁共振测深方法检测液态烃类物质污染地下水情况。原油或成品油本身属高阻体。但在实际情况下受污染的地下包气带含水层内的电阻率呈明显的低电阻特征。固体溶解物浓集在潜水面附近，是受油污染的地方观测到电阻率降低的主要原因。利用磁共振测深方法可以区分其他物探方法观测的低阻异常的性质，正如上述，T_2^* 或 T_1^* 的大小可以区分是油还是水或油＋水，同时可以估算岩层的渗透性，并圈定地下水被污染范围。

（2）固体废料污染的监测和废弃料场选址以及场地评价应用。许多原有的固体废料处理场地，由于停止使用而对废料就地掩埋。现在，从环境调查和治理的角度考虑，需要了解固体废料处理场地确切范围和污染状况。地球物理探测工作的诸多任务中的重要任务之一就是评价场地地下水的状况，磁共振测深方法可以提供定量信息。此外，废料场的选址主要考虑废料的渗滤液是否会对周围环境产生污染问题，例如废料的渗滤液是否会污染地下水，因此要了解废料场和含水层之间是否存在水力通道以防止污染液体的运移。同样，磁共振测深方法可以在该方面发挥作用。

（3）区分电阻率异常，圈定生活垃圾场范围。电阻率法测量结果表明，通常垃圾堆引起低阻异常，但低阻异常未必全由垃圾引起，也可能受地质因素（如黏土层）的影响。若是垃圾渗漏滤液引起的低阻异常，由于渗滤液是一种被污染的水体，则根据磁共振测深方法直接找水的特点，垃圾渗滤液有核磁共振异常响应。这样，可用磁共振测深方法区分低阻异常性质并圈定生活垃圾渗滤液的深度和范围。

参 考 文 献

[1] 程业勋, 杨进. 环境地球物理学概论[M]. 北京: 地质出版社, 2006: 156-158, 193.

[2] 潘玉玲, 张昌达, 等. 地面核磁共振找水理论和方法[M].武汉: 中国地质大学出版社, 2000: 19-21.

[3] 彭望. SNMR 探测地下水烃类污染物的可行性分析[D]. 武汉: 中国地质大学(武汉), 2014.

[4] SHUSHAKOV O A, FOMENKO V M, YASHECHUK V I. Hydrocarbon contamination of aquifers by SNMR detection[C]//MRS 2-nd international Workshop Proceedings EEGS. Tucson: Waste Management Symposium, 2003:113-115.

附　录

核磁共振技术研究成果诺贝尔奖获得者

向他们学习，学习他们敢为人先的科研精神！

伊西多·艾萨克·拉比

（Isidor Isaac Rabi，1898～1988 年）

美国物理学家，核磁共振仪的发明者。获得 1944 年诺贝尔物理学奖。

爱德华·米尔斯·珀塞尔

（Edward M. Purcell，1912～1997 年）

美国物理学家，与费利克斯·布洛赫同时发现核磁共振现象，他们一同获 1952 年诺贝尔物理学奖。

费利克斯·布洛赫

（Felix Bloch，1905～1983 年）

美国物理学家，与爱德华·米尔斯·珀塞尔同时发现核磁共振现象，他们一同获得 1952 年诺贝尔物理学奖。

威利斯·尤金·兰姆

（Willis Eugene Lamb，1913～2008 年）

美国物理学家，因发明了微波技术，并研究氢原子的精细结构，而获得 1955 年诺贝尔物理学奖。

波利卡普·库施

（Polykarp Kusch，1911～1993 年）

德裔美国物理学家，因用射频束技术精确地测定出电子磁矩，而获得 1955 年诺贝尔物理学奖。

查尔斯·哈德·汤斯

（Charles Hard Townes，1915～2015 年）

美国物理学家，被称为"激光之父"，因量子电子学领域的基础研究成果，为微波激射器、激光器的发明奠定理论基础，而获得 1964 年诺贝尔物理学奖。

阿尔弗雷德·卡斯特勒

（Alfred Kastler，1902～1984 年）

法国物理学家，因发明并发展用于研究原子内光、磁共振的双共振方法，而获得 1966 年诺贝尔物理学奖。

约翰·哈斯布鲁克·范弗利克

（John H. Van Vleck，1899～1980 年）

美国物理学家，因对磁性和无序体系电子结构的基础性理论研究，而获得 1977 年诺贝尔物理学奖。

尼古拉斯·布隆伯根

（Nicolaas Bloembergen，1920～2017 年）

荷裔美籍物理学家。因其革新了研究电磁辐射与物质相互作用的光谱学方法，而获得 1981 年诺贝尔物理学奖。

亨利·陶布

（Henry Taube，1915～2005 年）

美国化学家，因对金属配位化合物电子转移机理的研究，而获得 1983 年诺贝尔化学奖。

诺曼·F.拉姆齐

（Norman F. Ramsey，1915～2011 年）

美国物理学家，因其研发超精密铯原子钟和氢微波激射器，而获得 1989 年诺贝尔物理学奖。

理查德·R.恩斯特

（Richard R. Ernst，1933 年～）

瑞士物化学家，因发明了傅里叶变换核磁共振分光法和二维核磁共振技术，而获得 1991 年诺贝尔化学奖。

库尔特·维特里希

（Kurt Wüthrich，1938 年～）

瑞士化学家，因发明了利用核磁共振技术测定溶液中生物大分子三维结构的方法，而获得 2002 年诺贝尔化学奖。

保罗·C.劳特布尔

（Paul C. Lauterbur，1929～2007 年）

美国科学家，因在磁共振成像技术领域取得了伟大的突破，而获得了 2003 年诺贝尔生理学或医学奖。

彼得·曼斯菲尔德爵士

（Sir Peter Mansfield，1933 年～）

英国物理学家，皇家学会会员。因在核磁共振成像的突破性研究进展，他与美国科学家保罗·劳特布尔一同获得 2003 年的诺贝尔生理学或医学奖。